国家自然科学基金面上项目(31170660)
江苏高校品牌专业建设工程项目(PPZY2015A063)

湿地公园生态适宜性分析与景观规划设计

汪辉　等　著

U0200511

东南大学出版社
SOUTHEAST UNIVERSITY PRESS

·南京·

图书在版编目(CIP)数据

湿地公园生态适宜性分析与景观规划设计/汪辉等著. 一南京：东南大学出版社，2018.12
ISBN 978-7-5641-8177-2

Ⅰ.①湿… Ⅱ.①汪… Ⅲ.①沼泽化地—公园—生态系统—研究②沼泽化地—公园—园林设计 Ⅳ.①P931.7②TU986.2

中国版本图书馆 CIP 数据核字(2018)第 282340 号

湿地公园生态适宜性分析与景观规划设计

SHIDI GONGYUAN SHENGTAI SHIYIXING FENXI YU JINGGUAN GUIHUA SHEJI

著　　者：汪辉 等
出版发行：东南大学出版社
社　　址：南京市四牌楼 2 号　　邮编：210096
出 版 人：江建中
责任编辑：朱震霞
网　　址：http://www.seupress.com
电子邮箱：press@seupress.com
经　　销：全国各地新华书店
印　　刷：江阴金马印刷有限公司
开　　本：787 mm×1000 mm　1/16
印　　张：15.5
字　　数：375 千字
版　　次：2018 年 12 月第 1 版
印　　次：2018 年 12 月第 1 次印刷
书　　号：ISBN 978-7-5641-8177-2
定　　价：115.00 元

本社图书若有印装质量问题，请直接与营销部联系。电话：025-83791830

《湿地公园生态适宜性分析与景观规划设计》

撰 写 组

主要著作人：汪　辉　　李明阳　　张　艳　　刘小凤

　　　　　　　任懿璐

其他著作人：苏同向　　李卫正　　梁会民　　欧阳秋

　　　　　　　徐银龙　　孔令娜　　余　超　　时　宇

　　　　　　　张密芳　　胡　曼　　杨玉锋　　周春予

　　　　　　　殳琴琴　　沈天驰　　王中玥　　李文欣

　　　　　　　薛　峰　　王　涛　　颜小燕

助　　理：刘小凤　　颜小燕　　李文欣　　章乐雅

　　　　　　　苏金环

前　言

湿地公园规划设计是我长期以来的主要研究方向之一,在此基础上我主持了国家自然科学基金面上项目"湿地公园生态适宜性研究",作为项目第二负责人,参与了江苏省科技支撑项目"基于生态旅游的城镇湿地公园规划与营建研究"、教育部高等学校博士学科点专项科研基金项目"城市湿地公园生态敏感区研究"等课题,并参与出版了专著《城市湿地公园规划》,在《中国园林》《现代城市研究》《长江流域资源与环境》等期刊上发表了多篇有关湿地公园研究方面的论文,同时主持了多个湿地公园规划设计项目。本书是我近年来在湿地公园研究与实践领域工作的阶段性成果梳理与总结。

由于湿地公园是"湿地"与"公园"的复合体,其研究内容涉及生态、土壤、水文、动植物、遥感与地理信息系统等多方面的知识,对于湿地公园的研究,仅依靠风景园林单一学科的知识是完成不了的,必须要与相关领域的专家进行跨学科合作。所以,本书的作者以及相关研究成果也来自不同学科领域。

在本书研究成果的完成过程中,除了参与撰写的各位作者外,南京林业大学湿地生态学张银龙教授、水处理专业范旭红高级工程师、景观生态学项卫东老师、土壤学杨靖宇博士等不同学科的专家都给予了大力支持。另外,南京长江新济州国家湿地公园办公室李文全主任、江苏大千设计院有限公司李晓军总经理、江苏省城市规划设计研究院刘小钊副总工程师、句容市林业科技推广中心吴文浩高级工程师、洪泽区水利局郭明珠局长、南京领先环保技术有限公司孙永建董事长等为本研究及项目实践提供了很多便利,在此一并表示衷心感谢!

本书分为上、下两篇。上篇为第2~5章,着重阐述了湿地公园生态适宜性分析,包括湿地公园垂直方向的生态适宜性分析、垂直与水平方向相结合的生态适宜性分析、湿地公园土地利用结构时空变化与情景规划分析等内容;下篇为第6~12章,通过一些案例,介绍了我主持的一些湿地公园规划研究构思及实践,包括天然类滨海湿地、河流洲滩湿地、湖泊湿地、人工构造湿地等不同类型的湿地公园实践案例。

各章节主要撰写人员如下:

第1章:汪辉;第2章:汪辉、欧阳秋、刘小凤、颜小燕;第3章:第1节,汪辉、梁会民、徐银龙、欧阳秋,第2节,汪辉、李卫正、孔令娜、张艳,第3节,汪辉、刘小凤;第4章:李明阳、汪辉、张密芳、胡曼、余超;第5章:第1节,汪辉、余超、李明阳、时宇、杨玉锋,第2节,余超、李明阳、汪辉、胡曼、张密芳;第6章:汪辉、苏同向、梁会民、张艳;第7章:刘小凤、汪辉、周春予、殳琴琴、李明阳;第8章:张艳、汪辉、沈天驰;第9章:汪辉、任懿璐、王中玥、李文欣;第10章:汪辉、张艳、沈天驰;第11章:汪辉、张艳;第12章:汪辉、王涛、薛峰。

众所周知,湿地是地球生物圈重要的组成部分,人类的生存离不开湿地,其提供了人类赖以生活与生产的很多重要资源,同时,湿地又是地球上生态较为敏感的区域,需要加以保护与合理利用。把湿地建设为湿地公园是一个比较好的"在保护中利用,在利用中保护"

可持续发展措施,因此,湿地公园建设多年来一直是被业界关注的热点。近年来,我国无论是国家级还是地方湿地公园,其建设规模与建设数量均迅速增加。但是,湿地公园有别于普通的公园,如果不做审慎的科学研究,而快速、盲目地规划建设,那么,我们很容易把好事变成坏事,最终建设湿地公园不但起不到保护湿地的作用,反而变成了一种对湿地环境的破坏。因此,在目前我国各地湿地公园快速建设的过程中,对于湿地公园的研究急需跟上、加强。希望本书中所提出的一些生态适宜性分析以及规划设计的思路与方法,能为湿地公园保护性利用研究添砖加瓦,为建设良好的生态环境提供有益的参考与帮助。

汪 辉

南京林业大学风景园林学院

目　录

1 绪　论

本章介绍湿地公园生态适宜性研究的背景及意义,即湿地作为一个独特的地域环境单元,具有环境承载量低、生态系统脆弱、对环境变化敏感的特点。本研究以湿地公园为研究对象,研究湿地生态适宜性等级的划分技术与手段,提出根据生态适宜性等级划分的湿地公园规划策略,进而为保护湿地、维持湿地公园健康的生态系统提供技术支持。本章同时对国内外的相关研究动态进行了简要回顾,指出目前研究的不足之处,并在此基础上提出了本研究的技术路线与方法。

1.1　研究背景

目前全世界约有湿地 5.14 亿 ha[①](燕艳,2002),广泛分布于我们生活的地球生物圈。首次全国湿地资源调查(1996—2003 年)结果显示,中国湿地面积为亚洲第一、世界第四。其中,中国单块面积大于 100 ha 的湿地总面积为 3 848.55 万 ha(人工湿地只包括库、塘),且几乎包括了《关于特别是作为水禽栖息地的国际重要湿地公约》中定义的所有湿地类型[②]。和其他许多陆地动物一样,人类自产生以来,其栖居地的选择就和水源密不可分,例如人类所建的城市大部分都是与河流湖泊相邻的。古代中国人最理想的择居风水模式就是北面依山、南面临水的地理形势。中国最长的两条河流长江和黄河,经常被文学家比喻为中华民族的"母亲之河"、华夏文明的"乳汁"等。湿地是人类生产、生活必不可少的水资源宝库,是人类文明赖以生存的基本环境载体。

然而,随着中国人口快速增长,社会经济高速发展,城市边界不断扩张,造成了湿地面积减少、湿地资源过度开发等一系列的生态安全问题(李玉凤等,2014)。2014 年公布的第二次全国湿地资源调查结果显示,与第一次调查同口径比较,全国湿地面积减少了 339.63 万 ha,减少率为 8.82%[③]。由于湿地遭破坏的形势如此严峻,近年来人们开始逐渐重视湿地生态环境的保护。湿地保护有多种模式,有单纯的湿地保护,也有湿地合理利用与保护兼顾的模式。后者的保护模式结合了湿地所在地的实际情况,具有较强的可操作性,使得湿地保护与利用共赢,受到广泛的接受与认可。在众多的湿地保护与合理利用模式中,湿地公园是一种较为理想的保护与利用模式。2005 年 8 月,《国家林业局关于做好湿地公园发展建设工作的通知》(林护发〔2005〕118 号)中规定:"湿地公园是以具有显著或特殊生态、文化、美学和生物多样性价值的湿地景观为主体,具有一定规模和范围,保护湿地生态系统完整性、维护湿地生态过程和生态服务功能,并在此基础上以充分发挥湿地的多种功能效益、开展湿地合理利用为宗旨,可供公众浏览、休闲或进行科学、文化和教育活动的特定湿地区域。"由此可见,湿地公园兼具自然生态保护和人工游憩开发两方面的基本功能,是自然与人工的结合

---

① 　1 ha＝10 000 m²。

② 　http://www.forestry.gov.cn/main/4046/20110805/637102.html

③ 　http://www.forestry.gov.cn/main/4046/20150507/763730.html

体,是人们理想的游憩环境之一。

从以上国家林业局对湿地公园的概念界定中,我们可以总结出,相对于普通的公园,湿地公园有其特殊之处。大多数普通公园考虑的需求对象,主要是人,即公园的规划如何满足人们的各种观赏、游憩需求。相比而言,湿地公园是以湿地为基本载体的高生态敏感性环境,其规划设计的基本目的是"在保护中利用,在利用中保护"。因此,在其规划布局中考虑的需求对象,主要是大自然中的各种动植物以及整个湿地生态系统,人在整个湿地公园规划中只作为其他生物的配角,而不居于主导地位(王立龙等,2010)。

由于湿地公园具有普通公园所不具有的特殊性,传统的满足游人直接需求的园林规划布局方法显然是不合适的(范延勇,2010)。因此,运用生态学原理对湿地公园进行生态规划,对于湿地保护具有重要的意义。在湿地公园生态规划的过程中,生态适宜性分析是生态规划的核心,其目的是运用生态学、地理学及其他相关学科的原理和方法,根据湿地的自然资源与环境特点,根据公园湿地资源保护、利用和开发要求,划分湿地资源和环境的适宜性水平,为湿地公园规划提供科学依据。

本书通过湿地公园生态适宜性的研究,从自然生态资源的角度来分析区域内各系统人类活动的强度,从而根据其生态适宜性等级的不同来划分用地类型和范围,合理进行公园内的景观功能分区和规划,强调湿地自然资源的持续利用和社会经济的持续发展,以使湿地公园最适地发挥其生态保护功能和游憩开发功能,实现其科学价值、社会价值、经济价值,因此具有极为现实而重要的意义。研究的最终目的是得出湿地公园合理的土地利用评价,从而为湿地公园进一步规划设计铺平道路。

1.2 相关研究动态

1.2.1 国外相关研究动态

国外对于湿地公园研究主要包括对天然湿地保护型、湿地恢复与改良型、人工构造湿地型等不同类型湿地公园的研究(王浩等,2008)。天然湿地保护型湿地公园主要是利用天然湿地残余斑块或被较少破坏的湿地,在其周边非核心区域或靠近边缘附近划分出一定范围,适度建设不同类型设施,以开展生态旅游与环境教育活动,研究的重点是湿地水环境研究、动植物及栖息地研究、生物多样性研究,和管理及经济政策研究等。在这些理论的指导下,国外相继规划建设了一些较为成功的湿地公园,这些公园有些作为国家公园的补充,或者是构成国家公园的一部分,其建设取得了可观的生态、社会、经济效益。例如,南非的圣路西亚湿地公园、新加坡的溪布洛湿地保护区等。湿地恢复与改良型湿地公园主要是对被破坏的湿地进行重新恢复与治理,并在此基础上建设湿地公园,其研究重点是湿地生态环境的恢复、栖息地生境的恢复等。这一类湿地公园比较著名的有英国伦敦湿地中心、日本冈山县自然保护中心的湿生植物园、日本大阪煤气公司敦贺生产基地建设范围内的环境保护区等。人工构造湿地型公园通过运用生态工程的方法来创造人工湿地,以达到水质净化、改善环境的目的,其研究重点在于污染治理、废水处理和水循环利用、城市功能完善、景观设计和生态重建等方面。总之,人工构造湿地由人类来设计规划、建设和养护管理,通过模仿天然湿地的生态结构,实现污废水净化再利用和自然生态重建的过程或目的,或者试图补偿因开发而导致湿地破坏、从而损失了的部分自然湿地功能。这一类湿地公园比较成功的有美国西雅图金县地铁管理部花园水系、美国奥兰多伊斯特里湿地恢复公园项目等。

生态适宜性研究方面,美国景观规划师曼宁在 1912 年就开始应用地图分层叠加技术,进行土地利用规划与景观设计,他是目前被认为的最早采用叠加技术进行规划的景观规划师(俞孔坚等,2003)。后来,美国生态规划学家麦克哈格于 20 世纪 60 年代进一步发展了地图叠加技术,通过这种技术,他有效地把自然因子与人为需求融合在一起进行规划,从而将景观规划设计提升到了生态科学的高度。如今,计算机的普及与发展,大大推动了地图分层叠加技术的发展与进步。现如今,地理信息系统成为景观规划的必备工具,计算机成为规划师们不可缺少的合作伙伴。

1.2.2 国内相关研究动态

我国在湿地恢复、重建及确立湿地保护政策等方面起步较晚,因此发展相对滞后。随着对湿地保护与合理开发的日益重视,湿地公园得到了社会各界的广泛认同,国内湿地公园的建设开始兴起,并进入快速发展期。根据《2014 年中国林业发展报告》,截至 2013 年底,我国湿地公园总数达到 727 个,其中包括 429 处国家湿地公园[①]。在学术研究方面,湿地公园也成为热点研究课题。近年来,以湿地公园为研究对象的论文发表数量快速增加(范延勇,2010;汪辉等,2013),多数论文侧重具体案例某些方面的研究,对湿地公园规划理论及方法的总体情况研究较少(范延勇,2010)。总的说来,目前国内关于湿地公园的研究较多集中于规划设计的应用层面,在理论研究方面滞后于业界需求与期待(王立龙等,2010),湿地公园规划设计基础研究相对较少,系统的理论研究相对薄弱。

生态适宜性研究方面,在中国知网(www.cnki.net)中以"生态适宜性"为篇名进行文献查询,总计 400 条记录,最早的一篇文献发表于 1982 年。通过文献分析发现,数十年来,中国生态适宜性研究,最初主要集中于农林作物种植生态适宜性以及农业用地适宜性分析研究。2000 年以后,城市及区域土地利用的研究快速增多,并与农业用地生态适宜性研究一样,成为生态适宜性的主流研究领域。400 条记录中,也有一些生态适宜性文献涉及风景园林与旅游地、森林、海洋与水利等方面,但文献数量较少,不占主流。经过数十年的发展,生态适宜性评价愈加注重生态、经济、社会因素的综合考虑,并采用定性与定量相结合的方法。

1.2.3 国内现有相关研究的不足

总结现有湿地公园和土地生态适宜性研究的发展历程及其评价方法,发现有以下几方面的研究不足。

湿地公园是需要保护的高生态敏感度用地类型,同时又是方兴未艾的生态旅游热点目的地,因此,对湿地公园生态适宜性分析是湿地公园规划的基础性工作。通过对现有文献的分析发现,虽有个别案例对湿地公园生态适宜性进行了评价与分析,但有目的地针对湿地公园特点进行生态适宜性方面的理论研究还显不足。

大多数生态适宜性评价方法只强调垂直方向上的土地景观单元生态过程,即各种景观

---

① http://www.forestry.gov.cn/main/4046/20150731/757033.html

生态要素(如地形地貌、土壤、植被覆盖等)的垂直叠加,而对土地景观单元间水平方向上的生态过程(如物种的迁移、人的运动、风灾与虫害等干扰过程的空间扩散、水文过程等物质与能量的流动等),即景观单元之间的流动或相互作用却有所忽略(俞孔坚等,2003;杨少俊等,2009)。因此,对景观水平方向生态过程的研究,以及综合考虑垂直方向与水平方向生态过程的湿地公园生态适宜性评价方法鲜有研究。

1.3 研究技术路线与方法

本研究主要通过对典型案例的分析探讨而展开,包括以下几方面内容。首先是在对典型案例研究区调查的基础上,进行垂直方向和水平方向上的景观生态过程研究,分别绘制出垂直方向上的生态适宜性分析图与水平方向上的景观生态安全格局分析图;其次将垂直分析图与水平分析图叠加,得出两者的综合适宜性分析图;再次对得出的结果进行方案规划;最后根据不同的多解方案进行湿地公园的多情景规划,并对方案的最终决策提供理论参考,以此形成湿地公园生态适宜性评价的技术路线(图1-1)。

1.3.1 生态因子的选择

湿地最基本的元素在于水、土和湿地生物,并以此构成了湿地最基本的本底环境。本研究通过文献查阅以及典型案例的现场调研,结合湿地的特征与本底环境,得出水体、土、湿地生物、气候为影响湿地公园生态适宜性评价的主要生态因子,每种生态因子都有若干评价指标,在评价过程中,根据研究区的具体情况,有针对性地选择不同评价指标(表1-1)。

表1-1 湿地公园生态适宜性评价指标

目标层	因素层	指标层	具体评价指标
湿地公园生态适宜性评价指标体系	水体	水质	溶解氧、水的pH、水体中氨态氮(NH_3-N)和硝态氮(NO_3-N)值、水体污染程度(BOD)、生化需氧量、水体有机质含量、高锰酸钾指数、污水处理率、水体质量水平指数等
		水文	水资源补给条件、蓄水能力、水文调节指数、潜水水位埋深、地下水资源补给模数、水体流速、常水位水深、地表径流系数、地表径流深度、地表水分分布、贮水条件、地下水分布、湿地受威胁情况、湿地每年增长退化率等
		水体形态	河流密度、湖泊密度、距湖泊距离、距沟渠距离、距渔场距离、水域面积、水体形状、水体面积比、淹水范围、水网密度指数等
	土	土壤质量	土壤有机质含量、土壤pH、土壤速效磷含量、土壤速效钾含量、土壤碱解氮含量、土壤水解氮含量、土壤有效磷含量、土壤含水率、土壤石油含量、土壤铅含量、土壤铜含量、土壤镉含量、土壤汞含量、土壤砷含量、土壤锌含量、土壤氯含量、土壤渗透性、土壤盐渍化程度、土壤容重、表层黏土厚度、土壤环境、湿地土壤侵蚀控制、水土流失率、地质灾害、土壤结构、土壤厚度等
		地形地貌	坡度、坡向、高程、地貌、地形分布、破碎度指数等
		土地利用	土地利用类型、土地利用强度、不透水层比率等

目标层	因素层	指标层	具体评价指标
湿地公园生态适宜性评价指标体系	湿地生物	生境	生物量、生物多样性、生物物种生长状况指数、生物栖息地、生境结构、保护物种栖息地、鸟类栖息地、食物链结构、生境结合度、生境斑块密度、环境敏感度等
		植物	植被盖度、植物类型、植物多样性、距草本沼泽距离、距森林距离、乔灌木数量比、绿化覆盖率、植物干扰强度、优势性植物覆盖率、外来湿地植物入侵、植被指数、湿地植物多样性指数、典型湿地植物比例、入侵植物比例、优势种和优势度、濒危种和濒危度、草地面积、林地面积、水域水生植物覆盖率等
		动物	动物干扰强度、浮游动物、底栖生物、优势种和优势度、濒危种和濒危度、动物多样性、动物种类及数量等
	气候	温度	年极端最高温、年极端最低温、年小于 0℃的天数、年大于 37℃的天数等
		水分	湿度、蒸降比、年最大降水量、年雨季降水量、旱涝分布、干燥度、水旱灾成灾面积等
		光照	太阳辐射等
		大气	风向、风灾天数等

1.3.2　垂直方向的湿地公园生态适宜性评价

（1）权重判断

目前被用于评价因子权重的方法有多种,如层次分析法、德尔菲法、主观经验法、回归分析法等,其中,最普遍采用的方法是层次分析法,其基本步骤如下:①建立分析系统的层次结构。采用层次分析法获得评价因子权重,首先要明确决策目标,选择对决策目标产生影响的因素,用层次化递接关系表达出来。②判断矩阵的构造。将因子的一对比较值定为 1,3,5,7,9……（A 对 B 时的情况）,相反时按 1,1/3,1/5,1/7,1/9……（B 对 A 时情况）赋值。③计算相对权重。④检验判断结果。

（2）单因子分析

选取评价因子后,根据湿地公园的规划目标,调查研究区中的每个因子分布状况,逐一给每一因子的图形单元打分。在 ArcGIS 软件中,根据其与规划目标的契合程度进行适宜性分级,对因子的原始信息进行数量化的等级评价,用不同的深浅颜色对各个因子的适宜性进行分级（一般为 3～5 级）,分别绘制单因子适宜性分级图。

（3）因子叠加分析

根据每个因子的权重,利用 ArcGIS 软件叠加分析功能,对上述各单因子适宜性分级图进行加权求和,一般分数越高表示越敏感,其相应的栖息地建设适宜性就越高,人工设施建设的适宜性就越低。根据叠加结果图的分值进行重分类,将研究区的生态适宜性分为 3 或5 级:高适宜、较适宜、低适宜,或最适宜区、较适宜区、基本适宜区、较不适宜区和不适宜区。

1.3.3　水平方向的湿地公园生态适宜性研究

对影响湿地公园生态系统景观安全格局水平过程的关键要素进行选择,如湿地公园生

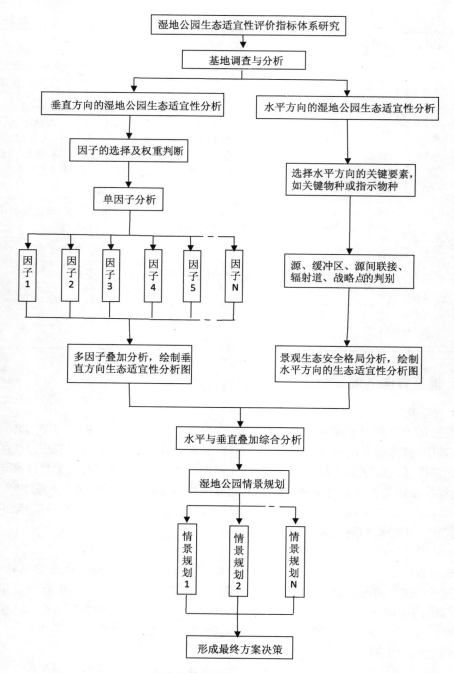

图 1-1　湿地公园生态适宜性评价技术路线图

态系统中的关键种。关键种一般为可以进行物种迁移的湿地动物,包括在湿地公园生态系统中数量占多数的物种,或能够反映湿地公园生态系统安全程度高低的指示物种。在具体研究中,可根据研究区的不同具体情况选择关键物种。在本书的长江新济洲国家湿地公园案例中,根据《湿地动物名录》,通过调研发现,研究区域中鸟类的物种数量最多。因此,选择鸟类为研究对象构建野生动物保护的景观安全格局。

一个典型的景观安全格局包含源、缓冲区、源间联接、辐射道、战略点。根据物种的生活习性,分析不同生态因子对于物种活动的适宜性,判别现状和潜在的核心栖息地。运用最小累计阻力模型(MCR)分别模拟物种穿越不同景观基面的过程,建立最小累积阻力面。生成的阻力面表示从源(栖息地)到空间某一点的易达程度,从而模拟物种水平扩散的行为模式。根据最小阻面,判别缓冲区、源间连接、辐射道以及战略点,构建物种的安全格局。

1.3.4 水平与垂直的叠加综合分析

利用 ArcGIS 软件获得垂直方向上的综合生态适宜性分级图,同时,根据物种景观安全格局绘制出水平方向的适宜性平面图。将垂直方向的湿地公园生态适宜性研究结果,与水平方向的景观生态安全格局分析结果叠加,从垂直与水平两个方向进行生态适应性与景观安全格局的综合分析,得到综合生态适应性分析的优化图,从而为湿地公园土地利用规划方案提供依据。

1.3.5 湿地公园情景规划

情景规划就是对规划结果通过计算机模型进行情景预测,并根据情景预测的结果为湿地公园发展总体趋势作出预示,为湿地公园发展方向的确立提供参考和一定的引导。其主要步骤如下:①明确湿地公园发展的核心驱动因子;②鉴于湿地公园发展的不确定性及不同的发展目标,确定多种情景方案;③通过 CLUE-S 等计算机模型的建立,对不同情景方案的未来发展结果进行预测;④对湿地公园不同发展前景的利弊、特点进行对比分析和评估,从而确定最终的发展方向。

1.3.6 形成决策方案

根据综合生态适宜性评价图及划分的适宜性等级,确定研究区域适宜性分区情况,划分生态功能保护区域,针对不同适宜性的区域实行不同规划方式,并编制相关规划成果及保护措施,为湿地公园资源保护、旅游开发、设施布局提出切实可行的规划方案和保护措施,并开展实施。

上篇
生态适宜性分析

2 湿地与湿地公园

本章对湿地与湿地公园的概念、类型、功能等相关内容做了概述,同时对中国湿地公园研究进展与实践现状进行了回顾。从文献发表的角度分析了湿地公园研究的热度、广度以及研究重点与趋势,并通过文献查阅对国家级及省级湿地公园的建设实践情况进行了研究,指出了湿地公园建设实践中存在的问题,并对湿地公园未来发展进行了展望。

2.1 湿地概述

湿地是个独特的生态系统,是在地球上的水陆相互作用下形成的。湿地在保护水源、净化水体、蓄洪防旱、调节区域气候、降解污染、美化环境和维持生物多样性等方面,具有重要的生态功能(燕艳,2002;陶思明,2003)。湿地不仅是自然生态系统和区域生态稳定体系的重要组成部分,还为人类的生产、生活提供多种物质资源,是社会经济发展的重要基础。

2.1.1 湿地的定义

(1)国际上的湿地定义

全世界对于湿地的定义大约有五六十种,不同时代、不同学科领域对湿地定义的侧重点都有所不同。水文、地质、地理、土壤、植物、动物(尤其是鱼类和水禽类)、生态、社会、经济以及管理立法等不同方面的专家,对湿地的定义可能因其具体的研究方向和专业区分不同而各有侧重。另外,不同国家以及不同地区之间,因其地理特征不同,对湿地的定义也有所区别。这么多的湿地定义开阔了湿地科学研究的视野,丰富了湿地科学的内容(梁树柏,2003)。目前在国际上被广泛接受的湿地定义有 2 个:《关于特别是作为水禽栖息地的国际重要湿地公约》中的定义和"国际生物学计划"中的定义(安树青,2002)。

1971 年 2 月 2 日在国际自然和自然资源保护联合会(International Union for the Conservation of Nature and Natural Resources,简称 IUCN)的主持下,伊朗的拉姆萨(Ramsar)会议通过了《关于特别是作为水禽栖息地的国际重要湿地公约》(Convention on Wetlands of International Importance especially as Waterfowl Habitat,简称《湿地公约》)。公约第一条第一款中规定:"湿地系指天然或人造、永久或暂时之死水或流水、淡水、微咸或咸水沼泽地、泥炭地或水域,包括低潮时水深不超过 6 m 的海水区。"在此公约第二条第一款中还规定:"可包括与湿地毗邻的河岸和海岸地区,以及位于湿地内的岛屿或低潮时水深超过 6 m 的海洋水体,特别是具有水禽生境意义的地区岛屿或水体。"这是一个非常宽泛的定义,按这个定义来说,地球上除海洋(水深 6 m 以上)以外的所有水体及沿岸都可称作湿地,因此,这是个广义上的湿地概念。

《湿地公约》定义了湿地的"水"与"土"的特征,然而,从某种意义上来说,光有水分及土壤的环境尚无法称为湿地,还需有动、植物等生物生长于其中,才能构成真正的湿地。

相比而言,国际生物学计划中所认为的湿地定义更强调湿地的生态性。国际生物学计划是联合国教科文组织在20世纪60年代初发起的全球性研究行动计划,该计划在20世纪70年代被"人与生物圈计划"取代,并从80年代中期演变为"国际地圈-生物圈计划"。国际生物学计划中认为,湿地是陆地和水域之间的过渡区域或生态交错带(ecotone),由于土壤浸泡在水中,所以湿地特征植物得以生长。该定义特指湿地是生长有挺水植物的区域,这是一个狭义上的湿地概念(安树青,2002)。

(2)中国的湿地定义

中国是世界上湿地类型齐全、数量丰富的国家之一。同时,湿地也是我国重要的自然生态资源,是支撑我国社会经济可持续发展的重要生态保障。但是人口的持续增长、经济的快速发展和自然资源的不合理利用,导致了我国湿地面积不断减少,湿地生态功能衰退,对我国经济社会的发展与生态环境的保护产生了深刻的影响。因此,就目前国家自然湿地的退化现状来分析,近期和未来一段时间,对珍贵的湿地资源进行抢救性保护,逐步恢复和扩大湿地面积,对更好地建设国家生态环境、保护生物多样性具有重大意义(张艳,2015)。

中国于1992年加入《湿地公约》,并开始积极开展湿地资源的保护工作。1994年,中国湿地生态环境保护会议将湿地定义为:陆地上常年或季节性积水(水深不深于2 m,积水期达4个月以上)和过湿的土地,并与其中生长、栖息的生物种群构成的独特生态系统。国务院办公厅2004年下发的《国务院办公厅关于加强湿地保护管理的通知》(国办发〔2004〕50号),和国家林业局2005年下发的《国家林业局关于做好湿地公园发展建设工作的通知》(林护发〔2005〕118号)对湿地公园建设作了明确指示。2013年,国家林业局颁布《湿地保护管理规定》,这是我国第一部专门针对湿地保护而制定的行政规章。该规定对湿地的定义:湿地,是指常年或者季节性积水地带、水域和低潮时水深不超过6m的海域,包括沼泽湿地、湖泊湿地、河流湿地、滨海湿地等自然湿地,以及重点保护野生动物栖息地或者重点保护野生植物的原生地等人工湿地。这一定义简明易懂,被国内学者广泛接受,有利于指导我国湿地管理与湿地保护工作的开展(梅宏,2014)。

2.1.2　湿地的分类

《湿地公约》将湿地分为天然湿地和人工湿地,天然湿地包括滨海湿地和内陆湿地,人工湿地包括水产池塘、水塘、灌溉地、农用泛洪湿地、盐田、蓄水区、采掘区、废水处理场所、运河、排水渠、地下输水系统等。

中国根据实际情况,参考《湿地公约》以及湿地广义的概念,在《全国湿地资源调查与监测技术规程(试行)》中,将全国湿地划分为近海及海岸湿地、河流湿地、湖泊湿地、沼泽湿地以及人工湿地五大类,每大类又分为若干小类,共34种类型。

2.1.3　湿地的功能

(1)环境生态方面

1)生物多样性保护。湿地是野生动植物的栖息地,依赖湿地生态的野生动植物极为丰富,其中有许多是珍稀、濒危物种。湿地是鸟类、鱼类和两栖动物繁殖、栖息、迁徙、越冬的场所。

2) 调节流量,控制洪水。湿地是一个巨大的蓄水库,在控制洪水、调节河川径流和维持区域水平衡中发挥了重要作用。在暴雨和河流涨水期,湿地可以储存过量的降水,均匀地把径流放出,减弱危害下游的洪水。1998 年长江中下游特大洪水的暴发,就是长江沿线众多天然湖泊遭到人工围垦而造成的。

3) 补充地下水。从湿地到蓄水层的水可以成为地下水系统的一部分,如果湿地受到破坏或消失,就无法为地下蓄水层供水,地下水资源就会减少。

4) 保持小气候。湿地可以影响小气候。湿地的蒸发作用可保持当地的湿度和降水量,使区域气候条件稳定。湿地水分通过蒸发成为水蒸气,然后又以降水的形式降到周围地区,保持当地的湿度和降雨量。

5) 降解污染物。当农药、生活污水和工业排放物等含有毒物和杂质的流水经过湿地时,流速减慢,有利于毒物和杂质的沉淀和排除。此外,一些湿地植物像芦苇、水湖莲等能有效地吸收有毒物质。因此,不少湿地都已被成功地用来处理污水。

6) 防止盐水入侵。沼泽、河流、小溪等湿地向外流出的淡水限制了海水的回灌,沿岸植被也有助于防止潮水流入河流。但是如果过多抽取或排干湿地、破坏植被,淡水流量就会减少,海水可大量入侵河流,从而减少了人们生活、工农业生产及生态系统的淡水供应。

(2) 人类生产方面

1) 提供水源。水是人类不可缺少的生态要素,湿地是居民生活用水、工业生产用水和农业灌溉用水的主要来源。溪流、河流、池塘、湖泊、水库在输水、储水和供水方面发挥了巨大效用。

2) 提供能源和支撑航运。水电在中国电力供应中占有重要地位,港湾的潮汐能也可以用于人类的生产,湿地中的泥炭可以用于燃烧。湿地具有重要的航运价值,沿海沿江地区经济的迅速发展很大程度上受惠于此。

3) 提供可利用的动植物资源。湿地可以为我们提供多种多样的产物,如水稻、动物皮革、肉蛋、鱼虾、牧草、水果、芦苇等。

4) 提供矿物资源。湿地中有各种矿砂和盐类资源,如中国的青藏高原碱水湖和盐湖盐的种类齐全,矿物资源储量很大。

(3) 社会人文方面

1) 观光与旅游休闲。湿地具有供自然观光、旅游、娱乐等方面的功能,湿地所蕴涵的丰富秀丽的自然风光,成为人们观光旅游的好地方,这也是湿地建设成湿地公园的重要功能条件之一。

2) 教育和科研价值。湿地可以用来开展环境监测、提示全球环境变化趋势等科学研究,另外湿地丰富的动植物群落、珍贵的濒危物种等,在自然科学教育和研究中都也具有十分重要的作用。有些湿地还保留了历史上人类文明活动的痕迹,是文化研究的重要场所。

2.1.4 湿地的生态特点

(1) 景观多样性

湿地生态系统具有湿地独特的动植物、气候、水文、土壤等环境条件及生态功能,造就了丰富多样的湿地生态系统类型及生物种类,从而决定了湿地具有景观多样性的特点。湿地生态系统生活着多种多样的植物群落和动物种群,这些丰富多样的生物群落,需要各自生活在不同的生境中,和赖以生存的自然环境相互作用及影响,受生境制约,也在一定程度上影响着环境景观。多样的生物群落和多样的生境,造就了多样的景观。水鸟在浅水中觅食、灰兔在草中跳跃……生物和生境一同构成了湿地生态系统中的风景画面。

（2）边界过渡性

由于湿地位于水体和陆地交汇的地带,既有水文生态系统的特点,又有陆地生态系统的特征,所以具有水陆相兼的过渡性规律。湿地由于位于群落交错分布的水陆交界地带,具有明显的边缘效应,所以生物生境多样,生产力很高。湿地公园以湿地为主要自然景观,因此也具有明显的边界过渡性。其过渡特点主要表现在两个方面,一是地理分布,二是过渡化的生态系统结构。

湿地的水体环境资源是形成湿地景观的重要因素,也是维持湿地结构和功能的主要源动力(李玉凤等,2014)。湿地的水文环境与陆生环境、水生环境相似,但又不完全相同,兼有两者的共性,又有自身的特征,即过渡性的特点。

湿地土壤与一般的陆地土壤不同,也有其特殊性。由于湿地中的土壤长期浸泡在水中,埋在其中的动植物残体因得不到氧气而分解异常缓慢,所以湿地土壤中有机质含量较高(朱芳等,2015)。因为影响土壤持水能力的黏土矿物含量和有机质含量在湿地土壤中很高,致使湿地土壤的持水能力很强,所以,湿地在保持水土、蓄洪制水、调节洪峰、减少洪涝等方面发挥着重要的作用。

湿地生物群落伴随着湿地生态系统的演替发展而进化,只有能适应湿地过渡地带的特殊生境,才能得以生存。湿地植物由于湿地过渡地带的特性,成为陆生和水生植物之间的过渡类型,能够适应过渡地带的生态环境。因此,湿地植物普遍比较耐水湿,湿地动物群落则适应在水中或水岸边生活,如两栖类和涉禽类动物。

（3）生态脆弱性

湿地生态系统由于长期处于水陆交界的生态脆弱地带,其组成和结构复杂多样,具有较强的生态敏感性,牵一发而动全身。当其生态环境系统受到自然和人为活动的干扰且达到一定程度时,其生态系统容易失去平衡,表现为生态脆弱性。而受到破坏的湿地生态系统,由于其生境条件很复杂,生态平衡很难得到恢复。

随着社会经济迅速发展,人类活动对湿地生态系统的影响力逐渐增强,引发了湿地环境破坏、资源浪费、水体面积萎缩、生物多样性减少等一系列生态环境问题,致使湿地生态敏感性、生态脆弱性程度增强,对湿地生态系统的平衡发展与稳定演进造成了严重威胁。

（4）演替层次性

湿地由于位于水陆过渡地带,具有边界过渡性和复杂性。一个营养物质循环效率最好的生态系统,其系统构成在时空上是变化着的,也处于过渡阶段,并由低级向高级发展,由不成熟向成熟演替。在这个演替过程中,湿地生态系统既具成熟生态系统的性质,又具年轻生态系统的特性。

湿地自然生态系统的演替层次性,与湿地过渡性特点的表现相似,只是一个是空间上的过渡,一个是时间上的过渡,但都是湿地生态系统环境变化的自然规律。我们应该重视湿地生态系统的演替层次性,在进行湿地生态环境开发建设时,尊重湿地的演替规律,以减少对生态环境的负面影响(刘小凤,2016)。

2.2　湿地公园概述

2.2.1　湿地公园概念

关于湿地公园的定义多种多样,但是都离不开湿地生态保护和湿地资源的可持续利用这两个关键部分;总结来说,大都强调了其集主题性、自然性、功能性和生态性于一体。目前,国内外对于湿地公园的定义还没有得到统一的认可,由于国内湿地公园的主管部门以林业部门(即原来的国家林业局,现在归并于自然资源部的国家林业和草原局,并加挂国家公园管理局牌子)与建设部门(住房与城乡建设部)为主,因此从官方角度来说,有"湿地公园"与"城市湿地公园"两类定义。目前湿地公园的定义大多是以保护为主,兼有科普教育和生态旅游功能。当前湿地生态旅游的开发利用程度不断提高,并由小规模向大规模、单一类型向综合类型的方向发展,由此,湿地公园建设受社会关注的程度越来越高。近年来,中国城市化发展进程加剧,环境问题日益突出,低碳理念等新时代的要求也隐隐在湿地公园的概念中体现,并且城市湿地公园的概念也倍加受人关注。笔者在中国知网(www.cnki.net)运用高级检索方式,在"主题"一栏输入"湿地公园",并含"概念",选择"模糊"检索相关文献,得到总文献 174 篇。其中,在前人研究基础上,结合自身研究,提出了自己对湿地公园及城市湿地公园概念和分类的补充和说明文章有 3 篇,类型划分有 11 篇。下表是国内湿地公园及城市湿地公园概念整理(表 2-1)。

表 2-1　湿地公园与城市湿地公园概念

类别	定义	来源
湿地公园	湿地公园是利用自然湿地或人工湿地,运用湿地生态学原理和湿地恢复技术,借鉴自然湿地生态系统的结构、特征、景观、生态过程,进行规划设计、建设和管理的绿地;是将保护和利用相统一,融合自然、园林景观等要素的绿色空间,具有生态、景观、游憩、科普教育和文化等多种功能	潮洛蒙,李小凌,俞孔坚.城市湿地的生态功能[J].城市问题,2003
	湿地公园是保持该区域独特的自然生态系统近于自然景观状态,维持系统内部不同动植物种的生态平衡和种群协调发展,并在不破坏湿地生态系统的基础上建设不同类型的辅助设施,将生态保护、生态旅游和生态教育的功能有机结合,突出主题性、自然性和生态性三大特点,集湿地生态保护、生态观光休闲、生态科普教育、湿地研究等多功能的生态型主题公园	黄成才,杨芳.湿地公园规划设计的探讨[J].中南林业调查规划,2004
	湿地公园类似于小型保护区,但又不同于自然保护区和一般意义公园的概念,那些兼有物种及其栖息地保护、生态旅游和生态环境教育功能的湿地景观区域都可以称之为湿地公园	李春玲.城市郊区湿地公园规划理论与方法研究[D].武汉:华中科技大学,2004
	湿地公园是指建立在城市及其周边,具有一定自然特性、科学研究和美学价值的湿地生态系统,能够发挥一定的科普与教育功能,兼有游憩休闲作用的特定地域	雷昆.对我国湿地公园建设发展的思考[J].林业资源管理,2005

续表 2-1

类别	定义	来源
湿地公园	湿地公园是指具有生态旅游和生态环境教育功能的湿地景观区域，兼有物种及其栖息地保护的功能	陈克林.湿地公园建设管理问题的探讨[J].湿地科学,2005
	湿地公园是以具有显著或特殊生态、文化、美学和生物多样性价值的湿地景观为主体,具有一定规模和范围,以保护湿地生态系统完整性、维护湿地生态过程和生态服务功能,并在此基础上以充分发挥湿地的多种功能效益、开展湿地合理利用为宗旨,可供公众浏览、休闲,或进行科学、文化和教育活动的特定湿地区域	国家林业局.国家林业局关于做好湿地公园发展建设工作的通知(林护发〔2005〕118号)
	湿地公园是指以具有一定规模的湿地景观为主体,在对湿地生态系统及生态功能进行充分保护的基础上,对湿地进行适度开发(不排除其他自然景观和人文景观在非严格保护区内的辅助性出现),可供人们开展科学研究、科普教育以及适度生态旅游的湿地区域,是基于生态保护的一种可持续的湿地管理和利用方式	崔丽娟.中国的湿地保护和湿地公园建设探索[A].湿地公园——湿地保护与可持续利用论坛交流文集,2005
	湿地公园的定义应涵盖如下几方面内容:首先,湿地公园中的湿地景观必须占有一定的规模,如果所占份额较小,则不能称为湿地公园,充其量只能算是公园中的某一湿地景观;其次,湿地公园中的湿地景观不论是在原有基础上的恢复还是重新营造,都应以自然湿地景观为主,避免人工气息过重;最后,在湿地公园诸多功能(包括生态保护、科学研究、游览休憩以及教育等)的发挥过程中应保持相对平衡,尽量避免顾此失彼	俞青青.城市湿地公园植物景观营造研究——以西溪国家湿地公园为例[D].杭州:浙江大学,2006
	湿地公园是指拥有一定的规模和范围,以湿地景观为主体,以湿地生态系统保护为核心,兼顾湿地生态系统服务功能展示、科普宣教和湿地合理利用示范,蕴涵一定文化或美学价值,具有一定的基础设施,可供人们进行科学研究和生态旅游,并予以特殊保护和管理的湿地区域	崔丽娟,王义飞,张曼胤,等.国家湿地公园建设规范探讨[J].林业资源管理,2009
	湿地公园是拥有湿地生态资源和游憩休闲功能的湿地与公园复合体,它是以湿地自然环境为基质,满足游玩、休憩、旅游、教育活动等人类活动,以及物种保护和自然资源保护的特殊景观形式	郭敏.城市湿地公园的规划与设计初探[D].长沙:湖南师范大学,2010
	湿地公园是利用自然湿地或具有典型湿地特征的场地,以生态环境的修复以及地域化湿地景观再现的营建为目标,模拟自然湿地生态系统的结构、特征和生态过程进行景观规划设计,形成兼有物种栖息地保护、生态旅游以及科普教育等功能的湿地景观区域,湿地公园是一种综合保护、利用湿地的有效方式	张祎,成玉宁.湿地公园营建设计策略初探[J].建筑与文化,2010
	湿地公园不同于一般湿地和湿地保护区,它是具有一定的能保持湿地生态系统完整性、典型性、独特性及利用便捷性的区域,通过合理的生态布局加以保护性利用,科普、教育是其宗旨,休闲和生态旅游是其基本利用方式	王立龙,陆林.湿地公园研究体系构建[J].生态学报,2011
	湿地公园可被定义为利用自然湿地或人工湿地,运用湿地生态学原理和湿地恢复技术,借鉴自然湿地生态系统的结构、特征、景观和生态过程,进行规划设计、建设和管理,兼有物种及其栖息地保护、生态旅游和生态环境教育功能的湿地景观区域	武文佳,孟翎冬.国内外城市湿地公园规划浅析[J].中华建设,2012

类别	定义	来源
城市湿地公园	城市湿地公园应该是具有湿地的典型特征,以满足城市居民休闲、游憩、教育等为主要目的的公园	李学伟.城市湿地公园营造的理论初探[D].北京:北京林业大学,2004
	城市湿地公园是在城市规划区范围内,以保护城市湿地资源为目的,兼具科普教育、科学研究、休闲游览等功能的公园绿地	住房和城乡建设部.《城市湿地公园管理办法》(建城〔2017〕222 号)
	城市湿地公园是一种独特的公园类型,是指纳入城市绿地系统规划的,具有湿地的生态功能和典型特征的,以生态保护、科普教育、自然野趣和休闲游览为主要内容的公园	住房和城乡建设部.《城市湿地公园规划设计导则(试行)》(建城〔2005〕97 号)
	城市湿地公园定义为位于城市区域,以湿地科学性、艺术性为基础,以自然湿地或人工湿地为载体,运用湿地生态学原理和湿地恢复技术,仿真自然湿地生态系统的结构、特征、功能、景观、生态过程进行规划设计、建设和管理的,具有科学与文化价值的场所,是通过教育、培训以及旅游观光向人们展示湿地生态系统以及湿地生物多样性,由多样的湿地景观、丰富的湿地动植物类型、特色的湿地休闲娱乐、湿地商品、湿地人文风俗、湿地生态建筑样式组成的特别的主题区域,是市民和青少年接受生态环保教育且健康向上的休闲旅游胜地	骆林川.城市湿地公园建设的研究[D].大连:大连理工大学,2009
	城市湿地公园是以湿地生态资源为建设基质,以保护湿地生态系统完整性、维护湿地生态服务功能为主,兼顾满足科学教育和游览休闲等活动开展的新兴公园类型	郭敏.城市湿地公园的规划与设计初探[D].长沙:湖南师范大学,2010

综观上述概念,从时间轴来看,湿地公园概念在国内最早的定义(2003 年)中提出,湿地公园是一种绿地、绿色空间,应该借鉴自然湿地生态系统的结构、特征、景观、生态过程进行规划设计、建设和管理,强调保护和利用相统一及其丰富的功能性。2004 年,黄成才等在湿地公园概念中添加了主题性这一较为关键的新内容,强调要保持区域特色,注重自然性、生态性,认为湿地公园是集多功能的生态型主题公园。2005 年,雷昆在湿地公园的概念中,首次提到了湿地公园的地域界定,且提出湿地公园应具有科学研究和美学价值。同年还有其他学者也根据自己的研究,对湿地公园给出一些定义,基本内容的基调是相近的,只是各自的侧重点不一样,比如陈克林强调的就是其功能性,崔丽娟结合当时的发展理念提出了适度、可持续的标准。也是在这一年,国家林业局综合了这两年来多位学者对湿地公园概念的研究和讨论,对湿地公园给出了官方定义。2006 年,俞青青强调了人与湿地公园的相互平衡,自此后,人类活动、人文科教逐渐包含在湿地公园概念的重点内容中,2011 年王立龙等更是把科教定义为湿地公园的宗旨。而自此以后,对于湿地公园的概念研究就渐渐减少了,不再是研究的热点,到目前为止,相关研究大多综合引用先前的湿地公园概念,但是也能看到有低碳、强调效益的一些补充理念,湿地公园的概念随着时代的发展还需要不断调整、补充和更新。

从科学研究的角度上来看,湿地公园目前的概念重点就是强调其自然生态性、多元功能性、人文科学价值、适度开发可持续、保护与利用相统一。但是随着湿地公园的研究细化,对于湿地公园的概念就容易产生混淆或误解,比如与水景公园、公园湿地、湿地园林概念的区分等,因此对于湿地公园的概念研究,我们还走在发展、前进的路上。

2005 年前后,城市湿地公园这一概念就已经提出,在湿地公园的概念上加入了服务对象——城市居民,结合了城市绿地系统规划,被认为是一种独特的公园类型。城市湿地公园最大的特点在于其主题性、功能性和生态性,强调人文与自然的和谐。它在改善生态状况的同时,为人们提供游憩、娱乐的场所,并在涵养城市水源、保护生物多样性等方面发挥着重要作用,集中体现了湿地的生态、经济和社会效益。

综观以上各类湿地公园的定义,湿地公园概念最核心的部分主要有如下三个方面。

① 湿地景观是湿地公园的主体景观,并在公园中发挥最核心的生态功能,不论这种湿地是天然形成或是人工形成的。国家林业局 2017 年颁布的《国家湿地公园管理办法》中规定:"国家湿地公园的湿地面积原则上不低于 100 hm²,湿地率不低于 30%。"

② 湿地公园建设的首要宗旨为湿地资源的保存与保护、湿地生态系统的保育与修复,这是设立湿地公园的基本前提。

③ 在"保护中利用,在利用中保护"是湿地公园设立的基本思想,单纯的保护不是建设湿地公园的唯一目的,否则湿地公园与湿地保护区就没有区别了。因此,在湿地公园中开展观赏游憩、科普教育、科学研究等,也是湿地公园建设的必然要求。

2.2.2 湿地公园类型

关于湿地公园类型,本书通过对已发表的论文及专著进行梳理,归纳出目前国内湿地公园与城市湿地公园的类型划分如下(表 2-2)。

表 2-2 湿地公园与城市湿地公园类型划分

类别	分类	来源
湿地公园类型	自然湿地公园/人工湿地公园 (国家级湿地公园中湿地主体水库、人工湖、梯田和煤矿塌陷区均属于人工湿地)	赵思毅,侍菲菲.湿地概念与湿地公园设计[M].南京:东南大学出版社,2006
	目前被普遍采用的是根据湿地类型来划分湿地公园,即滨海湿地、河流湿地、湖泊湿地、沼泽湿地、人工湿地,国家级湿地公园湿地主体均在上述五种湿地类型范围内	王胜永,王晓艳,孙艳波.对湿地公园分类的认识与探讨[J].山东林业科技,2007
	国外湿地公园主要分为天然湿地、湿地改良型、人工湿地三种类型	王丽华.城市湿地公园的保护性规划研究[D].西安:长安大学,2011
	依据场地基底条件(湿地资源)分类:湖泊型、江河型(包括人工运河)、滨海型、农田型(含养殖塘)、其他类型(采矿与挖取取土区/废弃地/蓄水区)	成玉宁等.湿地公园设计[M].北京:中国建筑工业出版社,2012
城市湿地公园类型	生产型湿地:养殖池塘/灌溉田渠/季节性泛洪耕地/盐地、蒸发池/开采过程中遗留湿地;水利型湿地:水库/水电坝;生态保护型湿地:自然保留区中野生湿地部分/自然保护区中野生湿地部分;环保型湿地:废水处理区;游憩型湿地:生态展示型/仿生湿地型/野生湿地型/湿地恢复型/污水净化型	李学伟.城市湿地公园营造的理论初探[D].北京:北京林业大学,2004

类别	分类	来源
城市湿地公园类型	按城市与湿地关系划分:城中型/城郊型/远郊型 按湿地资源状况划分:海滩型/河滨型/湖沼型 按湿地成因划分:天然型/人工型 按生产生活用途划分:养殖型/种植型/盐碱型/废弃地型	王胜永,王晓艳,孙艳波.对湿地公园分类的认识与探讨[J].山东林业科技,2007
	滨海湿地公园生态系统/河流湿地公园生态系统/湖泊湿地公园生态系统/沼泽湿地公园生态系统	王浩,汪辉,王胜永,等.城市湿地公园规划[M].南京:东南大学出版社,2008
	按湿地利用类型划分:河滨海口湿地公园/湖泊湿地公园/沼泽湿地公园/河流湿地公园/城市社区人工湿地公园 按人类干扰程度划分:自然湿地公园/半自然湿地公园/人工恢复湿地公园 按发展起源与功能类型划分:以湿地自然保护为主的湿地公园/以湿地特色旅游为主的湿地公园/以湿地功能利用(污水处理)为主的湿地公园 按湿地与城市位置关系划分:城中型/城郊型/远郊型	骆林川.城市湿地公园建设的研究[D].大连:大连理工大学,2009
	按功能划分:生态展示型/综合型/生态恢复型/生态保护型/污水处理型/环保休闲型	王火.城市湿地公园规划与建设中的理论问题探究[D].南京:南京林业大学,2013
	按湿地公园基质分类:天然湿地公园/人工湿地公园 按湿地功能分类:自然保护型/生态恢复型/科普展示型/污水净化型	于程.基于地域文化的城市湿地公园规划设计研究[D].哈尔滨:东北农业大学,2013

从表 2-2 可以看出,目前国内对湿地公园的分类主要划分依据是按湿地资源状况、生产生活用途、湿地与城市位置关系、人类干扰程度、功能等。本书上篇的研究对象为湿地公园的生态适宜性,因此更加注重湿地生态系统的自然属性。本书结合中国的湿地分类情况,依据湿地资源状况划分,将湿地公园类型划分为:滨海型湿地公园、湖沼型湿地公园、河流型湿地公园三种主要典型类型。本书上篇所选择的三个研究案例与三种典型类型相对应:江苏盐城珍禽湿地公园对应的类型是滨海型湿地公园;江苏句容赤山湖国家湿地公园对应的则是湖沼型湿地公园;江苏长江新济洲国家湿地公园是河流湿地的一部分,对应的是河流型湿地公园。考虑到研究案例的高标准与代表性,本书所选的赤山湖湿地与长江新济洲湿地都为国家湿地公园,江苏盐城珍禽湿地公园虽然不是国家湿地公园,但基地位于盐城国家级珍禽自然保护区内,其湿地的保护与建设在国内也处于较高水平。

2.2.3　湿地公园基本要素

(1) 典型性湿地景观

湿地公园必须具有一定规模可供科学研究、科普教育、观赏游憩的湿地景观,并且该独特的湿地自然生态景观资源是湿地公园的主体。在充分保护湿地自然资源以及其生态系统的前提下,可以适度合理地开发湿地资源,从而为人们进行适度的生态旅游活动提供先天条件。

（2）明确的管理范围

应当有具体的管理组织或机构,对湿地公园内的生态环境与自然资源进行统一负责与管理,并且具备合理完善的管理方法与措施,以切实保护湿地生态环境,合理有效地开发、建设湿地公园。让一些具有重要的生态位或社会影响、与人们日常生活密切相关的湿地类型在得到保护的同时,充分发挥其环境效益和社会效益。

（3）完善的旅游观光设施

在最大化维持湿地公园内部生态系统自然状态的前提下,在维护其独特的自然资源与生态环境、保持生态系统内部各个生态物种之间协调发展与生态平衡的基础上,尊重湿地原有的自然发展规律,开发建设不同类型的、满足游客生态旅游需要的辅助性基础设施,特别是建立一些生态科普教育的设施,有机结合湿地公园生态保护、生态旅游和生态教育的功能。发挥湿地公园的人文生态服务功能,开展一些休闲娱乐、科学教育的活动,创造愉悦、舒适、休闲的环境,在人们放松身心、观赏游玩的同时,宣传、科普湿地生态环境及其生态保护的知识,以提高人们的环保意识,达到人与自然和谐发展的目的(范延勇,2010;刘小凤,2016)。

2.2.4 湿地公园景观构成

（1）动植物景观

湿地公园以湿地生态环境为主体,以水体为景观基质,以水陆过渡地带为特色,经过不断演替进化,生境稳定多样,包括动植物在内的生物种群非常丰富。层次丰富多变的植物景观,灵活的动物穿梭其中,给湿地公园景观赋予生气,令人赏心悦目。

植物是湿地生态系统的重要组成部分,还是生态景观设计的重要因素。湿地公园的湿地生态环境这一特殊生境,使得生长于其中的植物也具有特殊观赏性。位于水陆交界地带中的耐水湿植物和挺水植物,如湿地松、池杉、荷花等,高低错落,层次丰富;还有岸边浅水中的浮水植物,如凤眼莲、萍蓬草、睡莲等,这些水生植物在净化水体的同时,在景观效果上错落有致,形成了湿地公园中一道优美的风景线。丰富的生态环境中,有种类多样的动物栖息其间,形成视觉上和听觉上"鸟语花香"的生态景象,达到生态系统的完整性和景观设计视觉效果之间的和谐统一。

（2）水岸景观

位于水体边缘和陆地交界处的水岸环境是湿地生态系统最特殊的生境,也是湿地景观规划中最能体现湿地特殊自然环境的重要部分。湿地公园水岸形态一般呈现自然优美的曲形,具有很高的美学欣赏价值。此外,湿地公园水岸形态不仅极大地增强了湿地公园的景观效果,其结构还具有相应的生态功能,对水陆间的物质交换发挥着重要的作用。

湿地公园的水岸是游人开展亲水活动的主要场地,在景观规划时要符合人们亲近水体的心理需求,合理规划水岸空间与形态;同时,还要注重水岸的生态性和安全性。按照湿地景观特点来规划、打造生态自然的水岸景观,是建设生态、可持续的湿地公园的重要环节。

（3）湿地景观

根据湿地形成的一般原理和发展规律,面积较大的湿地内部一般会形成一定面积的洼地,并分布若干水系。因此,湿地生态系统一般由多种湿地类型构成,一般包括河流湿地、湖泊湿地、沼泽湿地和人工湿地等多种类别的湿地。在具有一定规模的湿地公园中,一般会有多个湿地类型,而每个不同的湿地类型都有丰富多样、各种形态的生境类型和生物种群,共同组成复合的湿地生态系统,形成丰富优美、多样化的湿地景观。

（4）文化景观

湿地公园景观实质上就是一种地域文化的表现。人类与其赖以生存的自然环境紧密结合,产生了很多反映地域人文特色的景观(涂芳,2008)。湿地公园就是其中一个文化景观类型,它以独特的景观形式表现地域文化特征,带有很深的社会意识形态痕迹。另外,湿地景观演替过程也受到了人类社会的影响,在不同历史时期一定程度上反映了特定的政治、经济、文化特点,如建筑遗迹、文化遗产形式的人文景观。

自然景观是湿地公园的基础载体,而人文景观则是其精神内涵,可以说,湿地公园就是自然景观与人文景观的结合体(张园媛,2010)。湿地公园的文化内涵体现需要以湿地生态资源为载体,充分利用当地的历史文化和风俗特色,将文化的精神注入到湿地公园景观中来。刻入地域的精神与文化,是湿地公园彰显自身魅力、具备长久发展活力的源泉(刘小凤,2016)。

2.3　我国湿地公园研究进展与实践状况

2.3.1　湿地公园研究的文献统计和分析

在中国知网(www. cnki. net)首页,运用高级检索方式,在"主题"一栏输入"湿地公园",选择"精确"检索相关文献,得到总文献10 071 篇,其中期刊论文3 895 篇,学位论文1 138 篇,会议论文184篇,报纸刊载4 839 篇,学术辑刊文章15篇。本研究统计的论文发表时间从 1979年 1 月 1 日开始,截止于 2018 年 8 月 10日(图 2-1)。

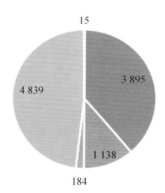

■期刊论文 ■学位论文 ■会议论文 ■报纸刊载 ■学术辑刊文章

图 2-1　湿地公园研究的文献统计

（1）期刊论文

1）从发表期刊论文情况看湿地公园研究热度。1976年发表了第一篇湿地公园期刊论文,2000 年以前发表 2 篇;从 2001 年起,检索得期刊论文 3 893 篇。2005 年开始有了一个大的飞跃,发表论文有 70 篇之多,2006 年76 篇,2007 年 128 篇,2008 年 127 篇,2009 年 155 篇,2010 年 214 篇,2011 年 225 篇,2012年 255 篇,2013 年 369 篇,2014 年 462 篇,2015 年 469 篇,2016 年 511 篇,2017 年 525 篇,2018年 1 月到 8 月 10 日有 288 篇(图 2-2)。说明 2001 年以前,我国对于湿地公园的研究还很少;而从 2005 年以来,湿地公园越来越得到更多学者的重视。

2）作者部门分布。统计以论文第一作者部门分布为依据,发现期刊论文发表人群主要集中在高校、事业单位和行政部门以及其他学者,(包括记者、摄影师等人群),说明越来越多的人在关注湿地公园研究。

3）期刊论文基金。在 2018 年 8 月 10 日前的 3 895 篇期刊论文中,统计每篇论文的第

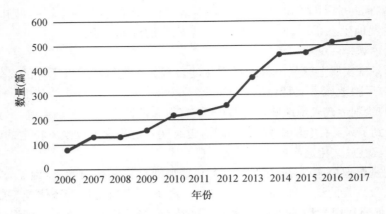

图 2-2　湿地公园期刊论文发表数量变化

一资助项目,有 324 篇文献获有项目资助,约占总发文量的 8.3%,这从侧面反映了我国对湿地公园的资助力度不大。资助项目中以国家和省级资助为最多,分别为 195 篇、63 篇,约占所有资助项目的 60% 和 19%。其中国家级项目资助包括国家自然科学基金 152 篇、国家科技支撑计划 25 篇、国家社会科学基金 15 篇和国家重点基础研究发展计划 2 篇、国家海洋局青年海洋科学基金 1 篇。地方级项目发表 4 篇以上的有北京市科技计划项目 12 篇、贵州省科学技术基金 12 篇、河南省科技攻关计划 8 篇、江苏省自然科学基金 6 篇、浙江省自然科学基金 6 篇、广东省自然科学基金 5 篇、上海科技发展基金 4 篇、福建省教委科研基金 4 篇、江苏省教育厅人文社会科学研究基金 6 篇。1994 年国家自然科学基金资助了第一篇有关湿地公园的期刊论文,从 2004 年开始呈稳步增加趋势,这也说明我国湿地公园研究越来越得到重视。

(2) 学位论文

检索到湿地公园相关学位论文 1 138 篇。按授予学位来分,硕士论文 1 098 篇,约占 96.5%;博士论文 40 篇,约占 3.5%。按时间来分,2005 年之前有 2 篇,2006 年有 16 篇, 2007 年有 38 篇,2008 年有 33 篇,2009 年有 35 篇,2010 年有 62 篇,2011 年有 80 篇,2012 年有 89 篇,2013 年有 124 篇,2014 年有 147 篇,2015 年有 167 篇,2016 年有 184 篇,2017 年有 143 篇,2018 年 1 月到 8 月有 18 篇(图 2-3)。湿地公园相关学位论文发表数量在 20 篇以上的高校有中南林业科技大学(106 篇)、北京林业大学(105 篇)、南京林业大学(102 篇)、浙江大学(47 篇)、西安建筑科技大学(81 篇)、东北林业大学(59 篇)、西北农林科技大学(59 篇)、华东师范大学(35 篇)、福建农林大学(35 篇)、重庆大学(32 篇)、浙江工商大学(31 篇)、华中农业大学(29 篇)、南京师范大学(21 篇)、华中科技大学(21 篇)、同济大学(20 篇)。从以上数据来看,湿地公园研究在高校越来越受到关注,并且以农林院校居多。

(3) 会议论文

检索到 184 篇会议论文,1992 年我国发表了第一篇湿地公园相关会议论文,再次发表是 7 年之后,从 1999 年开始,关于湿地公园的会议论文每年没有中断过。时间上汇总, 2002 年 2 篇,2003 年 1 篇,2004 年 3 篇,2005 年 6 篇,2006 年 1 篇,2007 年 5 篇,2008 年 10 篇,2009 年 9 篇,2010 年 23 篇,2011 年 22 篇,2012 年 11 篇,2013 年 19 篇,2014 年 18 篇, 2015 年 19 篇,2016 年 16 篇,2017 年 18 篇(图 2-4),这表明对湿地公园研究在不断发展。

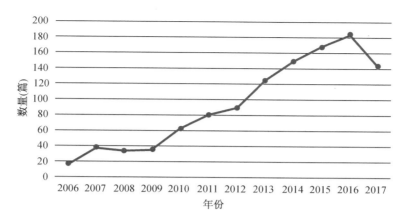

图 2-3 湿地公园学位论文发表数量变化

从会议类型上划分,国际会议论文 26 篇,中国重要会议论文 158 篇,这表明我国不仅在国内重视湿地公园研究,而且与世界接轨,吸取国外理念,进行广泛交流。

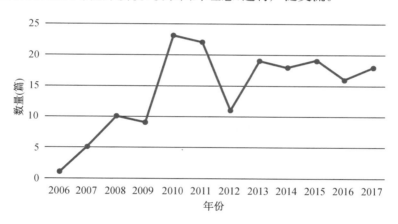

图 2-4 湿地公园会议论文发表数量变化

（4）学术专著

我国湿地公园相关专著较少,目前出版的有《湿地概念与湿地公园设计》(赵思毅等,2006)、《城市湿地公园规划》(王浩等,2008)、《湿地公园建设理论与实践》(但新球等,2009)、《国家城市湿地公园:北京翠湖湿地》(徐征等,2011)、《湿地公园设计》(成玉宁等,2012)、《国家湿地公园湿地修复技术指南》(马广仁等,2017)等几本专著,这反映了我国对湿地公园系统性的研究刚起步,还需进一步提升与扩展。

2.3.2 湿地公园理论研究的进展与问题

（1）文献内容统计

在中国知网上检索出的 10 071 条湿地公园文献中,根据文献关键词频率确定研究重点与热点,关键词出现频率越高,说明该方面研究越是热点。检索关键词可以分为 7 类,通过删除重复文献,得出:①生态规划设计和建设方面的研究最受关注,其文献数占文献总量的一半多,包含生态规划、建设、生态修复、景观生态、生态敏感性等方面的研究;②研究内容也涉及湿地公园旅游、管理、文化、概念以及法律,其数量约占所有文献的 1/4。

（2）研究重点概况分析

湿地本就是一个自然又复杂的综合体,湿地公园具有湿地保护与利用、科普教育、湿地研究、生态观光、休闲娱乐等多种功能,因此研究湿地公园是多角度、多方向的。我国人口和资源的问题尤其突出,开发湿地为建设用地、林地、农田的现实使中国面临着湿地锐减的局面,湿地公园的建立是保护湿地的一种最直接的方法,所以湿地公园生态规划设计和建设是目前最活跃的研究方向,获得的资助也最多。

从文献统计来看,湿地公园资源和其功能是当前的研究热点,湿地生态环境是未来研究的趋势。生态规划设计和建设的研究以湿地生态保护为前提,在维护公园生态系统平衡和生物多样性的基础上再进行人为活动的规划,因此对湿地公园的特定湿地生态组成结构(陆地-水域)的复杂性和多样性的认识是规划设计的关键。

从已发表的文献来看,通过案例从生态条件、空间形态以及交通条件等层面展开分析的文章较多,而涉及湿地生态组成结构的分析与调查、如何为各组成要素提供特定生态位、如何确定湿地公园各区域部分的适宜性而进行规划设计和区域划分这些方面的,所述较少。规划设计的工程方面多着重生态补水、退渔还草等,主要是通过植物如芦苇等恢复沼泽;湿地公园的功能分区多以围绕生物多样性保护这个核心问题展开,根据生物圈保护区进行区域划分。对植物景观规划的设计研究,研究者多着重植物景观评价和以湿地植物演替规律创造最适湿地群落结构,从而展现水生、湿生植物景观的湿地植物景观等方面的理论研究和模式探讨,如何将理论运用与实际案例结合方面的内容较少;在植物景观评价方面多将定性与定量评价方法结合,弥补了定量评价的片面性,但对评价因子的选择仍具有不全面性和主观性。

从知网所查关于湿地公园旅游的论文数量仅次于生态规划设计和建设。首要原因是湿地公园作为热点经济活动区,使得湿地公园旅游成为不可忽视的课题,研究论文多以湿地公园生态旅游开发保护、产品策划以及可持续发展等方面为主,缺乏整套系统规划研究。近年来,研究者将湿地生态系统、湿地公园旅游、社区参与三者结合,湿地公园生态旅游系统研究得到了较大发展。对于湿地公园理论的研究,多以探究湿地公园定义、分类为主,但在我国环境资源复杂的情况下,许多理论问题难求统一,多位学者对湿地公园进行定义与分类,然而也难以得到普遍的认同,因此学者更愿意研究湿地公园资源利用、功能等实质性问题。

2.3.3 湿地公园实践研究的进展与问题

（1）湿地公园实践现状

我国湿地公园的建设主要是由建设部门与林业部门主管,分为国家级与地方湿地公园两个层次。国家级湿地公园由住房和城乡建设部或国家林业局批准颁布,各地方湿地公园主要是指省级及省级以下的湿地公园。住建部从 2004 年开始,已批准了 9 批国家城市湿地公园,建立国家城市湿地公园 55 个;国家林业局从 2005 年开始所批准的国家湿地公园已达到 213 个,有 30 个省级行政区已被批准建设国家湿地公园,只有 4 个省级行政区(包括港、澳、台)还未获批准。已获批的国家湿地公园和国家城市湿地公园总共有 268 个。

由王立龙等发表的《中国国家级湿地公园运行现状、区域分布格局与类型划分》一文中,统计得出截止到 2009 年 9 月我国共有国家级湿地公园 68 个,而经过近 3 年的时间(至 2012 年 9 月)增长 187 个,批准的湿地公园数量呈大幅度增长态势。2009 年 9 月东部地区和中部地区国家级湿地公园数量占总数量的 84%,东部和中部地区的国家级湿地公园数量基本持平。2012 年,湿地公园在西部数量相对较少的态势已有所改变,经笔者于 2012 年统计得出,国家级湿地公园的数量东部、中部、西部分别为 103,71,81,其中西藏湿地资源丰富,湿地总面积达 60 042.72 km²,而在 2009 年以前西藏地区并未获批建设国家湿地公园;至 2012 年,在西藏的国家湿地公园数量已达到 6 个。

各地方的湿地公园建设情况比较复杂,相关资料难以掌握,本研究通过查阅各省级林业部门及建设部门官方网站,结合部分湿地公园进行实地调研以及电话访谈等,对省级湿地公园的情况进行了初步了解(不包括港、澳、台)。部分省份(自治区、直辖市)开展了省级湿地公园设立的工作,其中安徽、河南、辽宁、山东、江西等还出台了各省自己的湿地公园管理办法。根据 2012 年笔者的调查,设立较多省级湿地公园的有山东(41 个)、江西(38 个)、山西(33 个)、江苏(24 个)、河北(13 个)等地,其他设立省级湿地公园的还有四川、河南、吉林、广东、浙江、甘肃、湖北、宁夏、安徽、北京等地。

(2) 湿地公园实践存在的主要问题

1) 偏重形式,设计周期短,忽视长期数据收集与积累,缺乏多学科间合作。根据调查,湿地公园近几年的建设数量成倍增长。湿地本是一个复杂的综合体,具有其独特多样的生态系统和景观,其生态系统的复杂性决定了湿地公园的建设应是一个长期、缜密的过程。而现如今,一些地区部门不顾湿地地域上的差异,跟风建设湿地公园,以某湿地公园为模版,照搬照抄式建设,偏重形式,而对湿地自身生态系统的完整性、长期性保护漠然视之。作为"湿地"与"公园"的复合体,决定湿地公园的建设不应由某个学科单独完成。当前,湿地公园交给某个园林局或园林企业进行单独规划建设的情况屡见不鲜,这样带来的后果将会导致建设出来的湿地公园偏重"公园"人文娱乐而忽略了"湿地"生态保护。

2) 生态保护措施不完善,湿地公园作为湿地保护的有效手段失效。湿地公园是兼有物种及其栖息地保护、生态旅游和生态教育功能的湿地景观区域,体现"在保护中利用,在利用中保护"的一个综合体系,湿地公园的保护应放在首要的地位。而目前政府多重视湿地公园旅游,重于打造湿地景观,忽视生态保护原则,生态旅游容量达到饱和或超载将会引起湿地公园生态系统遭到破坏。

3) 建设规范化程度不够,规划建设评价体系不完善。目前湿地公园批准部门有建设与林业两个部门,多头管理造成在制定标准、管理办法和评价体系上存在混淆与不一致的情况。由于部门的多头管理以及研究理论体系不完备,湿地公园的规划建设规范化程度低,建设水平也良莠不齐,以至于许多建好的湿地公园并没有起到预想的作用,甚至有些地方将湿地公园作为一般的综合性公园来建设,忽略了湿地应受到保护的部分。

(3) 湿地公园实践建议

1) 多学科相互渗透,建立湿地公园建设合作机制。湿地公园的建立是一个长期的过程,建立前需要生态、土地资源、环境资源、地理资源、园林设计等相关工作者进行详细的现场勘探、调查等,分析场地的生物多样性、生态破碎度、生态敏感性、土壤等级等一系列情况,并对其做出综合的评价,进而规划指导湿地公园建设。湿地公园建设后需要有良好的、整套的管理机制,运用科技管理、现代化管理,建立完善的监控系统,确保湿地公园发挥其自身生态系统功能的最大值。

2）明确生态建设意义，合理规划建设湿地公园。保护湿地的生物多样性，营造最适合生物生存发展的空间，在实际建设中坚持少改动，实现对生态平衡的最小干预，最大化地保留湿地环境和功能的完整性、生态系统的连贯性以及资源的稳定性。如保护水域生态环境、修复水生动植物带、恢复生态型护岸和岸线植物缓冲、提高植被覆盖和改良土壤等，以促使湿地生态系统可持续发展。因此，对湿地公园进行保护分区是有必要的，以此作为一个手段，限制人类活动干扰的强度。

3）建立适合我国湿地公园的评价标准与体系。建设湿地公园的最终目的就是加强保护与合理利用湿地资源，可以借鉴自然保护区、风景区、旅游地规划中生态适宜性分析的成功案例，建立适合我国湿地公园的评价标准与体系，进而指导湿地公园核心区、缓冲区等生态环境功能区的划分，合理制定湿地生态旅游开发顺序及公园土地资源利用配置。

从上述我国湿地公园发展概况来看，其研究与建设实践尽管取得了不小进步，但总体上还处在起步阶段，研究深度与广度还有待扩展，建设实践中存在的诸多问题也有待解决。未来中国湿地公园研究应更加注重湿地生态环境保护、生态旅游开发及社区共管等内容。建设实践方面，在增加湿地公园建设数量与规模的同时，注重提升建设质量，并加强科学管理，实现可持续长效运营机制也刻不容缓（汪辉等，2013）。

3 基于垂直方向的湿地公园生态适宜性分析

本章主要是基于垂直方向的湿地公园生态适宜性研究。以江苏盐城国家级珍禽自然保护区湿地保护项目及保护区内的珍禽湿地公园、江苏句容赤山湖国家湿地公园为研究对象,采用地图叠加法对研究区进行生态适宜性或生态敏感性评价研究。

湿地公园土地生态适宜性,主要包括人工建设用地的适宜性与栖息地用地的适宜性两类。人工建设用地主要为湿地公园管理与服务、科普教育、休闲娱乐等用地;栖息地用地主要为栖息地保护、恢复与修复的用地。一般说来,湿地公园的生态敏感性越高,栖息地用地的适宜性也相应越高,人工建设用地的适宜性越低。

本章分别以江苏盐城国家级珍禽自然保护区湿地保护项目及项目研究区内的珍禽湿地公园、江苏句容赤山湖国家湿地公园为研究对象,在进行基地生态环境调查的基础上,选择有代表性的生态因子,借助 ArcGIS 的空间分析功能,利用层次分析法生成生态因子相应的生态适宜性或生态敏感性评价结果图,根据生态适应性分析结果,对江苏句容赤山湖国家湿地公园和江苏盐城珍禽湿地公园的生态保护与环境建设提出建议。

3.1 江苏盐城国家级珍禽自然保护区湿地保护项目生态适宜性分析

对湿地过度开发而造成生态环境破坏一直是业界关注的热点,如何科学合理地保护与利用湿地成为湿地建设最主要的问题。本研究根据景观生态学的相关理论,在详细分析盐城珍禽自然保护区湿地生态环境现状的基础上,选取了影响生态适宜性的生态因子,运用层析分析法对研究区进行综合分析评价,并在此基础上对该湿地提出合理化利用的功能区划建议。

3.1.1 研究区概况

盐城国家级珍禽自然保护区湿地保护项目位于江苏省盐城市射阳县境内,本研究对象为保护区核心区中靠近海域的一部分区域。该研究区气候属于季风气候区,年均气温 13.8℃,年均降水量 1 023.8 mm,降雨量在夏季较多,年均日照 2 100～2 400 h,受到的自然灾害主要来自台风、暴雨、雾、寒潮和龙卷风。研究区土壤类型较为单一,潮间带的土壤为滨海盐土,分为潮滩盐土、草甸滨海盐土和沼泽滨海盐土 3 个亚类。地貌类型为粉砂滩泥质地貌,目前受台风和暴潮的影响,海滩的下蚀仍在继续(图 3-1)。

研究区现状主要为滩涂湿地、互花米草入侵滩涂、旱化滩涂和鱼塘。区内芦苇地较多,有少量的建筑,互花米草区米草入侵现象较为严重,旱化滩涂生态系统逐渐退化,鱼塘水质污染较大。区内野生动物众多,是珍稀水禽的栖息、繁殖、迁徙、越冬集聚之地。植物以芦苇为优势种。合适的气候及独特的海岸带位置使它成为国际上重要的湿地,是一些鸟类的重要栖息地(图 3-2)。

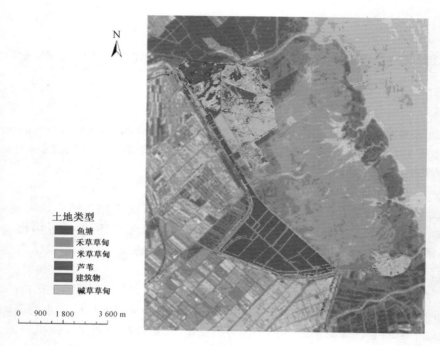

土地类型
- 鱼塘
- 禾草草甸
- 米草草甸
- 芦苇
- 建筑物
- 碱草草甸

0   900   1 800   3 600 m

图 3-1   研究区土地利用现状图

湿地退化、旱化现象严重

遍生互花米草

海岸带旱化与退化严重，
滨海本土生物多样性降低

围垦现象严重，渔业生产污染严重

互花米草的入侵现象严重

图 3-2   研究区现状

　　研究区内居民以种植业、晒盐和海洋捕捞作为主要生产方式。在研究区周边围垦滩地开发利用,主要发展粮食种植、棉花种植、林业、畜牧业、鱼类养殖、芦苇生产、对虾养殖等养殖业。区内资源丰富,芦苇和水产品的生产数量可观。

3.1.2　材料与方法

　　数据的获取包括空间数据获取和属性数据获取,本研究采用的空间和属性数据主要通过对该湿地野外调研、遥感图像、统计数据、历史资料4种途径获取。在研究中,将各种数据进行几何精度校正,并矢量化地形图、遥感图等,选取生态因子并对各生态因子加权赋值,形成各单因子评价图,并对评价因子进行叠加,从而得到研究区综合适宜性分析图。

　　(1) 生态因子的选择及分级标准

　　本研究根据生态适宜性评价的相关理论,在项目的相关资料收集好后,对资料中调查的生态因子进行筛选。邓毅(2007)认为,从生态规划的实践来看,用于直接叠加计算时所选用的影响因子在5～9个,因为这样便于使用层次分析法确定各因子的权重系数。此例主要从湿地的生态适宜性方面来考虑,结合研究的重点和客观条件,选择自然生态环境和人为干扰方面的指标来进行分析。

　　在自然生态环境的指标方面包括地形、地貌、水文、气候、植被、野生动物、土壤等,遵循评价因子的可计量、主导性、代表性和可操作性原则。在对场地进行详细调研时发现:研究区为平原地貌,地面高程多在2～4 m,选取地形作为评价因子意义不大,而研究区土地利用类型主要有天然湿地、人工鱼塘及一些辅助建筑物,人工的干扰对湿地生态影响较大,故选取土地利用现状作为研究因子;研究区是盐城国家珍禽保护区的一部分,有多种珍稀鸟类物种,而湿地植物是鸟类赖以生存的环境要素,基地内植物种类丰富,故选取植被盖度作为研究因子;研究区位于盐城滨海地带,土壤状况受盐度梯度的影响较大,此外人工鱼塘的污染和辅助建筑的营建都对土壤环境影响较大,故选取土壤环境作为研究因子;水是湿地的灵魂,水资源的补给以及水质的好坏对湿地生态系统有直接影响,因此选取水质状况以及水源补给保证作为研究因子;作为国家级珍禽保护区,盐城珍禽湿地的动物资源非常丰富,除了丹顶鹤、白头鹤、白尾海雕、东方白鹳等国家一级重点保护鸟类之外,还有大量珍贵的其他物种资源,选取生物量和生物多样性作为生态因子更能反映研究区的自然生态环境状况。

　　综合以上,建立2个准则层次9个要素指标的评价因子体系(表3-1),并将这些单因子的适宜程度分为5个等级,依次为很适宜、较适宜、基本适宜、较不适宜、不适宜,分别赋值为5,4,3,2,1(表3-2)。

表3-1　盐城珍禽湿地自然保护区生态适宜性评价因子体系

目标层	准则层	指标层
盐城珍禽自然保护区生态适宜性综合指数	自然生态环境	土地利用现状
		植被盖度
		土壤环境
		生物量
		水质状况
		水源补给保证

目标层	准则层	指标层
盐城珍禽自然保护区生态适宜性综合指数	人为干扰	生物多样性
		湿地受威胁状况
		湿地每年增长、退化率

1）土地利用现状。指目前的土地利用类型。研究区土地利用类型主要是天然湿地，包括禾草草滩、碱蓬草滩、米草草滩、河流湿地、人工鱼塘及一些必要的辅助建筑物。禾草草滩、碱蓬草滩由于水源减少导致面积减少，适宜性降低；米草草滩面积快速扩大，盖度近乎100%，适宜性也降低；人工鱼塘水质降低及季节性水位调节，也不适宜禽类栖息。

2）植被盖度。指植物群落总体或各个体地上部分的垂直投影面积与样方面积之比的百分数。不同种类禽类对栖息地植物的盖度和高度要求不同，盖度过高或大面积裸地，都不适宜禽类栖息。在项目区范围内，自然演替下的禾草草滩盖度达60%～70%（河口区可达90%），碱蓬草滩盖度在50%～80%，米草草滩盖度可达90%以上，天然水生植物的盖度也达到80%。但由于缺水，禾草草滩和碱蓬草滩盖度降低，米草草滩盖度达100%，适宜性都降低。

3）土壤环境。指土壤有机污染和重金属污染所处的国家限定标准级别。国家相关标准规定自然保护区土壤环境属于Ⅰ级，执行一级标准。研究区土壤自海岸带至海堤依次是潮滩盐土、草甸滨海盐土、沼泽滨海盐土，自然湿地的土壤基本达到Ⅰ级一级标准，但人工湿地及鱼塘的土壤有机污染和重金属污染增加，土壤环境质量下降至Ⅱ级乃至Ⅲ级标准。

4）生物量。指某一时间单位面积或体积栖息地内所含一个或一个以上生物种，或所含一个生物群落中所有生物种的总个数或总干重（包括生物体内所存食物的重量）。生物量（干重）的单位通常是用 g/m^2 或 J/m^2 表示。湿地植物生物量不仅是研究湿地生态系统结构和功能的基础，同时也是研究湿地生态系统固碳能力、湿地生态系统碳循环的科学依据（李博等，2000）。本研究区以遥感影像和同期的实测湿地植被地上生物量作为数据源，对研究区内典型湿地植被生物量干重的遥感估算进行研究。研究区生物量以潮间带碱草群落最大，其次是芦苇群落、光滩群落。

5）水质状况。指水在物理性质、化学性质和生物性质方面所达到的国家要求的级别。国家自然保护区应达到Ⅰ类，珍稀水生生物栖息地应达到Ⅱ类。研究区实际水质为Ⅲ类，尤其是西南部的退渔还湿区水质明显下降，为Ⅳ类。

6）水源补给保证。指供给湿地发育的水源的充足程度。研究区的北部水源补给不足，中部水源严重缺乏，而南部水位变化大、水质差，因此都不利于禽类生存。

7）生物多样性。指区内动植物种数占所在生物地理区湿地生物种数的百分比。研究区是国家级珍禽保护区，也是国际重要湿地，是"东北亚鹤保护区"网络和"东亚—澳洲迁徙涉禽保护区"网络的组成部分。研究区生物种类丰富，有浮游植物、浮游动物、环节动物、软体动物、甲壳动物、贝类、两栖动物、哺乳动物、鸟类等。2006年调查其鸟类大约377种，其中有8种为世界珍稀濒危物种，如丹顶鹤占到其世界种群数的30%～65%，黑脸琵鹭占其世界种群数的10%，黑嘴鸥占其世界种群数的80%。

8）湿地受威胁状况。以湿地区内人类的各种扰动为基础，加上自然的外来种入侵构成。研究区主要受到堤岸建设、鱼塘养殖、互花米草入侵的威胁。

9）湿地每年增长、退化率。指每年湿地的增长或退化的面积百分比。研究区自然湿地的变化主要表现为芦苇和碱草湿地面积的减少，鱼塘和米草面积的明显增加，整体表现为自然湿地面积的明显减少。区内鱼塘基本是由芦苇和碱草群落围垦而来。

表 3-2　盐城珍禽湿地生态适宜性评价影响因子权重

适宜性指标	评价标准及分值				
	很适宜（5分）	较适宜（4分）	基本适宜（3分）	较不适宜（2分）	不适宜（1分）
土地利用现状	自然湿地稳定	自然湿地退化	人工湿地	农业用地	建设用地
植被盖度（%）	60～90	50～60	40～50	30～40	<30 或 >90
土壤环境	Ⅰ级	Ⅰ～Ⅱ级	Ⅱ级	Ⅱ～Ⅲ级	Ⅲ级
生物量 W（g·m⁻²）	$W>2\,400$	$1\,800<W<2\,400$	$1\,200<W<1\,800$	$600<W<1\,200$	$W<600$
水质状况	Ⅰ类	Ⅱ类	Ⅲ类	Ⅳ类	Ⅴ类
水源补给保证	水源非常充足	水源较充足	水源能维持湿地状态	水源不足，湿地局部旱化	水源严重不足
生物多样性	生物多样性种类丰富，多样性高	生物种类较丰富，多样性较高	生物多样性维持一般水平	生物种类贫乏、多样性低	生物种类非常贫乏，多样性极低
湿地受威胁状况	无外来物种威胁	有轻度外来物种威胁	有轻度围垦、人为干扰和外来物种威胁	深度围垦、人为干扰严重	面临被破坏的威胁
湿地每年增长、退化率	较为明显增长	有所增长	稳定	持续减少	有明显减少

（2）权重的确定与叠加

本研究根据专家打分建立判断矩阵，利用层次分析法（AHP），对选取的 9 个评价因子任意两个进行两两比较，计算权重，得出以下结果（表 3-3）。

表 3-3　影响因子权重分析

	土地利用现状	植被盖度	土壤环境	生物量	水质状况	水源补给保证	生物多样性	湿地受威胁情况	湿地每年增长、退化率	权重
土地利用现状	1	3	3	5	1/5	1/3	3	5	5	0.13
植被盖度	1/3	1	1	3	1/7	1/5	1	3	3	0.06
土壤环境	1/3	1	1	3	1/7	1/5	1	3	3	0.06
生物量	1/5	1/3	1/3	1	1/7	1/7	1/3	3	3	0.04

	土地利用现状	植被盖度	土壤环境	生物量	水质状况	水源补给保证	生物多样性	湿地受威胁情况	湿地每年增长、退化率	权重
水质状况	5	7	7	7	1	3	5	7	7	0.35
水源补给保证	3	5	5	7	1/3	1	3	5	7	0.22
生物多样性	1/3	1	1	3	1/5	1/3	1	3	5	0.07
湿地受威胁情况	1/5	1/3	1/3	1/3	1/7	1/5	3	1	3	0.04
湿地每年增长、退化率	1/5	1/3	1/3	1/3	1/7	1/7	1/3	1/3	1	0.03
合计										1

注:经计算该矩阵满足一致性检验。

研究运用 GIS 的叠加分析功能,对各因子适宜性分析图进行空间分析。综合评价模型的基本表达形式如下:

$$S = \sum_{i=0}^{9} W_i X_i \tag{3.1}$$

式中,S 为生态适宜性等级值,X_i 为单因子适宜性等级值,W_i 为权重,此例采用等权,$i = 1,2,3,\cdots,9$。

3.1.3 结果与分析

(1)单因子评价结果与分析

1)土地利用现状评价。研究区土地类型包括碱草草甸、禾草草甸、米草草甸、鱼塘、建筑物、芦苇地。很适宜区为稳定的自然湿地,包括芦苇地,主要分布在西北角,面积约 722 ha,约占研究区面积的 17.63%,这里的自然湿地面积大,生态系统稳定;较适宜区为退化的自然湿地,包括碱草草甸和米草草甸,面积约 1 321 ha,约占研究区面积的 32.27%,自然湿地发展稳定,无明显退化;基本适宜区人工湿地面积最大,大多位于研究区南半部分,基本为鱼塘,面积约 1 521 ha,约占研究区面积的 37.17%;较不适宜区为农业用地,包括禾草草甸,主要分布在很适宜区和较适宜区周边,面积约 337 ha,约占研究区面积的 8.23%;不适宜区所占面积较小,包括道路及建筑用地等,面积约 192 ha,约占研究区面积的 4.70%(图 3-3A)。

2)植被盖度评价。湿地植物植被盖度不只是地区生态退化监测过程中的重要参考指标,也是描述生态系统特征的基础数据。基于以上将研究区植被盖度分为 5 个等级:>60%,50%~60%,40%~50%,30%~40%,<30%。很适宜区包括大部分的芦苇区域和滨水林地,盖度为 60%~90%,分布在西北部和中部部分地区,面积约为 1 197 ha,约占研究区面积的 29.25%,为水禽等鸟类良好的栖息地;较适宜区包括部分芦苇区域的边缘和碱草草甸,盖度为 50%~60%,面积约为 334 ha,约占到研究区面积的 8.16%;基本适宜区的盖度在 40%~50%,包括小部分的碱草草甸和大部分的米草草甸,面积约为 91 ha,约占研究

区面积的 2.23%;较不适宜区包括禾草草甸和鱼塘以及被农作物覆盖的区域,盖度在 30%～40%,分布在南部片区,面积约为 1 952 ha,约占研究区面积的 47.68%;不适宜区盖度小于 30%,包括道路、堤坝和少量的建筑及建筑周边绿地,面积约为 519 ha,约占到研究区面积的 12.68%,不适合水禽栖息(图 3-3B)。

3) 土壤环境评价。很适宜区表明土壤环境达到Ⅰ级水平,面积约 1 179 ha,约占研究区面积的 28.80%,土壤有机质含量丰富,适宜水禽鸟类栖息;土壤环境Ⅰ级到Ⅱ级之间的较适宜区面积约 309 ha,约占研究区面积的 7.56%,主要为东北角及东南角的互花米草分布区域;基本适宜区面积约为 149 ha,土壤环境达到Ⅱ级,约占研究区面积的 3.63%;较不适宜区主要包括鱼塘,土壤环境为Ⅱ级到Ⅲ级之间,面积约为 2 042 ha,约占研究区面积的 49.89%,应进行土壤改良;土壤环境为Ⅲ级的不适宜区包括道路、堤坝以及建筑等人为活动较强的区域,面积约为 414 ha,约占到研究区面积的 10.12%(图 3-3C)。

4) 生物量评价。生物量 $W>2\,400\ \text{g}\cdot\text{m}^{-2}$ 的很适宜区面积约 640 ha,约占研究区面积的 15.63%;生物量 $1\,800\ \text{g}\cdot\text{m}^{-2}<W<2\,400\ \text{g}\cdot\text{m}^{-2}$ 的较适宜区面积约 589 ha,占研究区的 14.39%;生物量 $1\,200\ \text{g}\cdot\text{m}^{-2}<W<1\,800\ \text{g}\cdot\text{m}^{-2}$ 的区域面积约为 1 736 ha,生态适宜性一般,约占到研究区面积的 42.41%,所占研究区面积最大;较不适宜区面积约为 705 ha,约占研究区面积的 17.23%,生物量在 $600\ \text{g}\cdot\text{m}^{-2}<W<1\,200\ \text{g}\cdot\text{m}^{-2}$;不适宜区包括人为活动较强区域,生物量 $W<600\ \text{g}\cdot\text{m}^{-2}$,所占面积较小,约为 423 ha,约占研究区面积的 10.34%,生态适宜性差(图 3-3D)。

5) 水质状况评价。水质的好坏直接影响着湿地生态系统的健康。很适宜区水质状况为Ⅰ类,较适宜区水质状况为Ⅱ类,面积均为 0 ha,说明研究区水质情况不理想;基本适宜区水质状况为Ⅲ类,面积约为 1 471 ha,约占到研究区的 35.95%;较不适宜区水质状况为Ⅳ类,主要包括鱼塘,面积约为 855 ha,约占研究区的 20.90%;不适宜区水质状况为Ⅴ类,包括道路、堤坝以及建筑周边等人为活动较强的水域,面积约为 1 766 ha,约占到研究区面积的 43.15%(图 3-3E)。

6) 水源补给保证评价。水源补给保证是维持湿地生态系统的基本指标。水源保证越充分,适宜性越高。很适宜部分面积集中在研究区南部,主要包括鱼塘,面积约 1 824 ha,约占研究区面积的 44.56%;较适宜区面积集中在西北角和东北角,包括新洋港和中路港,约 760 ha,约占研究区面积的 18.59%;基本适宜区面积约为 443 ha,约占到研究区面积的 10.83%;较不适宜区集中在研究区中部,面积约为 948 ha,约占研究区面积的 23.16%,湿地水源不足,出现大面积旱化;不适宜区面积约为 117 ha,大多为建筑及道路,约占到研究区面积的 2.86%(图 3-3F)。

7) 生物多样性评价。很适宜部分面积约 809 ha,约占项目区面积的 19.76%,此区域生物多样性高,植被类型丰富,禽鸟种类繁多;较适宜区面积约 510 ha,约占项目区面积的 12.45%,分布在西北部及中部某些零散区域,生物多样性较好;基本适宜区面积约为 1 647 ha,约占到项目区面积的 40.25%,所占面积最大,主要为南部的鱼塘,生物多样性一般,人为干扰较大;较不适宜区分布在研究区东北区域,面积约为 722 ha,约占研究区面积的 17.65%,该区域物种匮乏,多样性低,主要是被互花米草所占据,抢夺了其他物种的生活空间;不适宜区包括道路、堤坝以及建筑等人为活动较强的区域,物种单一,多样性水平差,面积约为 405 ha,约占到研究区面积的 9.89%(图 3-3G)。

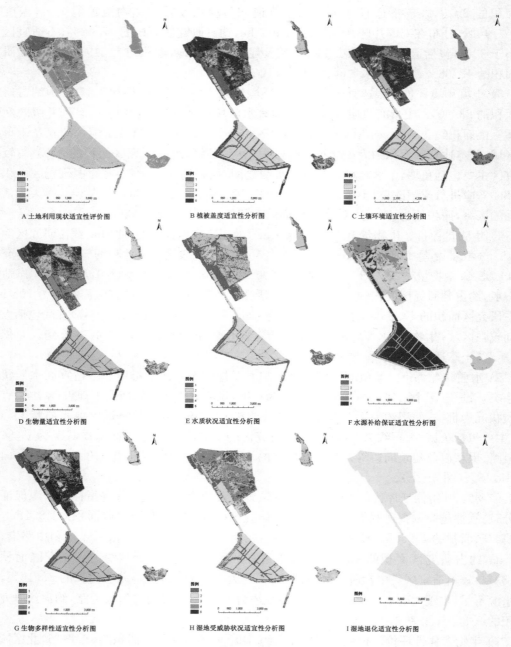

图 3-3　单因子生态适宜性分析图

8）湿地受威胁情况评价。外来物种入侵和人为干扰越大,生态环境越不好,适宜性越低。无外来物种入侵,很适宜部分面积约 65 ha,约占研究区面积的 1.58％；有轻度外来物种入侵的较适宜区面积约 1 376 ha,约占研究区面积的 33.62％；基本适宜区面积约为 441 ha,约占到研究区面积的 10.79％,所占比例较小,有轻度围垦、人为干扰和外来物种威胁现象；较不适宜区主要包括南部以及中部区域,面积约为 1 892 ha,约占研究区面积 46.23％,南部区域主要是鱼塘,中部区域有深度的围垦现象,人为干扰较严重；不适宜区包括道路、堤坝以及建筑等人为活动较强的区域,面积约为 318 ha,约占到研究区面积 7.78%（图 3-3H）。

9）湿地每年增长、退化率评价。由湿地每年增长、退化率适宜性分析可知,湿地每年变化不明显,处于稳定的状态（图 3-3I）。

（2）研究区生态适宜性叠加分析

根据 GIS 空间的叠加分析,得到盐城珍禽湿地生态适宜性分析图（图 3-4）。分析结果表明,区域西北部分、中部地区和东北角适宜性好,这主要是由于该区域淡水补给丰富,原有植被保护较好,人为干扰也较小,生物多样性高;而其他区域适宜性程度较低,主要是由于水源补给不足,或人为干扰性较大,外来物种入侵危害严重,由此影响到生物量和生物多样性。因此,进一步恢复或重建的途径就是增加水源补给和控制,减少人为干扰,控制外来物种扩展,构建多样化的生境,以促进研究区的整体适宜性水平的提高。

图例
不适宜
较不适宜
基本适宜
较适宜
适宜
0 900 1 800   3 600 m

图 3-4 生态适宜性叠加分析图

1）很适宜区。主要包括大部分的芦苇区域,面积约为 818 ha,约占到项目区的 20.28%。该区域对于珍禽的生活来说很适宜,是湿地良好的展示空间,可组织一定的游览。

2）较适宜区。主要包括部分芦苇区域的边缘和碱草草甸,面积约为 646 ha,约占到研究区面积的 16.01%。该区域生态适宜性较好,但生态系统较为脆弱,应进行适当的修复和保护,可承载适度的科学考察、科研活动等。由于面积较少,可与很适宜区进行统筹规划。

3）基本适宜区。主要包括小部分的碱草草甸和大部分的米草草甸,面积约为 832 ha,约占到研究区面积的 20.62%。该区域生态适宜性基本能够满足珍禽的生活,这些区域虽然比较小,但生态系统也较为脆弱,生态系统被破坏的可能性大,所以要加强对此区域的保护,禁止大型的建设活动。

4）较不适宜区。主要包括禾草草甸和鱼塘,面积约为 1 329 ha,约占到研究区面积的32.94%。该区域生物多样性匮乏,植被盖度较低,鱼塘分布多,水质较差,亟须退渔还湿,以恢复湿地的生态功能。

5）不适宜区。主要包括道路、堤坝和少量的建筑,面积约为 410 ha,约占到研究区面积的 10.15%。该区域植被盖度低,生物多样性单一,不适宜于珍禽的栖息。由于其面积大多分布在研究区的边缘地带,可以考虑一定强度的开发建设。

3.1.4 小结

通过分析结果可知,最北端生态适宜度较高,可以进行湿地恢复与重建,并作为湿地景观的范例进行营造,规划成湿地公园。建设中应保留大面积的芦苇生境以及丹顶鹤栖息地,合理地组织游览路线,使现有湿地环境在保护中得到合理的利用。中部地区的湿地景观由于水源补给不到位,应对其进行引水工程处理,对湿地景观的营造提供水源保证。南部现有的鱼塘与湿地景观不协调,生态适宜度不高,可以将该区域进行退渔还湿生态工程处理。在研究区最西端,生态适宜度最差,人为干扰严重,可用作大规模的建设用地,如服务研究区的科普科研基地。边缘的互花米草区需进行有效的隔离,防止其进一步的扩散,影响研究区生物多样性的稳定。

　　湿地保护与利用是湿地建设的重点和难点。本研究以 GIS 为技术支撑,选取 9 个生态因子分析研究区生境条件,并运用层次分析法和因子加权叠加对研究区生态适宜性进行评价,从自然地理的角度分析了研究区土地利用的适宜性,运用分析结果指导功能区划,进而揭示盐城珍禽湿地保护与利用的空间关系。研究结果表明:适宜区占研究区比重近三成,说明研究区湿地自然生态环境良好,应以生态保护为主;较不适宜区所占比重为六成,表明这些区域需要采取措施进行生态修复,而不适宜区可开展适量干扰强度的人类活动(汪辉等,2015)。

3.2　江苏盐城珍禽湿地公园生态敏感性分析

　　根据上节的研究成果,盐城国家级珍禽自然保护区最北端生态适宜度较好的湿地恢复与重建区,较为适合规划成湿地公园(图 3-5)。该区域范围包括复堆河以东,新洋港以南,水禽湖周边用地,面积约为 5.044 km²。本节以该区为研究对象,在进行基地生态环境调查的基础上,选择 5 个有代表性的生态因子,借助 ArcGIS 的空间分析功能,利用层次分析法生成 5 个生态因子相应的评价结果图,即植被类型图、植被盖度图、水体污染程度图、土壤盐度图、不透水层比例图,最终通过加权叠加得到综合生态敏感性分布图。

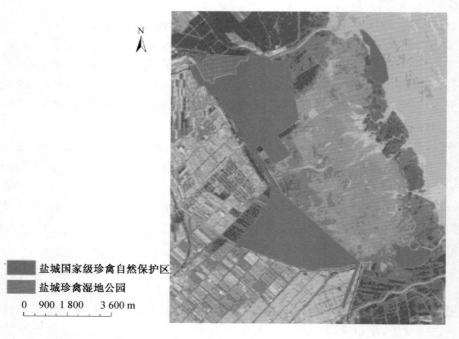

图 3-5　盐城国家级珍禽自然保护区与盐城珍禽湿地公园之间的位置关系

3.2.1　材料与方法

（1）影响因子的选取

生态环境敏感性是指生态系统对人类活动干扰和自然环境变化的反映程度,用以说明发生区域生态环境问题的难易程度和可能性大小。目前对湿地公园的生态敏感性分析的研究较少,研究结果难以准确反映区域的生态环境现状。对湿地公园的生态敏感性进行探索,合理保护生态系统较为敏感的区域,对湿地公园的规划和建设具有重要意义。

本研究在分析盐城珍禽湿地公园现状特征的基础上,遵循评价因子的可计量、主导性、代表性和可操作性原则,使得因子的选取尽可能地反映研究区内自然景观资源与生态状况。基于上述条件以及对场地的调研得出:湿地植物为许多鸟类提供食物,是鸟类赖以生存的环境要素,故而选取植被盖度与植被类型这两个指标直接反映湿地敏感性;由于水禽动物以水面为生活环境,水质的好坏直接影响湿地生态系统,而研究区水体存在一定的人为干扰,受到一定程度的污染,因而选取水体污染程度(BOD)作为研究因子;由于盐城珍禽湿地公园位于盐城滨海地区,距海岸近,其土壤状况受盐度梯度的影响较大,因而选取土壤盐度作为衡量土壤质量的首要指标。在此基础上,初步构建盐城珍禽湿地公园生态敏感性评价体系,并将敏感性等级划分为高度敏感、中度敏感、低度敏感3个等级。高度敏感区是指生态环境稳定,但在自然和人为作用下可能破坏其原有的生态系统,造成较大程度的生态环境问题的区域;中度敏感区指在自然和人为作用下易出现生态环境问题,或已经出现生态环境问题的区域;低度敏感区主要是指在自然条件和生物活动的干扰下不容易出现生态环境改变问题的区域。将3个等级的敏感性分别赋值5,3,1,各因子的分级评分见表3-4。

表3-4　盐城珍禽湿地公园生态敏感性分析评价标准及分值

序号	敏感因子	分级标准	敏感度	等级值
1	植被类型	林地	高度敏感	5
		芦苇	高度敏感	5
		茅草	中度敏感	3
		碱蓬	中度敏感	3
		裸地	低度敏感	1
2	植被盖度(%)	75～100	高度敏感	5
		50～75	中度敏感	3
		0～50	低度敏感	1
3	水体污染程度(mg/L)	<3.00	高度敏感	5
		3.00～5.00	中度敏感	3
		>5.00	低度敏感	1
4	土壤盐度(%)	0～0.2	高度敏感	5
		0.2～0.4	中度敏感	3
		>0.4	低度敏感	1
5	不透水层比例	—	低敏感度	1

（2）权重的确定

权重确定的方法主要有主观经验法、回归分析法、相关系数法、专家排序法、德尔菲法、层次分析法（AHP）等，其中较常用的是德尔菲法和层次分析法。层次分析法具有高度的逻辑性、系统性、简洁性与实用性的特点，且较为成熟，因此应用比较广泛。

本书采用层次分析法计算各因子的权重。为减小指标之间的相关性，AHP 只包括目标层和指标层。目标层为生态敏感性分析，指标层为 5 个生态因子。然后利用专家打分法构建判断矩阵，获得 5 个因子的权重值，并经检验确定其可以作为评价权重。使用成对比较法是以层次分析法为基础的，因此需要根据比例矩阵先进行两两对比，再进行权重值的计算。用 1,3,5,7,9 分别表示（A 对 B 时）同等重要、前者比后者稍重要、前者比后者明显重要、前者比后者强烈重要、前者比后者极端重要，相反时（B 对 A 时）则分别以 1,1/3,1/5,1/7,1/9 表示，用数值 2,4,6,8 表示上述相邻判断的中间值（表 3-5）。

表 3-5　各评价指标相对重要性判断矩阵

因子	植被类型	植被盖度	水体污染程度	土壤盐度	不透水层比例	权重值
植被类型	1	3	1	1/3	5	0.2
植被盖度	1/3	1	1/3	1/5	3	0.09
水体污染程度	1	3	1	1/3	5	0.2
土壤盐度	3	5	3	1	7	0.47
不透水层比例	1/5	1/3	1/5	1/7	1	0.04

注：经计算该矩阵满足一致性检验。

（3）因子加权叠加分析

加权叠加法是使用最多、最流行的分析方法。其基本原理就是基于叠加的方法，将各个单因子分级定量后，再确定各个因子权重。对敏感性影响大的因子赋予较大的权值，然后在各单因子分级评分的基础上，对各个因子的评价结果进行加权求和，一般分数越高表示越敏感。其计算公式为：

$$S_i = \sum_{p=1}^{n} (B_{pi} W_p)$$

(3.2)

式中：i 为土地利用方式编号；p 为影响 i 种土地利用方式的生态因子编号；n 为影响 i 种土地利用方式的生态因子总数；W_p 为 p 因子对 i 种土地利用方式的权值，且 $W_1 + W_2 + W_3 + \cdots + W_k = 1$；$B_{pi}$ 表示土地利用方式为 i 的第 p 个生态因子敏感性评价值；S_i 表示土地利用方式为 i 时的综合评价值。

根据叠加结果图的分值进行重分类，将生态敏感性分为 3 级：低度敏感、中度敏感、高度敏感，利用 ArcGIS 获得综合生态敏感性图。

3.2.2　结果与分析

（1）单个因子生态敏感性分析

1）植被类型评价。植被类型越丰富说明敏感性越高。高度敏感区占 51.5%，为 2.58 km²，主要为林地和芦苇区域，分布在湿地北面一侧以及水域中上部；中度敏感区域主要为碱蓬区域，占总面积的47.6%,为2.4 km²,主要分布在水域中部及西侧入口一带;低度敏感区域为裸地,所占面积很少,为0.064 km²,约占总面积的0.9%(图3-6A)。

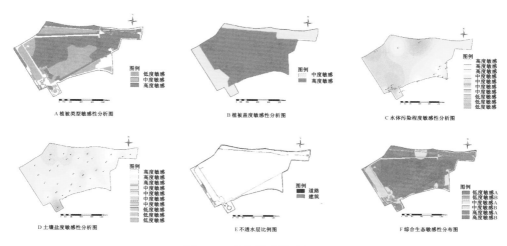

图3-6　生态敏感性分析图

2) 植被盖度评价。不同种类的珍禽对栖息地植被盖度的要求不同,盖度过高或过低都不适宜。其中高度敏感区约3.87 km²,约占总面积的76.6%,分布在区域中部;中度敏感区域约为1.17 km²,约占总面积的23.4%,分布在北侧及西侧入口一带;低度敏感区面积为0(图3-6B)。

3) 水体污染程度评价。根据分析结果,区域内高度敏感区约1.94 km²,约占总面积的38.5%;中度敏感区约2.28 km²,约占总面积的45.3%;低度敏感区域共约0.82 km²,约占总面积的16.2%。敏感性较高的区域主要分布在中部水域以及基地周边地带,敏感性较低的区域位于生活用水区以及入口处的水禽类养殖区(图3-6C)。

4) 土壤盐度评价。其中高度敏感区域共约1.98 km²,约占总面积的39.1%;中度敏感区域约为2.9 km²,约占总面积的57.2%;低度敏感区域是距离公园入口较近的丹顶鹤养殖区域,约为0.19 km²,约占总面积的3.7%(图3-6D)。

5) 不透水层比例评价。该区域面积约为0.53 km²,约占总面积的10.6%,为不敏感区(图3-6E)。

(2) 综合生态敏感性分析

利用ArcGIS软件的栅格运算功能,对植被类型、植被盖度、水体污染程度、土壤盐度、不透水层比例5个敏感性因子进行加权求和运算,得出盐城珍禽湿地公园的综合生态敏感性栅格图。本书将栅格图划分为3大类6个等级,3大类为低度敏感、中度敏感和高度敏感;6个等级分别用不同颜色表达敏感程度由低到高的变化趋势:低度敏感A、低度敏感B、中度敏感A、中度敏感B、高度敏感A、高度敏感B(图3-6F)。研究区生态敏感性整体上较高,总的分布规律是中间高、周围低。高度敏感区和中度敏感区面积约占研究区面积的82.6%。

高度敏感区面积约为3.85 km²,约占研究区面积的76.5%,主要是位于北边的林地以及中部地带,物种多样性高,植被类型丰富,是各类鸟禽的主要栖息地。高度敏感区易受到人为破坏,且一旦破坏很难在短时期内恢复,此类区域应着重保护。

中度敏感区面积约为 0.82 km²，约占研究区面积的 16.2%，主要分布在研究区西侧、北侧和东侧部分区域。生物多样性相对较高，植被以草甸和林地为主。中度敏感区生态系统也比较脆弱，不宜进行大规模的建设活动。

低度敏感区总面积约 0.37 km²，约占研究区面积的 7.3%，主要分布在入口建设用地区及丹顶鹤养殖场，可以进行适量的建设活动。

3.2.3　小结

在对盐城珍禽湿地公园进行生态敏感性分析时，从众多基础资料中选取了植被类型、植被盖度、水体污染程度、土壤盐度、不透水层比例作为影响因子，通过叠加产生生态敏感性分析图，得到如下结论。

① 研究区中高度敏感区位于研究区北侧以及中部区域，主要为林地，生物多样性丰富，是鸟禽类栖息繁衍的生态核心区。该区建设活动须以保护自然生态环境为主，严格控制人类破坏性的建设活动。在该区周围一定范围的缓冲区内，可划定部分区域作为生态保护区，严禁建设任何游览接待设施，在建设过程中，严格遵循生态保护与建设相结合的原则。

② 研究区中中度敏感区主要分布在研究区西侧、北侧和东侧部分区域。区域内生物多样性相对丰富，分布植被主要是芦苇及林地，有一定的鸟类栖息。因此可通过提高生态系统的多样性和稳定性，加强生物多样性建设，来不断改善其生态环境状况。在建设过程中，要避免破坏原有生态环境。

③ 研究区中低度敏感区主要分布在研究区西部入口部分，可作为人类活动场所的聚集区，并且是修建相关设施的优先选择区域。低度敏感区能承受一定程度的人类干扰，也能够承受一定强度的建设活动，土地亦可作多种用途进行开发利用(汪辉等，2014)。

3.3　江苏句容赤山湖国家湿地公园生态敏感性分析

3.3.1　研究区概况

赤山湖国家湿地公园位于江苏省句容市西南部，是南京周边重要的湖泊，也是秦淮河流域由于地势低洼形成的最大滞洪湖泊。湖区湖水、湿地植被、鸟类以及位于赤山湖西部的赤山，极具观赏和生态价值。

赤山湖区域的地貌共由三部分组成：丘陵、低洼圩区和河湖水面。赤山的山体是由三百万年前火山喷发形成的红色砂岩组成，基底是红色的砂岩，因山体为红色，又名赭山、丹山等。赤山海拔 228.9 m，坡度小于 45°，山体线条自然、轮廓匀称、植被丰富多样，视野开阔，是这一区域重要的自然生态资源。

赤山湖是浅水湖泊，由句容河周边径流与茅山西南部径流交汇形成，地势开阔(潘云，2014)。湖体由三岔湖区、白水荡湖区、环河三部分组成(图 3-7)。历史记载，赤山湖的开发利用始于三国时期，随着经济发展与人口增长，人类与水体不断争地，湖泊面积逐渐缩小。新中国成立初期，赤山湖面积为 14.3 km²，后来由于防洪修整以及围湖生产，湖面已缩小至目前的 7.8 km²(刘兰明等，2013)。

赤山湖国家湿地公园作为南京都市圈的生态斑块、秦淮河流域的重要湖泊，处于重要的

图 3-7 赤山湖国家湿地公园卫星影像图

（资料来源：谷歌地图）

区域地位，具有良好的自然资源、悠久的水利修浚历史和丰富的湿地文化内涵。其生态保护与恢复的目标与实践、代表性的退渔还湖恢复工程，对同类湿地公园生态恢复与改造建设具有重要的借鉴意义。同时，作为现代社会生活的一部分，赤山湖国家湿地公园的生态保护与恢复对句容市、南京市、江苏省乃至江南一带，也具有重要的生态意义和社会价值。

3.3.2 材料与方法

本研究的生态环境敏感性评价方法采用叠加法，首先对区域的生态环境问题进行科研调查，根据当地的实际情况选取生态敏感性评价因子，创建评价因子分级赋值体系，建立生态敏感性评价因子数据库，然后确定评价因子的权重，加权求和计算每个评价单元的生态敏感性综合指数，根据分级标准进行生态敏感性评价。

（1）评价因子的选取

本研究在分析赤山湖国家湿地公园现状特征的基础上，遵循评价因子的可计量、主导性、代表性和可操作性原则，在选取评价因子时，尽量反映区域内自然资源与生态状况。调查发现，赤山湖国家湿地公园主要面临以下几个生态环境问题：湿地面积萎缩、水质下降、水体富营养化严重、生物多样性下降、生态服务功能衰退。

水是湿地生态环境的控制因素之一，也是湿地中最为活跃的元素，并且始终贯穿于湿地生态系统运转与演变的过程。水中溶解氧（DO）的含量可以作为衡量水体自净能力的一个指标；水的 pH 可以反映水质的适宜程度；水体中氨态氮（NH_3-N）和硝态氮（NO_3-N）值越高，则水体富营养化程度越高，生态敏感性越高。这四个指标可客观反映湿地水生态环境的特征及现状。

土壤有机质含量是衡量土壤状况的重要指标，它对土壤形成、土壤肥力、环境保护及可持续发展等方面都有着极其重要的作用；土壤 pH 是影响肥力的因素之一，也是土壤重要的基本性质;土壤速效磷、速效钾和碱解氮的含量指标表示土壤肥力状况,在一定程度反映了土壤质量。

湿地植物为许多鸟类提供食物,与鸟类的生存密不可分。区域的生态敏感性也随着植被类型不同而变化,原生植被因为比次生植被和人工植被更易受到干扰,敏感性最高,因此需要受到保护;一般的灌木草丛和树林等植被生态敏感性为中等;而农田等其他人工植被则敏感性最低,故而选取植被盖度和植被类型这两个指标来反映湿地生态敏感性。

基于以上考虑,选取了影响赤山湖国家湿地公园可持续发展的 11 个主要因子,从性质和特点上分为非生物因子和生物因子。其中非生物因子包括水体的 pH、DO、硝态氮和氨态氮含量,以及土壤的有机质含量,pH,速效磷、速效钾和碱解氮含量,生物因子是植被盖度和植物类型。

（2）数据采集与处理

2014 年 11 月三次在赤山湖国家湿地公园现场采集土样和水样,然后在实验室对所取土样进行化学性质的分析,分别用火焰光度法测速效钾,用钼锑抗比色法测速效磷,用碱解扩散法测碱解氮,用重铬酸钾容量法测有机质,用玻璃电极测定 pH;水样用美国哈希 TY105 系列多参数水质监测仪进行测定 pH、DO、硝态氮、氨态氮。

在前期研究分析的基础上,先利用 ArcGIS 软件矢量化处理空间图形数据,判读和解译遥感影像数据,然后建立空间数据库和属性数据库;再利用 ArcGIS 建立单因子分析的数据库;最后,导入各个单因子评价指标的属性数据,通过对各个评价因子的空间叠加,获取评价单元的分值,根据各评价单元的分值,判定研究区域的生态敏感程度,从而进行敏感性分级分区。

（3）生态敏感性等级划分

在采集处理数据和科学分析场地的基础上,构建赤山湖国家湿地公园生态敏感性评价体系,并将生态敏感性划分为 3 个等级,分别是高度敏感、中度敏感、低度敏感。高度敏感区是指生态系统稳定,但是在遭到自然和人为作用后,其原有生态环境可能受损,造成较大程度生态环境问题的区域;中度敏感区指遭受自然和人为作用后,易出现生态环境问题或已经出现生态环境问题的区域;低度敏感区主要是指在自然条件和人类活动的干扰下不太容易出现生态环境问题的区域。将其分别赋值 5,3,1,各因子的分级评分见表 3-6,再利用 ArcGIS 获得单个因子的生态敏感性图。

表 3-6　赤山湖国家湿地公园生态敏感性分析评价标准及分值

综合指标	评价因子	评价等级		
		高度敏感(5 分)	中度敏感(3 分)	低度敏感(1 分)
水体	DO(mg/L)	≥7.5	7.5～6.0	6.0～5.0
	硝态氮(mg/L)	>2	1～2	<1
	氨态氮(mg/L)	>2	1～2	<1
	pH	6.8～7.2	6.2～6.8,7.2～7.8	5.6～6.2,7.8～8.4
土壤	有机质(%)	<2	2～3	>3
	pH	6.5～7.5	5.5～6.5,7.5～8.5	4.5～5.5,8.5～9.5
	速效磷(mg/kg)	>30	30～10	<10

综合指标	评价因子	评价等级		
		高度敏感（5 分）	中度敏感（3 分）	低度敏感（1 分）
土壤	速效钾（mg/kg）	>150	150～50	<50
	碱解氮（mg/kg）	>120	120～60	<60
植物	植被盖度	75%～100%	50%～75%	0～50%
	植被类型	林地、芦苇	灌木草丛、茅草	农田、裸地

（4）评价因子的权重评定

确定权重常用德尔菲法和层次分析法。层次分析法具有高度的逻辑性、简洁性、实用性与系统性的特点，方法较为成熟，应用较为普遍。

每个评价因子对于自然资源的可开发利用状况，以及对自然生态环境的影响程度各不相同，因此，需要根据其影响程度赋予各个因子相应的权重值。为便于更科学合理地打分，采用层次分析法对所选取的因子进行权重评价。

将评价因子的一对比较值定为 1,3,5,7,9（A 对 B 时的情况），相应表示同样重要、前者比后者稍微重要、前者比后者明显重要、前者比后者非常重要、前者比后者极为重要，相反时（B 对 A 时的情况）分别以 1,1/3,1/5,1/7,1/9 赋值。根据专家意见，将每个因子按照其互相比较的重要度，分别对应打分，从而计算出各个评价因子的权重（表 3-7）。

表 3-7　评价因子权重分析

	水体 DO	水体 硝态氮	水体 氨态氮	水体 pH	土壤有机质	土壤 pH	土壤速效磷	土壤速效钾	土壤碱解氮	植被盖度	植物类型	权重
水体 DO	1	3	5	3	1/3	3	3	5	3	1	1	0.170
水体硝态氮	1/3	1	1/3	1/3	1/3	1	1	3	3	1/5	1/3	0.007
水体氨态氮	1/5	3	1	1	1/3	3	1/3	1/3	1	1/5	1/3	0.007
水体 pH	1/3	3	1	1	1/3	3	3	3	3	1/3	1/3	0.025
土壤有机质	3	3	3	3	1	3	3	3	3	1/3	1/3	0.132
土壤 pH	1/3	1	1/3	1/3	1/3	1	1/3	3	1/3	1/3	1/3	0.004
土壤速效磷	1/3	1	3	1/3	1/3	3	1	3	3	1/5	1/5	0.011
土壤速效钾	1/5	1/3	3	1/3	1/3	1/3	1/3	1	1/3	1/5	1/5	0.003
土壤碱解氮	1/3	1/3	1	1/3	1/3	3	1/3	3	1	1/3	1/3	0.008
植被盖度	1	5	5	3	3	3	5	5	3	1	1/3	0.290
植物类型	1	3	3	3	3	3	5	3	3	3	1	0.342

注：经计算该矩阵满足一致性检验。

对以上步骤的评分赋值和权重进行计算后，对各评价单元生态敏感性因子加权求和，最后获得规划区内每个区域的综合得分值，这个分值就代表该区域的生态敏感性程度，该分值越高，则生态敏感性越高。计算公式如下：

$$S_i = \sum_{p=1}^{n} B_{pi} W_p \qquad\qquad (3.3)$$

式中：i 为土地利用方式编号；p 指影响 i 种土地利用方式的生态因子编号；n 指影响 i 种土地利用方式的生态因子总数；W_p 指 p 因子对 i 种土地利用方式的权值，且 $W_1 + W_2 + W_3 + \cdots + W_k = 1$；$B_{pi}$ 指土地利用方式为 i 的第 p 个生态因子敏感性评价值；Si 指土地利用方式为 i 时的综合评价值。

按照叠加后结果图的分值重新分类，将生态敏感性分为 3 级：高度敏感、中度敏感、低度敏感，利用 ArcGIS 软件得到综合生态敏感性分布图。

3.3.3 结果与分析

（1）单因子生态敏感性分析

1）水体 DO。DO 是指溶解于水中的分子状态的氧气，它是水生生物不可缺少的重要成分，也是衡量水体质量的标准之一（赵海超等，2011）。由结果可见对于水体 DO 的生态敏感性分析，高度敏感区约占研究区总面积 27.9%，约为 3.57 km²，主要分布在三岔湖中南部及东部一侧；中度敏感区约占研究区总面积 30.8%，约为 3.93 km²，沿着高度敏感区边缘分布；低度敏感区约占研究区总面积 41.3%，约为 5.28 km²，主要分布在湿地公园边缘地带。

2）水体硝态氮。根据分析结果，区域内水体硝态氮高度敏感区约 3.65 km²，约占研究区总面积的 28.5%；中度敏感区约 3.35 km²，约占研究区总面积的 26.2%；低度敏感区域共约 5.79 km²，约占研究区总面积的 45.3%。敏感性较高的区域主要分布在北部和西部的农田鱼塘水域地带，敏感性较低的区域位于三岔湖中部及东部区域。

3）水体氨态氮。根据分析结果，水体氨态氮高度敏感区域共约 5 km²，约占研究区总面积的 39.1%，主要位于湿地公园的北部及东部地带；中度敏感区域约为 3.48 km²，约占研究区总面积的 27.2%；低度敏感区域约为 4.31 km²，约占研究区总面积的 33.7%。

4）水体 pH。根据分析结果，水体 pH 高度敏感区域面积约 5.51 km²，约占研究区总面积的 43.1%，主要位于湿地公园的北部、东部以及西部广泛地带；中度敏感区域约为 4.12 km²，约占研究区总面积的 32.2%；低度敏感区域约为 3.16 km²，约占研究区总面积的 24.7%。

5）土壤有机质。土壤有机质是评价土壤肥力和质量的重要指标，在湿地生态系统分析中占有重要的地位（赵明松等，2013）。土壤有机质高度敏感区域面积约 3.86 km²，约占研究区总面积的 30.2%，主要位于湿地公园的西部区域；中度敏感区域约为 5.27 km²，约占研究区总面积的 41.2%；低度敏感区域约为 3.66 km²，约占研究区总面积的 28.6%。

6）土壤 pH。根据分析结果，土壤 pH 高敏感区面积约 3.74 km²，约占研究区总面积的 29.3%，主要位于湿地公园的西部区域；中度敏感区域约为 4.03 km²，约占研究区总面积的 31.5%；低度敏感区域约为 5.01 km²，约占研究区总面积的 39.2%。

7）土壤速效磷。土壤速效磷高敏感区面积约 2.74 km²，约占研究区总面积的 21.4%，主要位于湿地公园的西南部区域；中度敏感区域约为 5.05 km²，成点、面状分布在中部和西部区域，约占研究区总面积的 39.5%；低度敏感区域约为 5 km²，约占研究区总面积的 39.1%。

8) 土壤速效钾。土壤速效钾的高敏感区面积约 2.95 km²,约占研究区总面积的 23.1%,主要分布在湿地公园的北部和东部地区;中度敏感区域约为 4.94 km²,约占研究区总面积的 38.6%;低度敏感区域约为 4.89 km²,约占研究区总面积的 38.3%。

9) 土壤碱解氮。土壤碱解氮的高敏感区面积约 2.62 km²,约占研究区总面积的 20.5%,主要分布在湿地公园的北部和东部地区;中度敏感区域约为 5.43 km²,约占研究区总面积的 42.4%;低度敏感区域约为 4.75 km²,约占研究区总面积的 37.1%。

10) 植被盖度。植被盖度对湿地生态系统保持平衡与稳定具有重要的意义,不同生物栖息地对植被盖度的要求不同。植被盖度高度敏感区约占研究区总面积的 24.5%,约为 3.13 km²,主要分布在三岔湖北面一侧;中度敏感区域主要为草地与湖岸水陆交界带,约占研究区总面积的 48.6%,面积约 6.22 km²;低度敏感区域约为 3.44 km²,约占研究区总面积的 26.9%。

11) 植被类型。植被类型的高度敏感区约占研究区总面积的 34.6%,约为 4.43 km²,主要以林地和芦苇地的形式分布在湿地公园北部以及湖岸水陆交界带;中度敏感区域主要分布在西南部,约占研究区总面积的 19.9%,约为 2.55 km²;低度敏感区域主要为西南部的鱼塘区域,所占面积较广,约为 5.82 km²,约占研究区总面积的 45.5%。

(2) 综合生态敏感性分析

按照加权求和模式对 11 个生态指标因子的敏感性等级栅格数据进行运算,将生态敏感性分为 3 级:高度敏感、中度敏感、低度敏感,利用 ArcGIS 软件得到研究区的综合生态敏感性分布图(图 3-8)。根据生态敏感性分级结果,可为赤山湖国家湿地公园的功能分区和生态旅游项目相关活动的开展,提供一定的理论基础和生态依据。

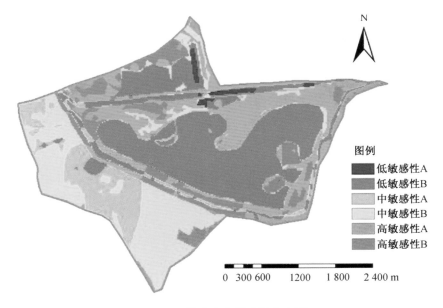

图 3-8 综合生态敏感性分布图

1) 高度敏感区。通过综合生态敏感性分布图可见,湿地公园内高度敏感区面积较广,约为 4.20 km²,约占湿地公园总面积的 32.83%,分布较散,主要集中在湿地公园中部的水体、岸滩、环湖、水陆交界等地带。该区域生态环境脆弱,抗干扰能力弱,极易遭受外界干扰和人为破坏,且一旦破坏后,短时期内将很难恢复,因此不宜在此处进行生态旅游开发,此类区域应作为生态环境重点保护区。该区域应重点恢复与保护原生植被,保持和提升生态系统的多样性和稳定性,严格控制工程建设项目。

2) 中度敏感区。中度敏感区所占面积最多,约为 4.71 km²,约占研究区域的 36.80%,主要集中在湿地公园西南部鱼塘农田水域一带。该区域生态环境较为脆弱,比较容易受到人为破坏,致使生态系统产生波动与不稳定,此类区域应控制发展,适度开发,以避免造成生态环境的破坏。

3) 低度敏感区。低度敏感区多集中在湿地公园的中部和北部区域,其面积约为 3.88 km²,约占研究区总面积的 30.37%。该区域生态环境相对较好,可承受一定程度的人为干扰,适合开发建设,可以开展规模较大的生态旅游项目。可在生态环境得到保护、社会经济持续发展的前提下,统筹优化生态旅游项目结构和布局。

3.3.4 小结

通过建立生态敏感性评价指标体系,选取了水体的 pH、DO、硝态氮和氨态氮,以及土壤的有机质、pH、速效磷、速效钾、碱解氮,还有植被盖度和植被类型,一共 11 个评价因子。通过划分生态敏感性等级,再根据专家意见打分,确定评价因子的权重值。在 ArcGIS 软件中进行加权叠加,将赤山湖国家湿地公园生态敏感性分为高度敏感、中度敏感、低度敏感 3 类,得到研究区的综合生态敏感性分布图。其中,高度敏感区面积约为 4.20 km²,约占湿地公园总面积 32.83%,分布较广;中度敏感区所占面积最多,约 4.71 km²,约占研究区域的 36.80%;低度敏感区面积约为 3.88 km²,约占总面积的 30.37%(汪辉等,2016)。

4 基于垂直与水平方向相结合的湿地公园生态适宜性分析及分区优化

本章主要是基于垂直与水平方向相结合的湿地公园生态适宜性及分区优化研究。以长江新济洲国家湿地公园为研究对象,基于研究区鸟类的生境,分别从垂直方向与水平方向绘制生态适宜性与景观安全格局分析图,然后将两图进行进一步综合,得到湿地公园生态适宜性的优化分区图。

本章以南京长江新济洲国家湿地公园为研究对象,垂直方向上进行研究区域生态适宜性分析,水平方向上进行景观安全格局分析,将新济洲的生态适宜性分析结果与鸟类生态安全格局叠加,从垂直与水平两个方向进行生态适宜性与景观安全格局的综合分析,得到新济洲鸟类景观安全格局与适宜性叠加图。结合鸟类景观安全格局,对原垂直方向生态适宜性分区方案进行优化调整,优化低适宜、较适宜与高适宜三个分区的相互比例,形成新济洲鸟类景观安全格局优化图,为湿地公园的整体布局与规划方案提供科学决策的基础。

4.1 研究区概况

南京长江新济洲国家湿地公园位于南京市江宁区,地处江苏省长江段最上游,是长江中下游第一家独具特色的江河洲滩型国家湿地公园,主要包括长江低水位时的新济洲、新生洲、再生洲、子母洲和子汇洲范围,总面积达 58.6 km²(吕晓倩,2014)。湿地公园东邻江宁区滨江新城和板桥新城,西接南京浦口区桥林新城,北至南京城区和江北副城,南与安徽省马鞍山市接壤。公园距南京市中心 35 km,距禄口国际机场 35 km,地理优势明显。

新济洲地处公园中部,总面积 8.6 km²,是湿地公园面积最大的一个洲滩(图 4-1)。新济洲年平均温度为 16.0℃;年日照总时数 2 170 h,年降雨量 1 000 mm 左右,无霜期 240 天;四季分明,日照充足,土地肥沃,水源充沛。洲内土壤是由长江冲积物发育而成的旱地灰潮土,分布高程 3.0～10.0 m。湿地公园处于亚热带常绿阔叶林区域,典型地带性植被以壳斗科落叶树种为

图 4-1 研究区区位图

主,并有少量常绿阔叶混交林。洲滩现有森林植被以人工植被为主,主要树种有杨树(*Populus simonii*)、垂柳(*Salix babylonica*)、旱柳(*Salix matsudana* Koidz)等。新济洲湿地公园分布的野生动物种类繁多,其中主要为湿地鸟类,常见种有白鹭(*Egretta garzetta*)、夜鹭(*Nycticorax nycticorax*)、白胸秧鸡(*Amaurornis phoenicurus*)、白骨顶(*Fulica atra*)、小翠鸟(*Alcedo atthis*)、扇尾沙锥(*Capella gallinago*)、白鹡鸰(*Motacilla alba*)、鹊鸲(*Copsychus saularis*)等,总计 40 种。

4.2 研究方法

4.2.1 数据来源与预处理

本研究所用基础数据包括:①2008 年由南京新济洲国家湿地公园管理处提供的 127 个鸟类聚集区空间分布数据(图 4-2);②2008 年 7 月的 QuickBird 遥感数据包,全色波段空间分辨率为 0.6 m,多光谱波段为 2.4 m;③2008 年由江苏省城市规划设计研究院测量的研究区域高程数据,空间分辨率为 0.8 m。

利用 ENVI 软件对 QuickBird 遥感图像进行几何精校正、辐射增强、投影转换、空间子集运算等数据预处理。在此基础上,通过缨帽变换,将遥感图像的 4 个多光谱波段压缩成土壤亮度指数(brightness)、绿色植被指数(greenness)、土壤湿度指数(wetness)3 个分量。借助于 ENVI5.0 的 Feature Extraction 功能进行面向对象分类,将研究区域的土地利用类型分为水体、森林、草本沼泽、农地、苗圃、建筑用地、道路 7 种。采用同期空间分辨率为 0.3 m 的航片进行分类精度验证,总体分类精度为 92%。

通过文献阅读了解到,影响鸟类生境的生态环境因子可以分为 4 类:食物状况(沼泽水量、水质)、栖息地植被质量(沼泽植物的生长状况)、地形因子(海拔、坡度)、人类干扰状况(与交通干线距离、居民点的密度)。通过遥感数据预处理和分类图像空间分析,生成研究区域土壤湿度指数(反映食物状况)、绿色植被指数(反映沼泽植物生长状况)、与道路距离(反映廊道的囚笼效应)、与建筑物距离(反映人类干扰强度)、与水体距离、与草本沼泽距离 6 个环境变量,与面向对象分类方法生成的土地利用栅格图层一起,合计 7 个生态环境因子,作为研究区域生态适宜性分析、鸟类潜在生境建模的基础数据。由于研究区域高差变化幅度小、地势平坦,地形因子没有被纳入研究评价的生态环境因子。

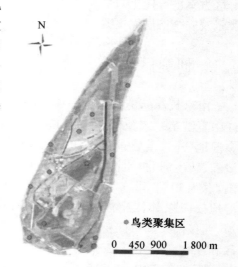

N

● 鸟类聚集区

0   450 900   1 800 m

图 4-2   新济洲 2008 年 QuickBird 遥感图像

4.2.2 生态适宜性分析方法

因子加权评分法进行生态适宜性分析是为克服因子叠加方法中的不足而发展起来的。其最重要的特点是在规划目标与相关因子的关系分析中,将不同因子视其重要性程度的不同而给予不同的权重,在最后叠加过程中,将每个生态环境因子的适宜性等级乘以权重,最后得到综合的适宜性分析值。

4.2.3　小样本生态位建模方法

国内专家应用 BIOCLIM、CLIMEX、DOMAIN、GARP、MaxEnt 这 5 种生态位模型对相似穿孔线虫(*Radopholus similis*)适生分布进行了模拟预测,并用 ROC(receiver operating characteristic)曲线对各个模型的预测结果进行比较,其中以 MaxEnt 模型的 AUC(area under curve)值最大,表明 MaxEnt 模型的预测效果最好。Richard(2006)等采用小样本数据,利用 MaxEnt、GARP 模型对马达加斯加岛的叶尾虎属(*uroplatus*)13 种行踪隐蔽、痕迹点难寻的乡土壁虎的潜在生境进行预测,结果表明,MaxEnt 模型在研究区域野生动物调查数据缺乏、物种分布数据属于高维小样本的情况下性能优于 GARP。综合以上 2 个理由,本研究选取 MaxEnt 生态位模型进行鸟类潜在生境预测。

由于条件限制,课题组只收集到了 2008 年 13 个鸟类聚集区的空间分布数据。由于数量较少,构不成统计意义上的大样本,所以在进行生态位建模时,参照 Richard 等人的小样本建模方法,通过计算 P 值(拒绝原假设的最小概率)来进行模型的显著性检验,验证模型精度。

4.2.4　景观安全格局构建方法

根据《湿地动物名录》,研究区域的湿地脊椎动物种类共有 78 种,其中鱼类 21 种,两栖动物 6 种,爬行动物 7 种,鸟类 40 种,哺乳动物 4 种。因此,以物种数量最多的鸟类为研究对象,构建野生动物保护的景观安全格局。

根据俞孔坚等的研究成果,以生物保护为例,一个典型的安全格局包含源、缓冲区、源间联接、辐射道、战略点。将与公路距离、与水体距离、与道路距离、绿度指数、湿度指数、土地利用类型 6 个生态环境因子输入 MaxEnt 模型,采用基于 P 值验证的小样本建模方法进行鸟类潜在生境建模。通过 ArcGIS 平台上 Spatial Analyst 中的栅格转矢量工具,将模型输出的鸟类潜在生境概率分布栅格图层转化为 Point Shape 文件,根据统计学原理,选择生境概率>0.90 的点作为鸟类生境的源。

阻力面模型考虑 3 个方面的因素,即源、距离和景观基面特征,计算公式如下:

$$MCR = f_{\min} \sum_{j=n}^{i=m} D_{ij} \times R_i \tag{4.1}$$

式中:f 是一个未知的正函数,反映空间中任意一点的最小阻力与其到所有源的距离和景观基面特征的相关关系;D_{ij} 是物种从源 j 到空间某一点所穿越的某景观基面 i 的空间距离;R_i 是景观 i 对某物种运动的阻力。

本书中,D_{ij}、R_i 的计算通过 ArcGIS 9.3 的空间分析 Spatial Analyst 模块中的 Cost Weighted Distance 工具实现。D_{ij} 通过计算成本距离 Cost Distance 获得,R_i 通过计算成本分配 Cost Allocation 获得。

根据南京市规划设计研究院有限责任公司的研究成果,鸟类在研究区域运动的阻力与植被状况、与水源距离、与道路距离密切相关,假设 3 者的权重分别为 0.4,0.4,0.2,成本栅格图层 Cost 计算公式如下:

$$Cost = (1 - greeness) \times 0.4 + dist\_road \times 0.4 + (1 - dist\_water) \times 0.2 \quad (4.2)$$

式中：$greeness$ 表示绿度指数。$dist\_road$ 表示归一化与公路距离；$dist\_water$ 表示归一化与水源距离，这 2 个变量的数值等于像素值除以对应栅格图层像素最大值。

研究对象运动的阻力面建立以后，在 ArcGIS 平台上，采用鼠标屏幕跟踪的方式，连接低阻力的谷线，形成源间连接的 Polyline Shape 文件，两条以上的 Polyline 相交处形成战略点。

4.3 结果与分析

4.3.1 基于垂直方向的生态适宜性结果分析

从土地覆盖类型、与草本沼泽距离、与水体距离、与森林距离、与建筑物距离 5 个方面，制定生态适宜性评价指标，其结果见表 4-1。因子分级、权重的确定参考江苏省城市规划设计研究院的研究成果。在 ArcGIS 平台上，通过空间分析工具箱中的 Weighted Overlay 模块，进行研究区域生态适宜性分析(图 4-3)。

表 4-1　生态适宜性评价指标

生态因子	分级	分值	权重
土地覆盖类型	草本沼泽	10	0.40
	水体	8	
	森林、苗圃	5	
	农地	4	
	道路、建筑用地	1	
与草本沼泽距离(m)	0	10	0.25
	0～300	8	
	300～500	6	
	＞500	1	
与水体距离(m)	0	10	0.20
	0～50	8	
	50～100	6	
	＞100	1	
与森林距离(m)	0	10	0.10
	0～100	8	
	100～200	6	
	＞200	1	
与建筑物距离(m)	0	1	0.05
	0～100	6	
	100～200	8	
	＞200	10	

从图 4-3 可以看出,高适宜生态区主要为环洲大堤外围洪泛平原湿地、洲内的淡水湖、草本沼泽和河流湿地。该类区域生态斑块面积大,斑块之间连贯性较好,生物系统和植被群落完整,对于保持湿地生态平衡有重要作用。较适宜生态区主要为人工植被和半人工植被的森林。该类区域生物多样性较高,有一定的人为活动,景观类型较丰富,生态斑块之间有一定的人为干扰,但是强度不高,对生态系统影响较小。低适宜生态区主要为新济洲上的已开发建设用地、道路、苗圃和农业生产用地。由于人为干扰较大,该类区域原生湿地环境受到一定程度的影响,是湿地公园规划中基础设施、旅游服务设施的主要建设用地所在。

4.3.2 基于水平方向的鸟类潜在生境与景观安全格局分析

(1) 鸟类潜在生境分析

参照 Richard 等人的做法,将 13 个鸟类聚集区中心点坐标代入 MaxEnt 模型,进行鸟类潜在生境建模,生成生境适宜概率图层(图 4-4)。计算结果表明,当风险的概率 $P <$ 0.000 001 时,成功率 $q=0.75$,说明 2008 年研究区鸟类潜在生境的预测模型达到了良好的水平。

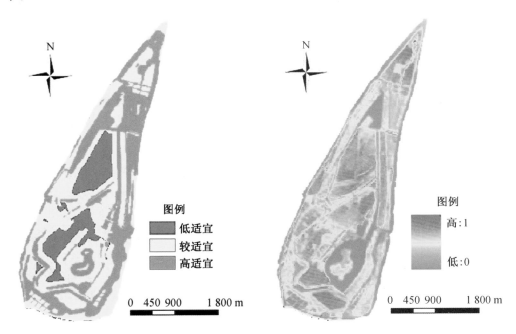

图 4-3 新济洲生态适宜性分析图　　图 4-4 新济洲鸟类潜在生境适宜概率分布图

从图 4-4 可以看出,新济洲鸟类潜在生境适宜概率高的区域,主要集中在覆盖度较高的草本沼泽、苗圃地、森林 3 个主要土地利用类型,环岛大堤外洪泛平原湿地及堤内的 2 个人工湖、河流的潜在生境适宜概率较低,植被覆盖度较低的草本沼泽、农地、苗圃等土地类型的生境适宜概率居中。

(2) 景观安全格局分析

从图 4-5 可以看出,研究区鸟类有 4 个源(栖息地),面积最大的一个源位于洲尾小圩附近的草本沼泽中,面积次之的一个源位于洲头码头西北方向的江边芦苇滩涂上,其他 2 个规模较小的源分别位于新济洲岛的中部和南部。这些栖息地具有以下特征:植被覆盖度较高,远离公路、居民点,离长江、淡水湖等水体较近。

图 4-5 显示,新济洲鸟类源间联接通道共有 3 条:第一条联接岛内 2 个人工淡水湖、4 个源、南北走向的岛内生态廊道,长度为 7 423 m;第二条东西走向,位于新济洲北部胜利村附近,横穿植被覆盖度较低的草本沼泽、人工湖的鸟类越境通道,长度为 1 228 m;第三条东西走向,位于新济洲中南部,横穿岛中部公路、新济村的越境通道,长度为 2 170 m。

从图 4-5 可以看出,对沟通相邻源之间联系有关键意义的战略点(跳板)有 2 个:战略点 A 位于源间连接通道 1 和源间连接通道 2 的交叉点,地处北部人工半岛的最北端,是新济洲中部、北部的鸟类以及北部过境迁徙鸟类的跳板。战略点 B 位于源间连接通道 1 和源间连接通道 3 的交叉点,地处岛中部公路、人工湖、河流者交汇处,是新济洲南部、中部的鸟类以及中部过境迁徙鸟类的跳板。

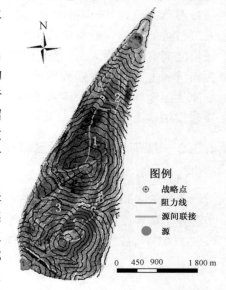

图例

⊙ 战略点
— 阻力线
— 源间联接
● 源

0   450 900   1 800 m

图 4-5　新济洲鸟类景观安全格局

4.3.3　基于垂直与水平方向叠加的生态适宜性分区优化结果与分析

将图 4-3 的生态适宜性分析结果与图 4-5 的鸟类景观安全格局叠加,从垂直与水平 2 个方向进行生态适宜性与景观安全格局的综合分析(图 4-6)。

从图 4-6 可以看出,岛内南北走向的源间联接通道穿越生态低适宜区的苗圃用地,南部东西走向的源间联接通道穿越生态低适宜区的建筑用地。3 条生态廊道中的 2 条穿越低生态适宜区的苗圃用地、建设用地,这有可能造成鸟类栖息地的破碎化,从而对研究区域的鸟类景观安全格局构成严重的威胁。因此,结合鸟类景观安全格局,对生态适宜性分区方案进行优化调整,是湿地公园可持续经营规划的基础。

采用以下 3 条措施对生态适宜性分区结果进行优化:①通过将研究区域北部苗圃地改造成森林的方式,将低生态适宜区转化为较适宜生态适宜区;②对建设用地,采用大集中、小分散的方式,通过缓冲分析,将南部生态廊道跨越建筑区范围道路两边 50 m 区域内建设用地,改造成园林绿地,将低生态适宜区转化为较适宜生态适宜区;③为避免分区的过于破碎化,将面积小于森林经营管理单元空间尺度(1 000 m²)的小斑块,合并到周围适宜性分区类型中。优化结果见图 4-7、表 4-2。

从图 4-7 可以看出,2 条生态廊道穿越低生态适宜区的地段,经过优化,变成了较适宜地段,优化后的生态适宜性分区图中,建设用地已经呈现出大集中、小分散的空间格局。从表 4-2 可以看出,经过优化,研究区域建设用地、苗圃地等低适宜区,面积比例下降了 7.34%,森林、草本沼泽等较适宜区、高适宜区面积比例,分别上升了 6.37%,0.97%。

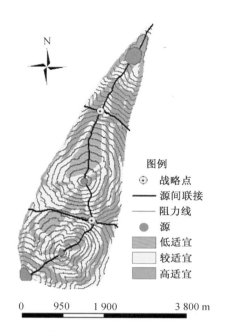

图 4-6 鸟类生态适应性与景观安全格局叠加图

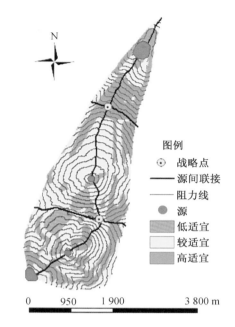

图 4-7 新济洲鸟类景观安全格局优化图

表 4-2 生态适应性分区优化结果对比分析 （单位：%）

分区	低适宜	较适宜	高适宜
优化前	14.37	52.51	33.12
优化后	7.03	58.88	34.09
变化	−7.34	6.37	0.97

4.4 结论与讨论

2001 年生态移民工程成功实施后，由于人为干扰活动减少、绿化率提高，新济洲成为许多留鸟的理想繁殖栖息地。研究区四面环江，东西两侧江宽水阔、风大浪急，隔江相望的是工业用地占主导地位的南京市江宁区板桥新城与浦口区桥林新城，特殊的区位条件使新济洲成为许多候鸟长途迁徙旅途中的重要踏脚石。新济洲是南京湿地生物多样性保护敏感区的一个关键节点，基于景观安全格局，能够探索出一条解决洲滩型湿地开发与保护冲突的科学途径。

研究表明，在鸟类源间联接通道穿越的区域，通过将苗圃地改造成森林，将保护物种生态廊道跨越建筑区范围道路两边建设用地改造成园林绿地的途径，可以将研究区域的鸟类生态适应性分区优化。经过优化，研究区域建设用地、苗圃地等低适宜区，面积比例下降了7.34%，森林、草本沼泽等较适宜区、高适宜区面积比例分别上升了 6.37%、0.97%。

由于成立较晚，新济洲湿地公园的湿地资源调查、生物多样性监测体系很不完善，缺乏主要保护对象详尽的空间分布数据。根据课题组野外观测，13 个鸟类聚集区的物种主要由雉科（*Phasianidae*）中的灰胸竹鸡（*Bambusicola thoracica*）、环颈雉（*Phasianus colchicus*）等留鸟构成。不同鸟类对生态环境因子的反应机制有所不同，加之样本数据有限，在一定程度上会影响研究结果的科学性。

我国现有的景观安全格局研究，比如最小阻力模型，以国外案例介绍为主要内容的文献综述多，缺少针对某个物种尤其是湿地公园鸟类的景观安全格局实践研究。保护对象的源如何确定，源间连接、战略点如何构建，都缺乏可供借鉴的成熟方法。最小累积阻力模型中，各阻力因子权重的赋值对于研究结果具有较大影响，因子权重对于鸟类景观安全格局的敏感性分析，需要进一步深入研究（李明阳等，2015）。

5　湿地公园土地利用结构时空变化与情景规划分析

本章主要是湿地公园土地利用结构时空变化与情景规划的研究。仍然以南京长江新济洲国家湿地公园为研究对象,通过高分辨率遥感影像和遥感数据,运用信息熵对其土地利用结构变化进行分析。同时尝试运用 CLUE-S 模型,结合生态保护情景和旅游开发情景的设定,模拟预测湿地公园景观格局,并进行情景比较分析。

5.1　湿地公园土地利用结构时空变化研究

湿地公园是特殊的景观,其土地利用结构是制约其各项功能使用和发挥的主导因素。土地利用结构实质上是一个与外界有着广泛关系的非线性开放系统,即土地利用系统是自然、人类、社会、经济和技术 5 个子系统耦合而成的复杂巨系统,同时也是一个不可精确定义的系统,具有复杂系统的一般特征,不仅在空间与功能上表现出不同的组合关系和结构格局,在时间上也表现出演替的阶段、过程和规律(刘康,2001),其有序程度可以用信息熵来刻画。国内不少学者利用信息熵理论研究土地利用结构,如朱晓熠等(2010)的基于信息熵的南京市土地利用结构分析,郭荣中等(2013)的基于信息熵的长株潭区土地利用结构分析,苏楠等(2012)的基于信息熵理论的沭阳县土地利用结构分析等。以往研究往往着重时间序列研究,信息熵空间布局较少涉及。本章节以南京长江新济洲国家湿地公园最大的洲滩新济洲为研究对象,以 2003 年 7 月和 2008 年 7 月的 QuickBird 高分辨率遥感影像,和 2013 年 7 月的 WorldView-2 遥感数据包为信息源,运用信息熵对其土地利用结构变化进行时间序列、空间差异及驱动因素分析。

5.1.1　材料和方法

（1）数据来源与预处理

本研究所用基础数据包括:①2003 年 7 月的 QuickBird 遥感数据包,全色波段空间分辨率为 0.6 m,多光谱波段为 2.4 m;②2008 年 7 月的 QuickBird 遥感数据包,全色波段空间分辨率为 0.6 m,多光谱波段为 2.4 m;③2013 年 7 月的 WorldView-2 遥感数据包,全色波段空间分辨率为 0.5 m,多光谱波段为 1.8 m。

基于 ENVI5.0 平台,对 QuickBird 和 WorldView-2 的 3 期遥感影像进行几何精校正、投影转换和空间子集运算等数据预处理,并利用有监分类方法将研究区域的土地利用类型进行分类。有监分类以基于遥感图像统计特征的方法应用较为成熟,其步骤主要有:①训练样本,获取已知类别的图像特征;②选择恰当的分类算法进行分类;③输出分类结果,对结果进行精度评价。有监分类的分类算法有多种,本研究选择最大似然法,不仅考虑了各波段间的协方差,而且还考虑到未知像元属于不同类别的概率。结合实际情况,将研究区域土地利用类型分为林地、草地、建设用地、裸地、水体,通过计算,有监分类的总体分类精度为 82.23%,$Kappa$ 系数为 0.76。

(2) 主要研究方法

1) 信息熵理论。熵最初是热力学中的概念,后来由 Shannon 第一次将熵的概念引入到信息论中来。目前,熵理论在热力学、医药学、生命科学等许多领域都有着十分重要的应用,信息熵在衡量土地利用有序性的研究也日益被关注。熵值大小能够反映某一地区某一时间内土地利用的变化情况,因此对土地利用定量研究有着重要意义。土地利用结构信息熵的数学方程式为:

$$H = -\sum_{i=1}^{N}(P_i \ln P_i) \tag{5.1}$$

式中:H 为信息熵,P_i 表示研究区内某一地类占该区域土地总面积的百分比,N 为区域内土地类型数。一般来讲,信息熵越大,表明土地利用情况越有序,反之则越无序。此外,本章还引入均衡度和优势度的概念用于辅助分析。

$$J = -\sum_{i=1}^{N}(P_i \ln P_i / \ln N) \tag{5.2}$$

式中,J 为均衡度,是信息熵与信息熵最大值之间的比值,变化区间为[0,1]。J 值越大,表明区域内地类越丰富,土地利用结构的均衡性越强。基于均衡度的概念,构建出土地利用结构的优势度公式:

$$I = 1 - J \tag{5.3}$$

式中,I 为优势度,它是实际信息增量与最大信息增量之比,变化区间为[0,1],与均衡度的意义相反,表示土地利用的集中度,反映了区域内一种或几种土地类型支配该区域土地类型的程度。

2) CA-Markov 模型。CA-Markov 模型是一种应用广泛的随机模型,根据事物的一种状态向另一种状态转化的概率,预测未来状态的概率分布,是一种无后效性时空演化过程。根据以往研究,该模型运用范围广泛且预测准确度颇高。然而 Markov 模型只能做数量上的预测,为了实现空间土地利用分布预测,在 Markov 模型基础上提出了 CA-Markov 模型。CA-Markov 模型的工作原理是以预测基期的土地利用为初始状态,以基期和之前土地利用转移面积及适宜性图集表述的像元适宜的土地利用类型为依据,对土地类型进行重新分配,直至达到 Markov 模型预测的土地利用面积。Markov 模型是预测土地利用变化十分理想的方法,其预测的数学原理如下:

$$S_{k+1} = S_k \times \boldsymbol{P}_{ij} \tag{5.4}$$

式中:S_k,S_{k+1} 分别是 k,$k+1$ 时各土地类型所占百分比,$\boldsymbol{P}_{ij}$ 为概率转移矩阵。

3) 地理加权回归。地理加权回归(Geographically Weighted Regression,简称 GWR),是由英国 Newcastle 大学地理统计学家 Fortheringham 及其同事基于空间变系数回归模型,并利用局部多项式光滑思想提出的模型。地理加权回归模型基于传统的回归框架,准许局部的参数估计,通过在线性回归模型中假定回归系数是观测点地理位置的位置函数,将数

据的空间特性纳入模型中,为分析回归关系的空间特征创造了条件(吴天君,2012),其数学模型公式为:

$$Y = a_0(u_i, v_i) + \sum_{i=1}^{k} a_k(u_i, v_i) x_{ik} + \varepsilon_i \qquad (5.5)$$

式中:y_i,x_{ik} 分别为在地理位置(u_i,v_i)处的因变量 y 和自变量 x 的观测值;$a_k(u_i, v_i)$ 为观测点(u_i,v_i)处的未知参数;ε_i 为独立同分布的随机误差,通常假定其服从 $N(0, \sigma^2)$。本章选取坡度、土壤有机质、道路密度、距建筑距离 4 个因子作为地理加权回归的驱动因子,借助 ArcGIS 9.3 平台中 GWR 模块进行计算分析。

5.1.2　结果与分析

（1）CA-Markov 模型预测分析

在预测 2018 年新济洲土地利用分布格局之前,有必要验证 CA-Markov 模型在研究区预测的可靠性。在 IDRISI 16.0 操作平台下,以 2008 年新济洲土地分类图为初始年数据,以地类概率转移矩阵为 2003 年至 2008 年地类概率转移矩阵,预测 2013 年的土地分类图(图 5-1),以得到的结果与 2013 年真实地类分布图做 $Kappa$ 精度验证,公式为:

$$Kappa = \frac{p_0 - p_c}{1 - p_c} \qquad (5.6)$$

式中:p_0 为观测一致率,p_c 为期望一致率。$Kappa$ 值的理论取值在 0～1 范围内,当 $Kappa$ 值为 0～0.4 时说明一致性程度不理想,$Kappa$ 值大于等于 0.75 时说明具有较好的一致性。此次研究的 $Kappa$ 值为 0.77,模拟效果理想,故 CA-Markov 模型可以用来预测新济洲土地类型的分布格局。

在 CA-Markov 模型可靠性的基础上,预测 2018 年新济洲土地利用分布格局(图 5-2)。

首先比较 2003 年、2008 年和 2013 年的土地利用情况(表 5-1),从中可以发现,2003—2013 年,研究区域土地格局呈现多样化趋势。大规模人工造林、退草还林促使林地面积显著增加,面积比例由 2003 年的 20.2% 连续增长至 2013 年的 45.3%;草地面积不断缩减,面积比例由 2003 年的 49.7% 大幅缩减至 2013 年的 22.6%;道路、会所、办公场所等基础设施和娱乐设施的建设使得建设用地显著增加。水体和裸地的面积变化相对平缓,但环湖小岛的出现使水体的布局更加紧凑。

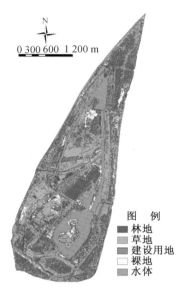

N

0 300 600　1 200 m

图　例
■ 林地
▦ 草地
■ 建设用地
□ 裸地
▨ 水体

图 5-1　2013 年新济洲土地利用类型图

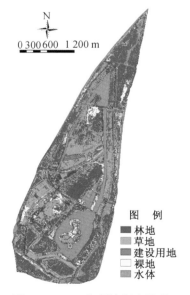

N

0 300 600　1 200 m

图　例
■ 林地
▦ 草地
■ 建设用地
□ 裸地
▨ 水体

图 5-2　2018 年新济洲土地利用类型图

表 5-1　2003—2013 年新济洲各类型土地利用占比

年份(年)	林地	草地	建设用地	裸地	水体
2003	0.202	0.497	0.002	0.075	0.224
2008	0.223	0.474	0.006	0.129	0.168
2013	0.453	0.226	0.050	0.080	0.191

2008—2013 年新济洲土地利用转移概率如表 5-2,可以看出 2008—2013 年土地利用类型转化呈现如下趋势:草地和裸地主要转化为林地和建设用地,其中草地 57.43% 转化为林地;裸地 47.39% 转化为林地,8.05% 转化为建设用地;水体无明显转化趋势。基于 CA-Markov 模型预测的 2018 年土地利用布局可以看出,林地和建设用地的面积与 2013 年(图 5-1)相比,依然呈现上升趋势,符合新济洲未来总体发展目标的要求。

表 5-2　2008—2013 年新济洲土地利用转移概率表

地类	林地	草地	建设用地	裸地	水体
林地	0.392 2	0.368 7	0.062 0	0.092 8	0.084 4
草地	0.574 3	0.199 1	0.050 5	0.085 8	0.090 5
建设用地	0.281 0	0.132 7	0.137 3	0.095 7	0.361 4
裸地	0.473 9	0.212 2	0.080 5	0.095 7	0.137 6
水体	0.223 1	0.113 8	0.031 0	0.060 4	0.571 7

(2) 时间趋势变化分析

以 2013 年为起始年,用 CA-Markov 模型对 2018 年土地利用格局进行预测。结合公式 5.1,5.2,5.3,计算得出 2003,2008,2013 年和 2018 年 4 期的新济洲土地利用信息熵、均衡度和优势度(表 5-3)。

表 5-3　2003—2018 年新济洲土地利用信息熵

年份	信息熵	均衡度	优势度
2003	1.201	0.746	0.254
2008	1.285	0.799	0.201
2013	1.361	0.845	0.155
2018	1.387	0.862	0.138

研究结果表明,2003—2018 年,信息熵与均衡度不断增大,优势度不断减小。2003 年土地利用信息熵为 1.201,2008 年为 1.285,2013 年为 1.361,2018 年为 1.387。2003 年的土地利用信息熵最低,表明土地利用系统有序度较高,而基于 CA-Markov 模型预测的 2018 年的土地利用信息熵最高,表明 2018 年的土地利用系统的无序度增加,有序度降低。均衡度与信息熵的变化趋势一致,而优势度也相应地逐年减小,说明了在研究期内,南京新济洲单一地类的优势度降低,土地利用的均衡性增强。经过深入分析,发现形成以上趋势的主要原因有以下 3 点:①建设用地的增加。2001 年退耕还林、生态恢复工程以后,江宁区政府对新

济洲岛实施了洲岛生态恢复工程,除了整理内河水系,种植大量树木花草外,还逐步配套了与湿地保护有关的科研设施、游览设施和基础设施。同时,为了加强新济洲湿地的保护和管理,江宁区政府于 2006 年专设了新济洲管理办公室,负责新济洲湿地保护与恢复项目的组织和实施。这一系列的措施使建设用地面积明显增加,占地面积比例由 2003 年的 0.2% 上升至 2013 年的 5%,且在 CA-Markov 模型预测的 2018 年土地利用格局中,建设用地面积达到总面积的 6.7%,变化十分显著。②纵横新济洲湿地公园内的条条道路打破了先前的景观格局,使之趋于破碎化,各地类连接性低,整个土地利用系统无序度增加。③林地经营加强。在退草还林、抚育造林的热潮下,林地经营强度显著增加,并且大多采用便于管理的斑块化培育,斑块之间往往采用草地或者道路加以隔离,导致林地的区域整体性被打破,土地信息熵提高。

（3）信息熵空间趋势变化分析

在空间趋势变化分析中,首先建立方格网,将新济洲按照 60 m×60 m 为单元进行划分,共划分出 2 534 个方格,计算出每一方格内的熵值,进而对新济洲 2013 年信息熵空间分布趋势进行探索分析。此外,采用普通克里金差值方法进行辅助分析,并利用平均分配法将经过插值运算的熵值分为 3 级,低熵区为 0.37~0.70,中熵区为 0.71~1.03,高熵区为 1.04~1.36(图 5-3)。从分析结果可以看出:洲岛熵值分布不均匀,低熵区面积 10.58 ha,主要分布在南北两处湖泊区域,中熵区面积 60.3 ha,主要包括南北环湖地带和中西部林草区,高熵区面积786.69 ha,覆盖洲岛其他大部分区域。由此说明,洲岛大部分处于高熵区,土地利用相对无序,同种地类难以构成片区优势。

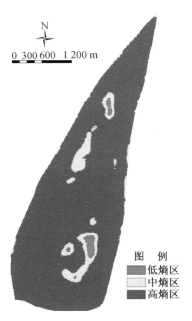

图 例
低熵区
中熵区
高熵区

图 5-3 2013 年新济洲克里金分析趋势图

（4）信息熵地理加权回归分析

基于地理加权回归分析的方法,选择熵值作为因变量,人为驱动因子与建筑距离、道路密度,自然驱动因子土壤有机质、坡度作为自变量,进行地理加权回归分析。在模型输出的评价系数中,Residuals 表示预测值与真实值之间的差,Predicted 表示预测的结果,Cond 表示模型局部的共线性情况,当值大于 30 时,表示实验结果不理想。在此次分析中,Cond 的最小值为 5.759,最大值为 5.761,平均值为 5.759 7,均小于 30。模型的相关系数 R_2 为 0.728,表明模型可以解释 72.8% 的差异。从分析结果看,熵值与所选择的人为驱动因子和自然驱动因子皆成正比。熵值与与建筑距离和道路密度的系数分别是 0.077 和 0.113,表明离建筑越近、道路越密集的地方熵值越大,主要因为人类开发,致使建设用地面积增加,打破原有较为单一的土地利用格局,破碎化程度加剧,区域土地类型多样性增加,熵值增大。熵值与坡度、土壤有机质 2 个因子的系数分别是 0.598,0.072,其中熵值与土壤有机质含量相关性较低,而与坡度则具有显著相关性。坡度较大区域主要为斑块比较零碎的林地和草地,因此该区域熵值较高;而坡度为 0 的平坡区域主要是大片水域,致使其土地类型单一,熵值较低。

5.1.3　结论与讨论

通过研究,了解和掌握了新济洲土地利用结构分布特征,结果显示在 2003—2013 年,随着退耕还林、生态恢复工程的进展,研究区域土地类型呈现多样化趋势。在时间趋势上,新济洲土地利用结构信息熵、均衡度处于不断上升态势,优势度处于下降状态,反映了该区域土地利用系统的有序程度减小,主要原因是建设用地面积的扩大、人工林大规模的抚育,以及道路等基础设施的进一步完善,都引起景观格局趋于破碎化,导致该区域土地利用系统向无序状态转变;空间趋势上,2013 年信息熵大致表现为圈层式分布,主要以南北两处湖泊为核心,由内而外逐渐变大。在研究中采用的地理加权回归分析表明,新济洲土地利用信息熵值与太阳辐射、坡度、道路密度、距建筑距离、有机质 5 个因子成正相关。

研究中利用信息熵分析得到,新济洲土地利用系统无序度不断增加,依据 CA-Makov 预测到 2018 年时,新济洲土地利用系统无序度将保持增加的态势,从拟合结果可知可信度高。因此,从结果来看,研究中所选择的方法都得到了良好的效果,为今后进一步研究以及对新济洲湿地公园的规划、结构调整等奠定了基础(余超等,2015)。

5.2　湿地公园情景规划分析

景观层面的湿地公园规划,由于空间范围幅度大且具有复杂的空间异质性,加之繁琐的计算、汇总和制图工作,在这种情况下很难进行多方案的比较和选择,即使勉强进行,其成本也非常高。因而,传统的湿地公园规划,是一种单情境规划。基于 CLUE-S 模型(Verburg 等,2007)的多情景规划,能够全面考虑自然和人为因子,对小尺度范围内土地利用变化具有很好的模拟效果,从而为湿地公园规划这种多因素交互作用控制下的不确定问题决策,提供了新型问题识别和辅助决策方法。本章节将 CLUE-S 模型运用到湿地公园规划中,结合生态保护情景和旅游开发情景的设定,对新济洲湿地公园进行 2020 年景观格局模拟预测,最后从湿地鸟类穿越的最小累积阻力模型角度,对两种情景进行了比较分析。

5.2.1　材料和方法

(1) 数据来源与预处理

1) 数据来源。本文所采用的数据:①新济洲湿地公园 2008 年高清卫星正射影像图,2013 年 WorldView-2 卫星数据包;②根据新济洲湿地公园地形图制作的数字高程模型(DEM);③新济洲湿地公园土壤典型样地调查资料,包括 pH 和有机质含量;④新济洲其他土地规划和管理资料。

2) 数据预处理

① 空间尺度选择。空间尺度对 CLUE-S 模型模拟效果十分重要(黄明等,2012),因此本次研究分别选取栅格分辨率 10 m×10 m、20 m×20 m、30 m×30 m 3 种情况进行模拟。最终结果显示:在 10 m×10 m 的栅格分辨率下,CLUE-S 模型提示超出模拟范围,出现报错情况;在 20 m×20 m 的栅格分辨率下,模型预测效果较好,能清楚看到各景观类型空间分布;在 30 m×30 m 的栅格分辨率下,栅格总数较少,模型预测结果精度较差,准确性存疑。

因此,本次研究以 20 m×20 m 的栅格分辨率为标准。

② 景观类型划分。由于 2001 年政府规划对洲岛村镇进行搬迁,并且实施退耕政策,致使耕地面积严重缩减,所以此次研究景观类型不再划分耕地。划分方法上,根据两期影像,采用目视解译,最后将 2008 年和 2013 年的景观类型划分为湿地、林地、草地、开发用地和其他用地 5 种类型。其中,湿地包括洲岛内湖泊、河流和沼泽,其他用地主要包括部分裸地以及未利用土地。

③ 驱动因子制定。新济洲湿地公园地处长江之中,地理位置十分特别,在实施生态移民工程之后,其景观变化主要受到自然因素驱动,人为干扰较小。本研究采用 CLUE-S 模型的驱动因子包括湿地公园高度和坡度、土壤 pH 和有机质含量,以及与岸线距离(从遥感影像中发现,洲岛在 2008 年已建堤坝,岸线基本稳定)这 5 个自然因子,另外选取与主要道路距离作为人为干扰因子。其中高度、坡度基于 DEM 提取;选择土壤有机质主要考虑它是土壤固相部分的重要组成成分,对土壤形成、土壤肥力、农林业可持续发展等方面都有着极其重要的作用;选择土壤 pH 则是考虑土壤酸碱性是土壤重要的化学性质,对营养元素的分解释放、植物的养分吸收、土壤肥力及植物的分布与生长有重要影响。土壤 pH 和有机质含量的模拟采用典型样点法,即在各景观斑块中布下样地,并在样地中均匀采集多个土样,最后将实验所得的土壤指标计算均值作为该样地的典型值,输入 GIS 数据库备用。借助 ArcGIS 10.2 平台的地统计模块,对实验所得的土壤 pH 和有机质含量指标做正态 QQPlot 图,发现土壤 pH 和有机质含量在图中呈现一条直线,说明采样数据符合正态分布,可以进行克里金插值,故土壤 pH 和有机质含量是在典型样地调查的基础上,采用克里金内插生成的;与主要道路距离和与岸线距离则是通过矢量跟踪相应地物,再做缓冲处理所得。

(2) 研究方法

1) CLUE-S 模型模拟方法。CLUE-S 模型由荷兰瓦赫宁根大学 Verburg P H 等科学家在其前身 CLUE 模型的基础上发展形成的(陈莹等,2009)。该模型能够结合景观变化的驱动因素,同时模拟多种景观的空间变化。其参数主要包括:①模拟初期景观分布格局,以及各类景观与其驱动因素间基于 Logistic 回归所得的相关系数;②以 ha 为单位的模拟期间历年各类景观需求面积;③景观变化规则,包括弹性系数和限制参数等(陆汝成等,2009)。

2) 情景构建方法。情景构建法是由美国 SHELL 公司的科研人员 Pierr Wark 于 1972 年提出的(Navigant Consulting,2008)。它是根据发展趋势的多样性,通过对系统内外相关问题的系统分析,设计出多种可能的未来前景,然后用类似于撰写电影剧本的手法,对系统发展态势做出自始至终的情景和画面描述。此次研究将基于生态保护和旅游开发两种不同的发展模式,建立两个预测情景。

3) 最小累积阻力模型。最小累积阻力模型(Minimum Cumulative Resistance,简称 MCR)表示物种从"源"到达目标地过程中,克服阻力所做的"功",最早是由 Knaapen 等(1992)提出的,MCR 模型最常用于保护生物学领域,用来模拟物种迁移的最优路径;后来在其他领域被广泛应用,用于生态空间识别、建设空间扩展等研究(李平星等,2014),其公式如下:

$$MCR = f_{\min} \sum_{j=n}^{i=m} D_{ij} \times R_i \qquad (5.7)$$

式中:MCR 表示最小累积阻力值;D_{ij} 表示物种从源 j 到目标地 i 的空间距离;R_i 表示

景观 i 对某物种的阻力。在该模型中,"源"是指物种向外扩散的起点或基地,具有内部同质性和向四周扩张或吸引的能力。阻力主要根据景观类型、地形地貌等对物种扩散起到阻碍作用的因子来确定。MCR 模型综合考虑了不同景观单元之间的水平联系,而不是一个景观单元内部的垂直过程,所以能够准确地反映出生态安全格局的内在有机联系。该模型可以通过 ArcGIS 10.2 的最小成本距离模块实现(刘孝富等,2010)。

5.2.2　结果与分析

(1) CLUE-S 模型模拟

1) Logistic 回归分析。Logistic 回归分析主要研究各类景观的分布格局与其驱动因子之间的相关性,而相关性不显著的驱动因子将不作为参数输入 CLUE-S 模型。另外,根据以往研究,对于回归方程拟合度的检验,常采用 ROC 检验方法。一般认为当 ROC 值大于 0.7 时,该景观类型分布格局和实际景观类型分布格局有良好的一致性(周锐等,2012)。

在 ArcGIS 10.2 操作平台下,在模拟初期 2008 年景观类型划分的基础上,先后提取各类型景观,并转化为 ASCII 格式。将预处理中的 6 个驱动因子文件同样转换为 ASCII 格式,然后借助于 CLUE-S 模型下的 Convert 模块,将其与各景观类型的 ASCII 文件相结合。在 SPSS 20.0 软件中,计算各类景观与驱动因子的回归关系(表 5-4)。

表 5-4　2008 年各景观类型的 Logistic 回归结果(β)

驱动因子	湿地	林地	草地	开发用地	其他
常量	202.800	−214.600	−55.945	37.700	−77.400
坡度	0.182	−0.216	−0.113	0.134	−0.122
高度	−0.851	0.840	0.140	0.372	0.245
pH	—	—	0.101	—	—
有机质含量	—	1.073	0.618	−1.801	−1.202
与岸线距离	0.001	0.001	−0.001	—	—
与主要道路距离	−0.002	−0.003	0.003	0.001	0.002
ROC	0.854	0.812	0.785	0.777	0.803

从表 5-4 可以看出,各类景观回归的相关性检验指标 ROC 值均大于 0.7,表明所选的驱动因子与景观类型的空间分布有良好的相关性。湿地的 ROC 值最大,说明驱动因子可以很好地解释湿地的空间分布格局。另外,分析各类景观与驱动因子的相关性可以发现:湿地主要受到 4 类驱动因子的影响,其中高度居首,其与湿地发生概率成负相关,即高度越低,湿地形成的概率越大;另外,与坡度的正相关性较大,而与与岸线距离和与主要道路距离相关性很小。影响林地形成的驱动因子主要有 5 个,影响力度按照大小的顺序排序依次为:土壤有机质含量>高度>坡度>与主要道路距离>与岸线距离,回归表明,土壤有机质含量高低对林地形成具有相当大的影响,影响力大致等于其他因子总和。草地的驱动因子包括所选取的 6 个因子,是所有 5 种地类中受到因子影响最为全面的一个,其中有机质含量相关系数最大。开发用地受到 4 个驱动因子影响,影响最大的仍是有机质含量,其与开发用地发生

的概率成负相关,影响力度为其他所有因子总和的 3～4 倍。高度、坡度、有机质含量和与主
要道路距离是影响其他用地形成的主要驱动因子,由于该类用地主要包括裸地,所以土壤的
有机质含量依然成为其最主要的驱动因子。结合新济洲湿地公园具体情况与 Logistic 回归
分析可以发现,湿地公园人为干扰非常小,其土地变化主要受到自然因子影响,其中最主要
的是土壤有机质含量,它对林地、草地、开发用地、其他土地形成的影响处于首要地位。由于
新济洲湿地公园地块是由泥沙受潮汐堆积而形成的,其地形相对平坦,高度起伏不大,所以
地形因子处于影响地类变化的次要地位。与岸线距离在 5 个地类中只对其中 3 个产生影
响,并且影响力十分有限。

2)弹性参数设置。CLUE-S 模型对弹性参数设置的反应非常敏锐,因此在确定参数时
需要经过反复多次实验。弹性参数值域为 0～1,值越大表明相应景观越不容易转换,稳定
性高。本书在设置参数时,主要参考 2008—2013 年新济洲湿地公园景观类型概率转移矩阵
(表 5-5)。由表可见,湿地、林地以及开发用地转移不甚显著,而草地变化最为活跃,大量转
移成林地,其他用地主要转化为林地以及部分草地。最终经过多次反复对比实验,确定弹性
参数,湿地 0.8,林地 0.8,草地 0.3,开发用地 0.8,其他用地 0.4。

表 5-5 2008—2013 年景观类型概率转移矩阵

景观类型	湿地	林地	草地	开发用地	其他用地
湿地	0.912 593	0.078 034	0.004 140	0.002 027	0.003 206
林地	0.032 799	0.858 708	0.040 542	0.017 611	0.050 339
草地	0.045 751	0.846 872	0.062 308	0.023 726	0.021 344
开发用地	0.010 702	0.093 309	0.015 361	0.782 893	0.097 734
其他土地	0.017 949	0.444 365	0.195 311	0.004 292	0.338 083

3)模拟结果精度验证。由于需要检验 CLUE-S 模型的模拟精度,因此以 2013 年
QuickBird 遥感影像分类后统计所得的各类景观面积,作为 2008 年 CLUE-S 预测的需求文
件,其中历年各类景观面积采用内插方法求出(张永民等,2003)(表 5-6)。

表 5-6 2008—2013 年各类景观面积　　　　　　　　　　　　　　(单位:ha)

年份(年)	湿地	林地	草地	开发用地	其他用地
2008	171	411	189	14	90
2009	172	442	160	16	83
2010	174	474	132	18	76
2011	175	505	105	20	69
2012	177	536	76	22	63
2013	179	568	48	24	56

根据以上参数设置,进行 2013 年的景观分布格局预测。对于景观格局模拟结果的精度
检验,常选择 $Kappa$ 指数,公式为:

$$Kappa = \frac{p_0 - p_c}{1 - p_c} \tag{5.8}$$

式中：p_0 为观测一致率；p_c 为期望一致率。

$Kappa$ 值的理论取值在 0～1 范围内，当 $Kappa$ 值为 0～0.4 时说明一致性程度不理想；$Kappa$ 值大于等于 0.75 时说明具有较好的一致性。此次研究的 $Kappa$ 值为 0.763，考虑到湿地公园土地利用变化显著，因此该值还是较为理想的。所以 CLUE-S 模型用来做新济洲湿地公园景观变化预测具有良好的可靠性。

（2）基于 CLUE-S 模型的情景构建

1）生态保护情景。新济洲地处区域湿地生物多样性保护敏感区的关键节点，同时也位于南京市西部山地保育、湿地保护生态区，是绿地结构中沿长江带湿地保育的重要节点，是南京市"蓝带绿廊"生态保护策略的重要示范点。因此该情景以生态保护为优先原则，还原湿地面貌，提倡因地制宜，不鼓励大搞开发，最终实现可持续发展。基于专家建议，预测在 2020 年湿地公园规划中，湿地与林地所占面积最大，分别达到 47.6% 和 39.9%；另外，草地占 10.9%，开发用地占 1.0%，其他用地占 0.6%，其中开发用地主要包括办公、道路和设施用地。换算成面积，按相应规则与命名输入 CLUE-S 模型，保持其他参数不变，预测 2020 年湿地公园景观分布格局（图 5-4A）。

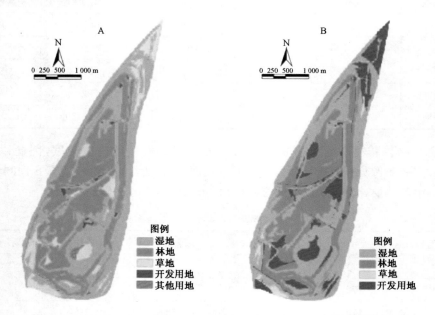

图 5-4　基于 CLUE-S 模型的 2020 年新济洲湿地公园多情景规划方案

2）旅游开发情景。湿地公园东邻江宁区滨江新城和板桥新城，西接南京浦口区桥林新城，北至南京城区和江北副城，南与安徽省马鞍山市接壤。公园距南京市中心 33 km，距禄口国际机场 35 km，地理优势明显，湿地旅游存在广阔市场，所以本次研究针对这一情况，建立旅游开发情景。该情景强化了新济洲自然湿地特征，根据洲岛资源现状，突出湿地特色的恢复、示范和游览功能，在保护湿地资源的基础上适当进行旅游开发。在专家的建议下，预测 2020 年湿地公园各类景观中湿地占 46.9%，林地占 34.7%，草地占 1.7%，开发用地占

16.7％，其中开发用地主要包括景点开放用地、游娱文体用地、休养保健用地、管理办公用地等；需要注意的是实际建筑用地面积宜控制在总面积的5％以内。根据以上设置按规则输入模型(图5-4B)。

结果显示，基于CLUE-S模型的两种情景，在湿地和林地景观模拟上呈现出极高的相似度和稳定性；而在草地和开发用地上，则差异较大，表现出这两种景观在需求文件和驱动因子的影响下，存在可变性较强的特点。

(3)最小累积阻力模型

新济洲是鸟类的天堂，湿地鸟类有40种，隶属8目11科，其目数、科数和种数分别为江苏省已知鸟类种类数的38.1％、18.6％和9.3％，主要以鹳形目、雁形目和鸻形目为主。显然，新济洲是重要的鸟类栖息地，尤其是许多重要冬候鸟的越冬栖息地、迁徙停歇地，和夏候鸟的繁殖地，为方便鸟类在洲岛内的迁徙活动，在情境规划的基础上研究鸟类穿越的最优路径便具有了现实意义。本书借助最小累积阻力模型预测鸟类迁徙路径，基于以上两种情景预测，构建湿地鸟类穿越阻力表面。本次研究针对与不同景观类型距离对湿地鸟类穿越的干扰，设定相应的阻力值。其计算方法如下：

$$R_i = \frac{L_i}{L_{imax}} \tag{5.9}$$

$$R_i = 1 - \frac{L_i}{L_{imax}} \tag{5.10}$$

式中：R_i 是 i 景观的阻力值，L_i 是每个栅格点与 i 景观的距离，L_{imax} 是洲岛范围内距 i 景观的最大直线距离，需要注意的是，与湿地、林地、草地的距离与对湿地鸟类的干扰程度成正相关，所以采用公式(5.9)，而距开发用地与其他用地的距离与干扰程度成负相关，所以采用公式(5.10)。最终，将各类景观的阻力面叠加，生成湿地鸟类穿越阻力表面。

基于该阻力表面，选取东西南北4个方向上阻力较小处作为湿地鸟类的飞入点，即MCR模型的"源"。采用GIS的最小成本距离模块，计算两种情景下新济洲湿地公园最小累积阻力模型，并以此模拟湿地鸟类在新济洲的穿越路径(图5-5)。

基于生态保护情景的鸟类穿越阻力表面(图5-5A)，大致呈现出大阻力区域"三横一纵"的分布趋势，北部地区阻力小，中南部地区阻力较大，但并未对洲岛造成生态阻断。基于MCR模型所得出的穿越路径可以看出，无论从南北向，还是东西向，虽然都可以较好地构建最小累积阻力路线，但该路线相对狭小，需要建立生态缓冲廊道。基于旅游开发情景的鸟类穿越阻力表面(图5-5B)，则表现出大小阻力区域横向平行间隔的分布趋势，小阻力区域集中分布在南部和中北部，具有形成湿地鸟类栖息地的可行性。基于MCR模型所得出的路径可以看出，南北方向上，生态连续性被严重阻断，路径长距离紧贴洲岛边缘，江水将会对湿地鸟类穿越构成安全隐患；东西方向上，路径两侧存在大范围小阻力表面，具备成为生态廊道的潜力。

5.2.3　结论与讨论

由于规划范围、研究资金和调研取样方面的问题，传统的湿地公园规划大多是一种单情境规划。本次研究将湿地公园规划方法与计算机模型相结合，在CLUE-S模型和MCR模

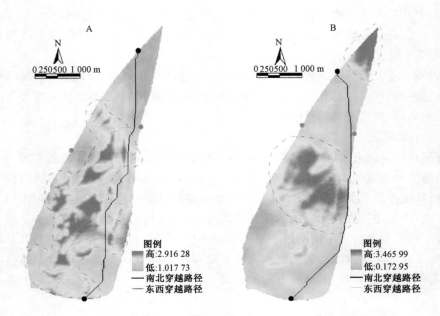

图 5-5 基于情景规划的新济洲湿地公园最小累积阻力模型

型的基础上,分析和探讨了两种情景规划的优缺点,为湿地公园规划这种复杂多因素交互作用控制下的不确定问题决策,提供了新型问题识别和辅助决策方法。

本次研究对湿地公园土地利用变化进行了驱动力分析,结果表明,自然因子,尤其是土壤有机质含量对湿地公园的景观形成具有重要作用。另外,尝试在两种情景下分别建立MCR模型,并以此模拟湿地鸟类穿越路径,最终对其做出分析与评价。这种着力于物种迁移适宜性的评价方法,对湿地公园规划具有一定的借鉴意义。

当然,基于计算机模型的湿地公园规划也有其局限性。模型可以科学预测多种景观的演变趋势,但具体规划则需要结合生态、园林、生物等多方面的专家进行研究,比如基础设施规划、建筑设计等。这种建立在科学理论和方法上的探索,对具有高生态敏感度的湿地公园规划,不失为一种重要的辅助研究,可以引导空间布局,控制开发强度。随着计算机模型和地理信息系统等现代信息技术的发展,其必然成为未来湿地保护和开发的重要辅助工具,并将探索出一条引导湿地公园走向生态与经济和谐发展的规划途径(汪辉等,2015)。

下 篇

景观规划设计案例

6 江苏盐城珍禽湿地公园

6.1 项目背景

基地现状湿地类型为河口和滩涂湿地,地势坦荡,天然状况保持良好,自然资源较少受到人为干扰,但目前基础设施仍然较少,除引入电力线外,其他市政设施基本处于空白状态。基地北侧为新洋港及中路港,附近为一片早期人工栽培的槐树林,葱茏青翠,东南侧为面积较大的人工水面,西侧为复堆河(图 6-1)。

6.2 规划依据与参考

图 6-1 江苏盐城珍禽湿地公园现状

①《关于特别是作为水禽栖息地的国际重要湿地公约》(《湿地公约》)(1971 年);

②《全国湿地保护工程实施规划(2005—2010 年)》(2005 年);

③《中国湿地保护行动计划》(2000 年);

④《关于加强湿地保护管理的通知》(国办发〔2004〕50 号);

⑤《盐城国家级珍禽自然保护区湿地生态核心景区旅游规划建筑设计方案合同》往来函件(2009 年);

⑥《江苏省政府办公厅关于加强湿地保护管理的通知》(2004 年);

⑦《关于盐城国家级珍禽自然保护区总体规划审核意见的复函》(环办函〔2008〕444 号);

⑧《濒危野生动植物种国际贸易公约》(1973 年);

⑨《中华人民共和国环境保护法》(1989 年);

⑩《中国生物多样性保护行动计划》(1994 年);

⑪《中华人民共和国野生动物保护法》(1988 年);

⑫《中华人民共和国野生植物保护条例》(1996 年);

⑬《关于加强城市生物多样性保护工作的通知》(建城〔2002〕249 号);

⑭《生物多样性公约》(1993 年);

⑮《中华人民共和国森林法》(1998 年);

⑯《中华人民共和国水法》(1998 年);

⑰《中华人民共和国自然保护区条例》(1994 年);

⑱《国家级自然保护区总体规划大纲》(2002 年)；

⑲《自然保护区工程项目建设标准》(试行)(2002 年)；

⑳《江苏省水资源管理条例》(2003 年)；

㉑《江苏省生态环境现状调查报告》(2003 年)；

㉒《盐城国家级珍禽自然保护区总体规划》(1997 年)；

㉓《江苏盐城湿地珍禽国家级自然保护区综合科学考察报告》(2005 年)；

㉔《江苏盐城国家级珍禽自然保护区建设工程项目预可行性研究报告(代项目建议书)》(2006 年)；

㉕《〈江苏沿海地区发展规划〉解读汇编》(2009 年)；

㉖《盐城市沿海化工园区环境影响评价与环境保护规划报告书》(2003 年)；

㉗《盐城市风电产业发展振兴规划纲要》(2010 年)；

㉘《亚行贷款江苏盐城国家级珍禽自然保护区湿地保护项目可行性研究报告》(2011 年)；

㉙现场踏勘及其他相关规划设计规范、文献资料。

6.3　目标与定位

6.3.1　规划目标

以构建健康的海涂湿地生态系统，全力保护好丹顶鹤等珍稀水鸟资源，建设野生动植物栖息地为目标；在既满足生态系统恢复工程的同时，以湿地科普探索体验、多生境湿地景观等，实现人与自然互动、科普体验自然生态景观为特色，构建融"自然—科普—生态"为一体的盐城珍禽湿地公园(图 6-2)。

图 6-2　湿地公园鸟瞰图

6.3.2 规划定位

该区域为典型的海涂湿地生态系统区域,其生态系统和物种多样性在全球都具有代表性,对其他区域内的湿地与珍禽保护工作具有极高的科研示范价值。同时,该区域也是地球候鸟迁徙的中转站和食物补给地,是珍稀濒危鸟类的重要栖息和繁衍地,是沿海滩涂湿地生态系统的重要组成部分。因此,本规划首先考虑自然保护,即"湿地保护优先,湿地恢复先行"。其次,规划中需要充分发挥当地自然和人文资源的优势,创造一个凸显湿地风貌特色,景观优美、富有野趣的游憩场所。通过对湿地公园的规划设计,形成集自然保护、生态旅游、科学研究、展示教育等为一体,具有较高的生态效益、社会效益和经济效益的湿地公园(图 6-3)。

图 6-3 湿地公园总平面图

6.4 规划原则

依据生物多样性保护和生态工程相关原则,兼顾地方经济的可持续发展,针对盐城珍禽湿地公园的现状及存在的问题,制定区域生态环境保护目标以及实现目标所要采取的措施。湿地公园规划设计中应遵循有效保护、合理利用与协调建设的原则,即系统保护公园中湿地生态系统的完整性、充分发挥环境效益的同时,合理利用研究区的各种资源,获得良好的经济和社会效益。

(1)湿地景观完整性原则

湿地生态景观主要由积水、受淹土壤、适应厌氧条件的植物三要素构成,在空间上形成了由陆地系统向水体系统过渡的变化过程,湿地中生物群落及其环境相互作用,形成了完整的湿地生态系统。规划中应尊重盐城海滨湿地独特的自然环境条件和特殊的湿地生物资源,充分保护该区生态系统的完整性。项目区内一切设施建设均以不破坏湿地自然景观和生态系统为前提,根据不同的湿地特征、地貌特征以及湿地的退化程度等具体情况,采取相应的保护、恢复与重建措施。维持生物多样性的稳定性与生态系统的连贯性,是维护湿地景观完整性的基石。公园内野生植物和珍禽鸟类资源较为丰富,规划中要切实维持生物多样性的完整,有效地防止外来物种的入侵。生态系统的连贯性可以保证湿地公园的能量和物质流动畅通,确保珍禽栖息地的完整性。本规划重点通过湿地的恢复与重建,以优化湿地景观格局,保护和恢复海涂湿地生态系统结构的完整性,提高生物多样性。

（2）生境恢复优先原则

生境是生物生长繁育的基础。通过合理的生境改造和管理措施来提高湿地生境质量,控制和缓解人为干扰的影响,改善水禽栖息地质量,提高生境生态承载力。盐城珍禽湿地公园内的生境类型主要有光滩生境、草甸生境、芦苇生境、滨水林地生境、浅水生境、深水生境等,对生境优先恢复,为珍禽栖息提供一个良好的生活空间。本规划以珍禽栖息地的环境恢复为主导,通过引水补湿、退渔还湿等生态恢复工程,恢复湿地原始生境和原始风貌,为丹顶鹤等鸟类和其他湿地动物提供适宜的栖息和繁衍场所。

（3）自组织自优化原则

以水系为纽带,通过构建深浅不同的湿地生境岛,利用自然的力量(恢复力),实现湿地生态系统的自组织与自优化,保持湿地生态系统自我维护的生命力,尽量减少人为干扰,同时节约建设资金。

（4）地方特色性原则

利用湿地公园的现状优势资源,以塑造特色环境,并尊重地方文化,保持原生态肌理。要充分利用当地的文化资源(例如丹顶鹤放飞场、徐秀娟烈士纪念园,以及湿地生物多样性科研科普中心等现有的文化资源),合理地加以规划,以体现湿地公园的地方特色。充分挖掘盐城滨海文化,体现珍禽特别是丹顶鹤迁徙文化特色,创设具有乡土性、趣味性、艺术性及个性十足的湿地公园。

（5）注重科学管护能力原则

通过鸟类监控系统、生态观测系统及基础设施的建设与完善,提高湿地公园管护能力和管护的科学性。通过长期定位观测,研究鸟类迁徙路线、迁徙策略、种群变化趋势以及栖息地条件对鸟类种群的影响,为制定合理的湿地生物保护及鸟类资源保护管理政策提供依据。

（6）公众参与原则

把湿地生态建设同当地居民的切身利益紧密地联系在一起,激发他们积极主动地参与、协助当地湿地保护和修复的热情。通过良好的公众参与机制,可以协调好各方面的诉求,以建设生态良好、公众满意的湿地公园,充分发挥湿地公园的科普教育意义。

6.5 总体布局与分区规划

根据基地的生态敏感区分析,按照因地制宜、合理布局、优先保护,分类建设、分区管理,突出重点、协调发展的原则,把湿地公园的总体空间布局规划为一轴、一带、七区。一轴为主入口轴线,在规划中强调主入口区,引导人们进入湿地公园。一带为防护林带,为湿地公园的一个保护带。七区分别为科普宣教区、湿地花园区、休闲娱乐区、生境探索区、鸟类栖息区、湿地净化区、修复保育区(图6-4)。

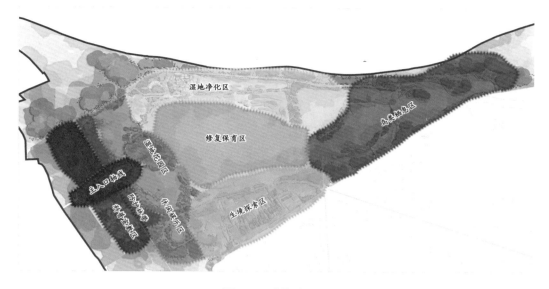

图 6-4 功能分区图

（1）主入口轴线

该区大部分处于生态敏感性较低区域,可以设置一些建设项目和游览设施。设计采用丹顶鹤将翅膀收起的意象形式,其尾部为轴线的起点即生态停车场,其头部为观景平台,头尾之间通过一些有韵律的图案式植物种植形式来强化轴线构图。该轴线由入口出发,向内逐渐延伸,层层深入,游人在轴线序列中的每个景观节点都能感受到珍禽保护的文化氛围。其中,鸟类迁徙路线广场景观节点,以中国地图为铺装底图,以丹顶鹤的迁徙路线来区分铺装形式,用这种通俗易懂的科教形式向游客普及丹顶鹤的迁徙知识(图 6-5)。主要景点内容如下。

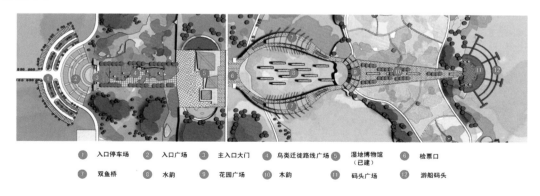

| ① | 入口停车场 | ② | 入口广场 | ③ | 主入口大门 | ④ | 鸟类迁徙路线广场 | ⑤ | 湿地博物馆（已建） | ⑥ | 检票口 |
| ⑦ | 双鱼桥 | ⑧ | 水韵 | ⑨ | 花园广场 | ⑩ | 木韵 | ⑪ | 码头广场 | ⑫ | 游船码头 |

图 6-5 主入口轴线

入口广场:入口广场的花坛采用斜面式的作法,在斜面上种植一些花草来丰富景观的层次。斜面的花坛也可以形成一种向心的气势,自动地将人们的视觉中心带向入口大门方向。入口广场中放置一些立灯柱,增加竖向上的景观层次,起到一定的分割空间作用。整体上入口广场主要起到交通集散之用,兼具景观效果(图 6-6)。

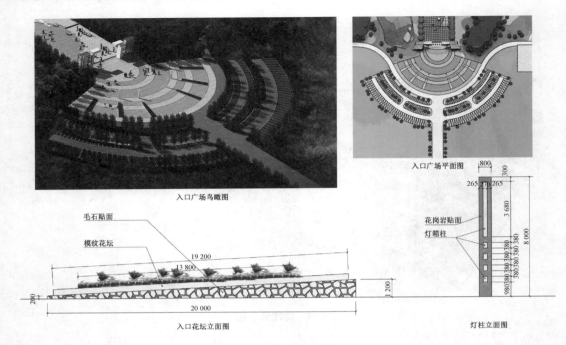

图 6-6 入口广场

主入口大门：主入口大门的设计灵感来源于丹顶鹤张开翅膀的侧立形象，对称式的布局能够带来气势上的宏伟感，彰显主入口的大气，并与后面的博物馆形成紧密联系。主入口建筑功能为门卫及咨询中心，可提供相应的管理和咨询服务（图 6-7）。

图 6-7 主入口大门

鸟类迁徙路线广场：广场设计的灵感来源于丹顶鹤迁徙路线，利用地面的铺装图案来普及丹顶鹤的迁徙知识，简单易懂，并且很好地起到了科普教育的效果（图 6-8）。铺装图案以中国地图为底，在每个迁徙点上标注城市的名称，与周围的铺装进行一定程度的区别，以强化主题（图 6-9）。在广场小节点处，设计宣传景墙来进行科普展示（图 6-10）。

图 6-8 鸟类迁徙路线广场

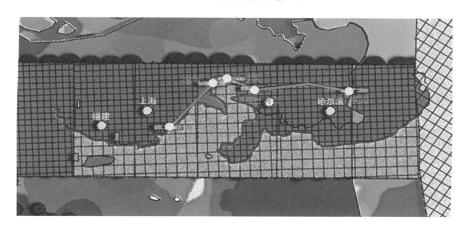

图 6-9 丹顶鹤迁徙路线铺装图

注：丹顶鹤在中国的迁徙路线为盐城——东营——环渤海——双台河口——扎龙。地面铺装形式主要依据这个迁徙路线进行设计，在迁徙点标注周边城市的位置和名称，能够让游客在此留念，增加游览的趣味性。

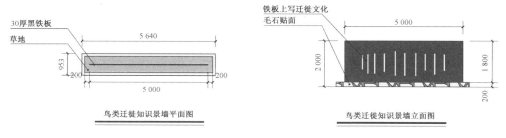

图 6-10 鸟类迁徙知识景墙

注：景墙设计手法简洁，采用金属材质，树立在花池中，其上刻镂空字体，展示丹顶鹤迁徙所经过城市节点的历史等相关信息，以起到科普教育宣传的效果。

双鱼桥:双鱼桥的设计灵感来源于丹顶鹤的食物——鱼;另外,采用双鱼的设计造型也象征丹顶鹤收起的翅膀。双鱼桥上利用廊桥形成的架空空间可做服务性质的小卖部。双鱼桥下的水中设置了长条形的水生植物展示池,这种韵律式的"水韵"构图加强了轴线的效果(图6-11)。

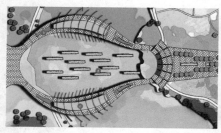

双鱼桥立面图

双鱼桥剖面图

图6-11　双鱼桥

检票口:现有的331国道不便于湿地公园的封闭管理,所以在双鱼桥前增设一个检票口来控制游客进出。对称式的检票口建筑布局形式强化了入口的轴线造型(图6-12)。

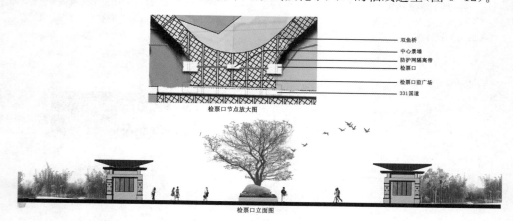

图6-12　检票口

游船码头和码头广场：游船码头作为轴线的尽头，平面造型来源于丹顶鹤的头部形象。在广场与水面相衔接之处设计环形的木栈道，其高低起伏，时而贴近水面，时而又远离水面，以产生与水面若即若离的景观效果。广场上依然采用长条形造型的树池，以强化轴线的方向感（图6-13）。

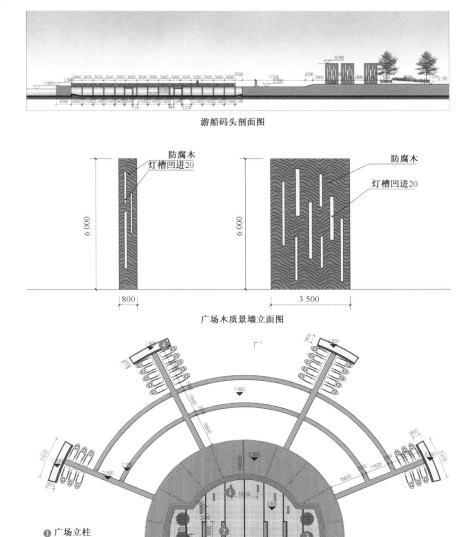

图6-13　游船码头和码头广场

（2）防护林带

由于湿地公园毗邻省道，这对湿地公园的影响较大，故规划防护林带，以减少省道对湿地的干扰。防护林带位于生态高敏感区与低敏感区之间，是一个良好的缓冲地带，起到隔离的作用，以降低对湿地公园核心区的外来干扰，有效地保护核心区的生态环境（图6-14）。

图 6-14　防护林带断面示意

（3）科普宣教区

该区生态敏感性较低，适合于开发建设，可以开展一些集中建设项目，包括社区共建中心、环境教育教学中心、鹤型建筑（已建）、野生动物疾病监测站、救护繁育中心、爱鸟协会、后勤服务中心、水上影院、票务中心等一系列的配套服务设施（图 6-15）。

❶ 保护区管理 信息系统	❷ 生态停车场	❸ 五音桥	❹ 社区共建中心	❺ 环境教育教学中心
❻ 水上影院	❼ 电瓶车、自行车停车场	❽ 鹤型建筑（已建）	❾ 后勤服务中心	❿ 职工居住区
⓫ 观月桥	⓬ 野生动物疾病监测站 鸟类观测站	⓭ 救护繁育中心 爱鸟协会	⓮ 票务中心	⓯ 储运中转站

图 6-15　科普宣教区

（4）湿地花园区

该区部分处于生态敏感性较高区域，但又因为其所处位置离湿地公园核心的生态修复保育区较近，故将其设置为缓冲区域，作为湿地展示的一个窗口。设计中运用大量的湿地植物来丰富景观效果,采用架空木栈道让游人体验其中的美景,为湿地景观的宣传与保护起到良好的示范作用(图 6-16)。

图 6-16   湿地花园区

(5)休闲娱乐区

该区位于低度与中度敏感区域,通过游憩设施的局部适度设置,以期在最低程度干扰自然的同时,为游客提供一个欣赏、研究、洞悉自然的场所。在靠近主轴线区域,设置了管理、自行车租借等各种服务设施,方便游人的观赏,也有利于统筹地保护湿地自然环境(图 6-17、6-18)。

(6)生境探索区

该区主要位于中度生态敏感性的区域内,在保证对该区域干扰强度最小的情况下,可以适当开展探索游览活动,种植大片的野生芦苇群落、碱草群落、莎草群落等,使游客能够亲身体验湿地环境和湿地生物的多样性。在该区域内设置的荷风柳浪、湿地长廊、湿地迷宫等景点,增加了游人探索湿地的体验性与趣味性,有效地实现了游客与湿地景观之间的互动(图 6-19)。

(7)鸟类栖息区

该区大部分主要位于高度生态敏感性的区域内。此区域为各类鸟禽的长期活动区域,所以在此区域内设置禁入区,一般情况下,只允许进行各类科学研究工作,如观察、测量、统计等。在该区域内可设置一些小型的构筑物,为各类湿生动物提供栖息场所与迁徙通道。机动车辆与自行车禁止入内,在边缘设置游步道,方便人们通行。在周边可以设置观赏鸟类的观鸟塔等小型景观设施(图 6-20、6-21)。

鹤姑娘墓："中国第一位驯鹤姑娘"徐秀娟的墓地，她为丹顶鹤奉献了自己的一生，如今她的墓地也设在这片丹顶鹤栖息之地，守护着丹顶鹤。墓地通道两侧的景墙为黑色大理石，上面刻着徐秀娟生平事迹，以激发人们对烈士的怀念和对丹顶鹤的爱护之情。

鹤姑娘墓平面图

鹤姑娘墓立面图

服务管理区立面图

服务区
为行人提供休息、交流的场所，
在游览的同时能够获得身心的愉悦

① 生命之树
② 鹤姑娘墓
③ 服务区
④ 廊架

图 6-17　休闲娱乐区（北）

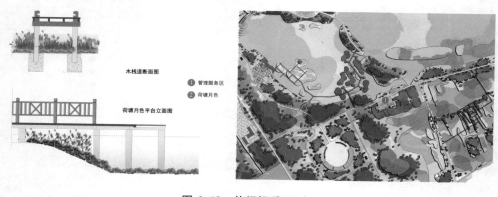

木栈道断面图

荷塘月色平台立面图

① 管理服务区
② 荷塘月色

图 6-18　休闲娱乐区（南）

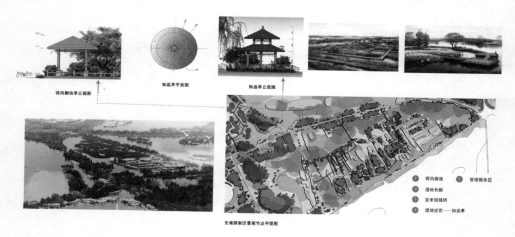

荷风柳浪亭立面图

如返亭平面图

如返亭立面图

① 荷风柳浪　③ 管理服务区
② 湿地长廊
③ 百米锁链桥
④ 湿地迷宫——如返亭

生境探索区景观节点平面图

图 6-19　生境探索区

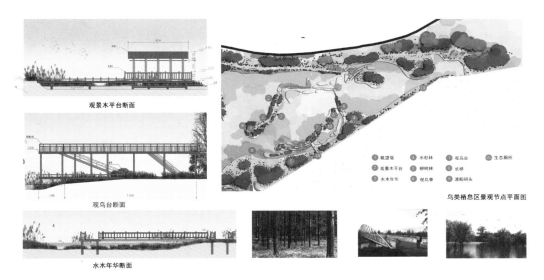

图 6-20　鸟类栖息区

图 6-21　观鸟台

（8）湿地净化区

　　该区位于北部边缘地带,是湿地公园北部的缓冲区域,其部分处于中度敏感区,部分处于高度敏感区。该区采用配置抗污水植物的方法来进行湿地净化,以减少水中的有机污染物,为珍禽栖息地提供良好的水质保障。另外为丰富区域内的动植物资源,引入一些昆虫、鱼类和水生植物,形成具有自我更新机制的湿地生态群落。通过合理地组织游览路线,形成景观、功能一体化,让游客在游览中感受到湿地植物净化水体的过程,增强生态意义的同时起到科普教育的作用。在湿地净化区中设置一些景点,例如湿地氧吧、生态净化展览馆、沙滩摸鱼等,加强人与自然之间的互动(图 6-22)。

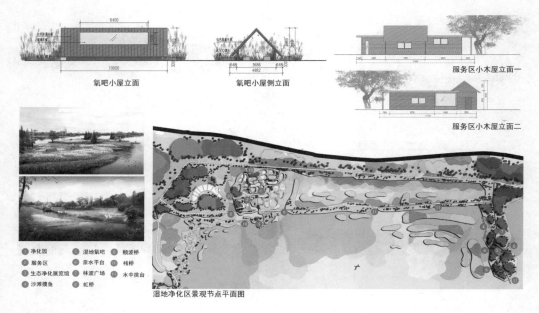

图 6-22 湿地净化区

（9）修复保育区

该区位于湿地公园中部的高度敏感区域，主要承担湿地的生态修复与保育功能，不设置游憩设施，禁止游人进入，只对少数科研人员开展湿地科学研究而开放。

6.6 专项规划

6.6.1 道路交通规划

整个交通系统由陆上交通系统与水上交通系统组成，交通组织以陆上交通系统为主，水上交通系统为辅。游人主要通过电瓶车到达各个景区，各个景区内部道路以游步道为主。电瓶车道路构成了湿地公园的主园路，游步道为次园路（图 6-23）。

6.6.2 游览路线规划

湿地公园游览路线采用多种游览方式相结合的形式展开。结合景观节点设置电瓶车道路（员工道路）、游步道、栈道、水上游览线路、普通河堤道路、大堤行车道等。按游览体验层次又分为深度体验游览路线、经典体验游览路线、精品游览路线、高端水上游览路线等（图 6-24）。

6.6.3 给排水规划

（1）给水规划

1）水源。本生态旅游区生活用水取自市政给水管道。

2）生活用水量（表 6-1）

图 6-23 道路交通规划

图 6-24 游览路线规划

表 6-1 生活用水量统计表

用水单位名称	用水标准 (L/m²·d)	建筑面积 (m²)	使用时间(h)	小时变化系数 (Kh)	用水量		
					最大日 (m³/d)	平均时 (m³/h)	最大时 (m³/h)
爱鸟协会	10	744	8	1.2	7.44	0.93	1.12
休闲茶室	15	1 293	10	1.2	19.40	1.94	2.33
丹顶鹤放飞场	3	25 000	8	1.0	75.00	9.38	9.38

用水单位名称	用水标准 (L/m²·d)	建筑面积 (m²)	使用时间 (h)	小时变化系数 (Kh)	用水量		
					最大日 (m³/d)	平均时 (m³/h)	最大时 (m³/h)
小卖部	8	300	10	1.2	2.40	0.24	0.29
展览馆	10	10 250	10	1.2	7.44	0.93	1.12
宾馆	20	14 359	24	2.0	287.18	11.97	23.93
别墅休闲区	15	2 439	24	2.0	36.59	1.52	3.05
票务中心	8	4 500	10	1.5	36.00	3.60	5.40
国际科研教学实习基地	10	2 917	8	1.5	29.17	3.65	5.48
配套接待服务区	8	1 500	10	1.20	12.00	1.20	1.44
鸟禽急救中心	10	2 000	8	1.5	20.00	2.50	3.75
环境监控中心	10	600	8	1.5	6.00	0.75	1.13
环保小餐厅	15	650	10	1.5	9.75	0.98	1.46
合计	—	—	—	—	548.37	39.50	71.06

3）给水管网规划。从海堤公路接入直径 DN200 自来水管，接进基地后设消防水表和生活水表分别计量。

① 生活给水管道。沿道路边敷设，呈枝状布置。给水管道走向及管径采用优化设计的办法，做到合理、简捷。室外给水管材采用塑料管（如 HDPE 给水管、ABS 给水管等）；室内给水管材采用新型的复合管（如内衬不锈钢复合钢管、钢塑复合管、PP-R 管等），以顺应节能、环保和安全的要求。管道敷设应满足最小覆土深度及防冰冻的要求。

② 特殊给水管道。湿地净水园的水源来自新洋港河，用潜水泵将新洋港河的水提升至湿地净水园的进口处，其流量控制在 2 m³/s 左右。进水口处设置初步的水体净化，之后再通过浅水区域的水生植物进行水体净化。

4）给水管道材料（表 6-2）

表 6-2　给水管道材料统计表

序号	管径 (mm)	管材	管长 (m)
1	DN150	HDPE 给水管	245
2	DN100	HDPE 给水管	850
3	DN80	HDPE 给水管	920
4	DN65	HDPE 给水管	1 100
5	DN50	HDPE 给水管	2 500

5）消防给水设计。沿消防道路及湿地重点区域铺设消防管网,管径 DN100,管长 3 030 m。在道路边设室外消火栓,间距不超过 120 m,距路边不超过 2 m,距房屋外墙不小于 5 m,满足建筑消防规范要求。消防栓管道采用涂塑钢管,管径小于 DN100 用丝扣连接,管径大于 DN100 用卡箍式法兰连接。公园的建筑物室内消防设计,根据《建筑设计防火规范》(GB 50016—2006)的有关规定,按不同的建筑物性质及体量分别设计。所有建筑物内配置磷酸铵盐干粉灭火器。

（2）排水规划

1）排放体制。采用雨污分流的排水体制。

2）污水排放设计

① 污水量。按生活最高日用水量的 80% 估算,即最高日排水量为 514.75 t,最大小时排水量为 57.3 t。

② 污水排放体制。室内排水采用污、废分流制,室外排水采用雨、污分流制。

③ 污水收集管网工程。主要收集海堤西岸管理区及堤东西区内污水。管道沿道路铺设,管径 DN200～300。污水管道采用新型 UPVC 双壁波纹管,排水管的接头采用弹性密封圈柔性接头,基础采用砂砾石垫层。污水管道埋设于道路内侧,应满足最小覆土深度要求和抗压要求,同时满足污水管道排水坡度的要求。另根据《室外排水设计规范》(GB 50014—2006)要求配置检查井。污水检查井采用砖砌,井盖为圆形铸铁井盖。

④ 污水排放技术。比较分散的生活污水排放采用生活污水源头分类与高效节能技术。卫生设备采用无水小便器和高效节水负压大便器,从而将生活污水降到最小,并获得高浓度人粪尿,采用相应的技术实现资源化,为农肥实现生态良性循环。生活杂排水则单独排放,采用高效节能的生物污水处理装置或人工湿地方法处理,经处理的水可作为杂用水、绿化用水和地表景观用水等,实现生物污水资源化。

（3）雨水设计

① 雨水设计流量公式:

$$Q = q\Psi F \tag{6.1}$$

式中:Q——雨水量,L/s;q——暴雨强度,L/ha·s;Ψ——综合径流系数,取 0.6;F——汇水面积,ha。

暴雨强度公式:

$$q = \frac{3\,207.3(1 + 0.6\,551gP)}{(t + 19)^{0.758}} \tag{6.2}$$

式中:q——暴雨强度,L/ha·s;P——暴雨重现期,取 1 年;t——集流时间,min。

② 雨水排放原则。景区绿地雨水根据地形就近排入水体。硬地铺装及道路雨水通过雨水口收集后,通过雨水管道系统就近排入水体。

③ 雨水收集管网工程。管道沿道路铺设,管径 DN300～500。雨水收集管网采用方沟与管道两种方式。另根据《室外排水设计规范》要求配置检查井,雨水检查井采用砖砌,井盖为圆形铸铁井盖(南京大学湿地生态研究所等,2011)。

④ 雨污水主要设备材料。

表 6-3　雨污水管道材料

序号	管径	管材	管长（m）
1	DN300	UPVC 双壁波纹管	3 627
2	DN400	UPVC 双壁波纹管	2 730
3	DN500	UPVC 双壁波纹管	1 870

（4）区域水位控制

工程区内外水体流通、区内水位变化由多处闸门和泵站控制，区内水系独立于外部河网和海涂，一方面可以防止水位过高产生洪涝，另一方面也为区内提供丰富淡水，闸门和泵站也可使区内水体交换具有可控性。

1）闸门设置。区域内的湿地恢复保护范围边界设置 9 个口门，每个口门均设闸控制，以使内外水流顺畅流动。其中 8 个单向闸中，6 个为进水闸，2 个为出水闸；另外 1 个为双向闸，即可控制进水，也可控制排水。水工建筑物河床高程为 1.0 m，闸门顶高程为 5.3 m。水工建筑物均为双向水头设计，采用横拉门或卷扬式下卧钢闸门。同时，4 个独立水文单元设计 J1、J2 两个涵洞，用于沟通各水文单元的水流。

当区内水位≥3.8 m（汛期）或≤2.5 m（枯水期）时，关闭控制口门。控制口门关闭期间如需换水和补水，则开启引、排泵站，通过动力换水和补水，达到水体的流动和循环。如遇区内水流过于缓慢，也可开启动力抽水，适当改变区内的水流动态。

2）引排水泵站。采用太阳能-普通电力混合能源泵站。根据防洪排涝及引调水规划要求，工程区设置 4 座泵站。其中，单向引水泵站 3 座，装机流量 2.0 m³/s；双向泵站 1 座，装机流量 2.0 m³/s。

3）设置引渠、埋设涵管。在闸门处设置引（排）水泵站、建设引（排）水渠道，引入淡水，控制水位；在重点的多湾水路及封闭池塘沟通连接处，埋设涵管。引（排）水沟渠设计为互通漫流式，沿途开设多处互通式进（出）水口连通低洼地和开阔水域。引（排）水沟渠设计为土质结构，底宽 2 m，深度 1.8 m，边坡比例采用 1：1（图 6-25）。

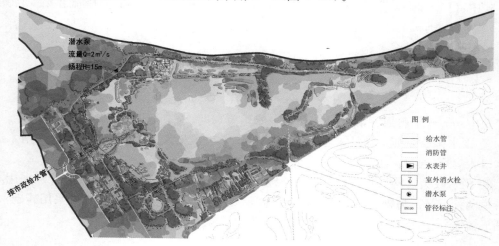

图 6-25　给排水规划

6.6.4 监控、语音系统规划

（1）监控系统

湿地公园内设置1处监控中心机房，并安装以视频监控为主的监控系统，以对公园内生态安全、珍禽繁育、物种保护等进行监控。整个视频监控系统将与GPS定位系统、遥感系统、地理信息系统、气象传感系统等融为一体，以形成全方位的湿地资源数字信息管理系统，对湿地野生动物种群和数量、湿地水文水质变化、植物采伐与栽培、植物病虫害等进行系统化的信息管理。监控系统根据湿地自然资源分布状况合理设置采控点、摄像头，对整个湿地公园进行分区监控。另外，系统在湿地公园主要路口、重点活动区、游客服务区等设置监控探头，并与公安"110"及区域报警系统联网，有线、无线通信等系统有机结合，构成整个湿地公园的安全预警监测系统。摄像机控制线、视频线均引自监控中心，电源线引自就近建筑物或室外配电箱。

（2）语音系统

湿地公园内沿旅游线路设置广播，广播主机设置在监控中心机房内。整个语音系统包括语音处理、语音压缩、语音传输等环节（南京大学湿地生态研究所等，2011）（图6-26）。

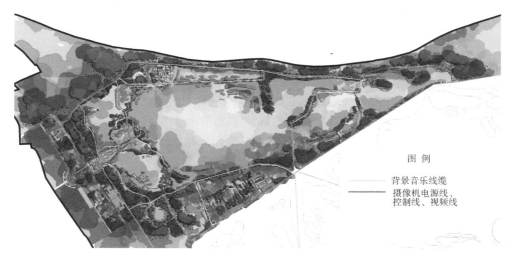

图 例

—— 背景音乐线缆
—— 摄像机电源线、
控制线、视频线

图 6-26　监控、语音系统规划

6.6.5 水岸设计

水陆交接面是湿地公园中生态最敏感、生态过程最活跃的区域。在水岸较平并且水流较缓的地方，规划尽可能保持自然状态，结合水位变化，选择适合的湿地及陆地乡土植物，形成浮水—沉水—挺水—陆生植物群落带，以营建自然水岸生境，同时也加强整个湿地系统的水体能力并节省造价。在水流较快或驳岸较陡的地段需要做护岸，采用石笼或木桩等自然材料，在保持水岸稳定性的同时，也尽可能达到好的生态效果。在湿地植物的选择上，乔木类可以选择落羽杉、水杉、中山杉、刺槐、龙爪槐、旱柳、垂柳等，灌木类可以选择木槿、紫穗槐等，水生湿生植物可以选择芦苇、芦竹、花叶芦竹、香蒲、灯芯草、菖蒲、千屈菜、睡莲等。

7 江苏句容赤山湖国家湿地公园

7.1 项目背景

赤山湖湿地公园主要位于赤山湖管委会辖区,该管委会共管辖 4 个行政村,湿地公园的三岔湖及北部、东部均属其管辖。而湿地公园的东南部少量圩区属郭庄和后白两个镇管辖(周钧,2011)。赤山湖湿地公园区内以渔业和农业生产为主,农业和生态旅游是其重要产业。

赤山湖湿地公园交通区位优势明显,北部与 243 省道相接,规划建设的通往赤山湖的道桥将省道与湿地公园相连,现已完工,可以很方便地到达公园。另外,通过湿地公园内 3 座石桥,周围乡村道路与堤内相连,方便了湿地与当地居民的联系。赤山湖四周湖堤上都有作巡护用的道路,可通向各处乡村聚落,且湖面宽阔,通航方便。现有的整体交通条件比较完善。

为了恢复湖泊湿地的生态平衡,促进区域经济与社会效益的和谐发展,句容市委市政府决定在赤山湖实施退渔还湖的工程措施,综合治理赤山湖生态环境,充分发挥赤山湖宝贵的生态价值(王正敏等,2008)。为实现用 6 年时间将赤山湖打造成为南京周边规模最大、生态最好的湿地公园这一目标,句容市政府先后开展了赤山湖开发规划、渔场承包合同解除、化工污染企业关停搬迁等工作,并顺利完成。2010 年 3 月开始大规模建设湿地公园的基础设施(刘凤珍,2010)(图 7-1)。

7.2 现状资源评价

7.2.1 旅游资源类型

根据我国 2003 年颁布和实施的国家标准《旅游规划通则》中旅游资源分类标准,可将赤山湖国家湿地公园内的旅游资源,划分为包括地文景观、水域风光、天象与气候景观、生物景观、旅游商品、人文活动、建筑与设施、遗址遗迹 8 个主类 17 个亚类和 28 个基本类型,详细分类见表 7-1。

7.2.2 景观资源特色

(1)自然生态资源特色

赤山湖湿地公园内自然资源丰富,有大量湿地、滩涂以及树林草地,尤其是湿地资源,具有秦淮河流域的代表特征。由于湿地资源丰富多样,多样的湿地环境造就了丰富的生境类型,其中蕴藏着的丰富生物资源,吸引了大量候鸟的到来,赤山湖湿地公园因而成为江苏省重要的候鸟迁徙过程停歇栖息地。另外,赤山湖湿地公园环境优美,自然风光优越,有湿地夕照、赤山映雪、赤杉苇白、丹湖花田等知名的自然景色,是南京周边地区生态旅游的绝佳场所。

图7-1 赤山湖国家湿地公园现状图

表7-1 赤山湖国家湿地公园主要旅游资源分类

主类	亚类	基本类型	旅游资源名称
地文景观	综合自然旅游地	自然标志地	赤山湖
	地质地貌过程	岸滩	赤山湖沿岸
水域风光	河段	观光游憩河段	句容河
	天然湖泊与池沼	沼泽与湿地	赤山湖湿地
生物景观	树木	丛树	林间
	草原与草地	疏林草地	沿湖开阔地带
	花卉地	草场花卉地	草地
	野生动物栖息地	水生动物栖息地	赤山湖湿地
		陆地动物栖息地	湿地沿岸及周围林地
		鸟类栖息地	湿地沿岸及周围林地
		蝶类栖息地	湿地沿岸及周围林地
天象与气候景观	光现象	日月星辰观察地	赤山湖开阔平坦处
	天气与气候现象	避暑气候地	湿地公园
		物候景观	湿地植被四季季相变化
遗址遗迹	社会经济文化活动遗址遗迹	历史事件发生地、废弃生产地	赤山湖整治工程遗迹

主类	亚类	基本类型	旅游资源名称
建筑与设施	综合人文旅游地	教学科研实验场所	苗圃
		康体游乐休闲度假地	湿地公园
		建设工程与生产地	水坝、鱼塘
		动物与植物展示地	林地
	居住地与社区	传统与乡土建筑	渔民农舍
	交通建筑	桥	湖中石桥
	水工建筑	水库观光游憩区段	湖泊湿地
		运河与渠道段落	环湖河道
		堤坝段落	赤山闸
旅游商品	地方旅游商品	菜品饮食	区域风味餐饮
		农林畜产品与制品	山野土特产品
		水产品与制品	水渔产品
人文活动	民间习俗	地方风俗与民间礼仪	渔民风土人情

（2）人文历史资源特色

赤山湖历史悠久,除了丰富的自然资源,湿地公园内人文历史资源也是其一大特色。赤山湖湿地公园所在的赤山湖地区是秦淮河流域水利发展的重要区域,千百年来,湖泊四周的水土资源历经修筑整治,遗留了许多历史遗迹,如具有蓄水灌溉功能的古湖塘,湖熟文化遗址,形成具有浓厚赤山、秦淮文化特色的文化景观。

（3）地方产业资源特色

赤山湖湿地公园曾一度是地方渔业发展的重要场所,因而公园内除了有自然湿地,还有大量人工湿地,如鱼塘、水稻田等。这些反映当地生产活动历史的鱼塘、水稻田、村落变迁遗址,体现了当地的产业资源特色。

7.2.3 生态旅游发展 SWOT 分析

赤山湖湿地公园生态环境较好,生物量较大,野生动植物种类丰富,生物多样性相对较高。丰富的湿地生物为湿地动物提供了稳定而充足的食物来源。但是,由于赤山湖地区历史上长期的渔业养殖、水稻种植生产活动,与同区域其他湖区相比,物种多样性仍有一定的差距。2011 年,在赤山湖地区退渔还湖工程完成之后,环湖河道以及退渔还湖较早的区域生态恢复较好,重新形成了丰富的草甸和灌丛,鸟类和水禽的数量和种类也随之增加,但整体而言,物种多样性仍有待进一步恢复。总体来说,赤山湖湿地生态系统比较特殊、典型和复杂,同时也呈现出过渡性和脆弱性。

SWOT 分析即对研究对象优势(strength)、劣势(weakness)、机遇(opportunity)与威胁(threaten)这四项内容的分析(陈钰,2011)。针对赤山湖湿地公园现状,从保护和改善湿地公园生态环境入手,分析其发展生态旅游内外环境的优势、劣势、威胁与机遇,以期探索推动湿地公园生态旅游项目可持续发展的对策。

1）优势。赤山湖湿地公园本底自然条件优良，交通便利。由于地处长江三角洲，赤山湖气候湿润，利于植物生长；湖区鱼类众多，是各种水禽觅食、停歇的天堂；赤山湖自然风光、人文景观资源丰富，是南京地区重要的湖泊，更是秦淮之源、秦淮河流域上游重要的滞洪湖区。另外，湿地公园周边道路四通八达，交通区位优势非常显著。

赤山湖管理委员会先后承担了赤山湖退渔还湖、赤山湖保护等规划工程，积累了很丰富的项目管理和工程实施经验，为赤山湖国家湿地公园今后湿地保护、恢复等工程的实施，提供了良好的技术和经验支持。

2）劣势。由于历史上长期围湖养鱼、围湖种田，赤山湖湿地生态系统受到了严重破坏，统较为敏感和脆弱。虽然在实施退渔还湖工程后，湿地生态系统得到一定程度的恢复，但仍较为脆弱，如果保护、恢复措施不到位，很容易给公园内的湿地生态系统造成二次破坏。

句容市政府为提高赤山湖的防洪标准实施了一系列建设工程，尽管如此，作为秦淮河上游维系南京地区安全的防洪湖泊，赤山湖防洪任务仍然艰巨。一旦防洪工作有所疏忽，洪水泛滥的后果将不堪设想，湿地公园防洪责任重大，滞洪任务艰巨。

3）威胁。随着社会经济的发展，赤山湖湿地公园周边区域相继进行了开发，例如今后句容市发展的重点区域——相隔不远的西部赤山和南部"空港新区"。这些区域开发和发展过程，可能会对赤山湖的生态环境、生物多样性带来潜在的负面影响。

4）机遇。随着我国社会经济的发展，社会生态环保意识的提升，国家愈加重视生态建设。党的十九大提出的生态文明、美丽中国的发展战略，既是时代发展的呼声，也是建设中国特色社会主义生态文明的需求。湿地生态系统是地球生态环境的三大支柱之一，而赤山湖国家湿地公园作为湿地生态系统的组成部分，正处于时代发展的大好机遇。

随着人们对湿地认知水平的不断提高，湿地保护与恢复建设得到了全社会更多的重视与关注，中央、地方等各级政府和相关部门对湿地公园的投入逐渐增加。特别是近些年来，中央对国家湿地公园建设增加了投入资金，而句容市政府更是注重赤山湖国家湿地公园的建设，目前已投入了大量资金进行退渔还湖等工程建设。

赤山湖湿地公园作为句容重要的风景旅游区，肩负着句容市生态旅游开发带动经济发展的重要使命，而赤山湖国家湿地公园的建设理念是"保护优先"。因此，协调湿地生态保护与合理开发利用之间的平衡，面临着技术与工程上的巨大挑战。赤山湖湿地公园退渔还湖工程实施后，周边社区渔业亟须发展转型。国家湿地公园的建立，如何引导当地社区发展生态渔业、促进生态旅游服务业发展、协调湿地生态保护与周边社区渔业发展，同样面临挑战。

7.3 规划目标与原则

7.3.1 规划目标

赤山湖湿地公园项目规划与布局要协调好人与生态环境之间的关系，在保障湿地生态系统与自然资源可持续发展的前提下，以赤山湖湿地保护与恢复、科研监测、科普宣教和管理体系建设为重点，建设多项功能于一体的综合性国家湿地公园，实现人和湿地生态系统的和谐共处,促进当地社会经济的可持续发展,促进自然资源与人文资源的协调发展,最大限度地发挥湿地公园的生态效益、社会效益与经济效益,推动区域和谐发展,实现赤山湖湿地综合效益的最大化。

7.3.2 规划原则

以科学发展观为指导,遵循国家有关湿地生态保护的法律法规和政策,坚持"生态保护、科学恢复、持续发展"的原则,认真落实《全国湿地保护工程规划》《秦淮河流域防洪规划》等上位规划的总体部署。

维护湿地生态系统的完整性,保护鸟类和水禽栖息地。尽量减轻人为干扰和开发产生的负面影响,以防止湿地生态系统进一步衰退和生物多样性减少,最大限度保留赤山湖湿地的原生态环境特征和自然风貌,因地制宜地进行开发规划。

在保护湿地生态系统的前提下,合理利用湿地资源,开展科普宣教与休闲娱乐活动。尤其要注重普及湿地生态知识、培养旅游者的环保意识,采用展示湿地多种生态功能的方式,让社会大众在观赏休闲中了解和感受湿地的生态功能和社会价值,以增强公众保护湿地的生态环保意识。

在生态旅游项目开发时,要充分考虑湿地生态系统的生态承载力,适度进行开发建设,合理利用湿地资源。既要满足当代社会经济发展要求,又要能使后代持续享受到高水平的生态资源与自然环境,实现湿地公园的可持续发展,推动湿地保护与社会和经济建设协调发展。

7.4 总体布局与分区规划

7.4.1 总体布局

生态旅游需要以适宜的生态环境和自然资源为基础,同时,生态旅游项目的开展也需要以保护生态环境、不使生态受到破坏为前提。生态旅游项目与传统的旅游项目相比,最明显的特点就是其发展具有可持续性,强调使每一处场所都能更好地发挥自身的特性和潜力。本书中的生态旅游项目是指以生态保护为前提,整合一定的生态旅游资源所形成的吸引旅游者的单元,其目标是实现生态、社会与经济协调、可持续发展。

项目的总体布局是从生态学和地理学的研究视角,兼顾生态旅游项目和生态景观的发展持续性,强调在保护和发展之间保持平衡,注重合理、高效地利用自然资源。由前期的综合生态敏感性分析图可知,赤山湖湿地公园适宜进行项目建设的地区,主要分布在湿地公园正北部和西南区域,不适宜建设的地区主要是三岔湖沿岸的带状区域和公园的西北部。

根据赤山湖国家湿地公园的生态敏感性分析评价、地形地貌特点以及生态旅游项目特点,在生态保护的指导思想和理论基础上,为了日后生态旅游项目的顺利开展和经营管理,特将湿地公园划分为湿地保育区、生态恢复区、管理服务区、科普宣教区和休闲体验区(图 7-2)。赤山湖生态旅游项目主要布置在管理服务区、科普宣教区和休闲体验区,生态恢复区仅以方便管理的巡护道路、栈道建设为主,湿地保育区则以远眺观景为主(表 7-2)。

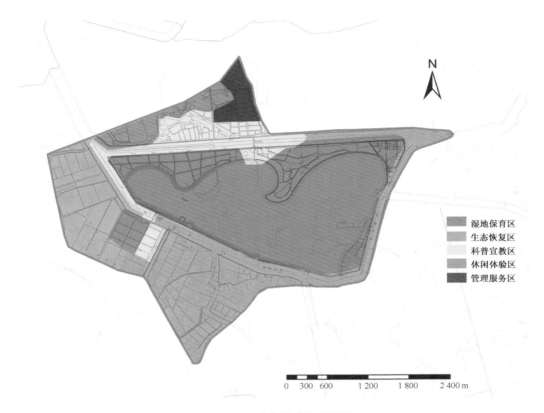

图 7-2 湿地公园功能分区图

表 7-2 功能分区与项目策划

功能区	生态敏感性等级	可开展的旅游活动类型	主要项目策划
湿地保育区	高度敏感	不开展任何旅游活动	—
生态恢复区	中度敏感	适当的观光旅游活动	观光栈道
管理服务区			宣传服务、会议服务、停车服务
科普宣教区	低度敏感	专题旅游活动、观光体验旅游活动、参与性旅游活动	湿地科普宣教、观赏学习体验、湖熟文化体验、亲近自然体验
休闲体验区			渔家生活体验、民俗风情体验

　　湿地公园生态旅游项目的分区布局,决定了生态旅游活动的开展和布局,是对游客旅游活动的一种有效管理,同时也是旅游资源和环境保护的重要方式之一。

　　管理服务区位于湿地公园北部,以服务管理、组织协调湿地旅游体验和生态民居展示为主要功能,设有园内规划平面图、休息区、餐饮区、零售区、便利住宿区、服务区等区域。

　　科普宣教区位于湿地公园北部和西南部,本区规划以湿地科普教育和弘扬赤山湖湿地文化为主要功能。

　　休闲体验区位于湿地公园西南部,以湿地风情展示、湿地生活体验、休闲游乐为主要功能。

以上三个功能区主要位于湿地公园生态低度敏感的区域,可承受一定强度的干扰,包括以下几个环境容量较大的生态旅游项目:游客中心、赤湖飞雁、湖熟故源、水荷莲天、弯月浮岛、秦淮夕唱、渔家小筑、兰墩鹭鸣和白水荡苇等。相应的配套设施项目有换乘停车点、凉亭、餐厅、游客服务中心、人工步道、标志解说系统、水电系统、通信工程等。

湿地保育区位于湿地公园的西北部和中部生态高度敏感的区域,面积约为 4 km²,以水源涵养林建设、水污染治理、生态保护等为主要功能。湿地保育区的主要目标是最大限度地保护该区域中湿地生物及其栖息地,将人类活动的干扰隔离出去,同时通过对缓冲地带的保护,尽量减少外界干扰和影响。

生态恢复区位于湿地公园南部生态中度敏感的区域,紧绕湿地保育区。该区域对周边潜在的工业污染和农村污染进行控制,在不影响防洪的前提下,保护现有植物堤岸。该区域的基本建设以提供一个天然的科普宣教基地为目的,营造良好的生物栖息环境,建成人与自然和谐相处的观景科普胜地。

7.4.2 项目分析与选址

生态旅游项目分析是通过对项目区位、规模、污染源、人为活动强度、服务功能、保护重点的分析,评估分析各类生态旅游项目在规划区所处的地位,为生态旅游项目布局提供一定的科学依据。生态旅游项目特点分析见表 7-3(李小梅等,2005)。

表 7-3　生态旅游项目特点分析

主要因素	管理服务区项目	科普宣教区项目	休闲体验区项目
区位	交通便利,具有一定程度的区位优势	一般没有明显的区位优势,分布在人迹罕至的地带,原始性特征突出	自然特征比较明显,景色优美,交通比较便利
规模	一般 <1 km²,建筑密集	一般在 5~10 km²,拥有一定规模的原始自然环境	一般大于 1 km²,有一定基础设施
污染源	旅游设施运作、人的日常生活、旅游活动	人的日常生活、探险、研究和旅游活动	人的日常生活、休闲和旅游活动
人为活动强度	一般,对自然和文化遗产改造和干扰强度较大	很低,对自然的干扰较小	比较低,对自然有一定干扰
服务功能	满足游客的文化、生活需求	保持和谐的人类生存环境,满足人们"归真"享受需求,展现原始的生态文化,同时提高人们的环境保护意识	满足人们休闲娱乐、放松身心的需求
保护重点	以维护原来的自然或文化景点为中心,避免景点观赏教育价值退化	以原生的自然资源或当地文化为保护重点,尽量减少人类的干预和干扰	在保护原生自然资源或当地文化的基础上,适当开发,满足人类活动需求

　　由于低敏感区的生态敏感性较弱,该区域主要进行人为活动,能承受一定程度的人类干扰,比较适合开发建设活动,因此赤山湖湿地公园的生态旅游项目,即管理服务区、科普宣教区和休闲体验区主要集中于该区域。其中心的三岔湖虽为低敏感区,但湖泊边缘的湿地为高敏感区,不能用于建设开发,故不作项目选址考虑。

　　管理服务区包括主入口和游客中心等,必须位于交通便利、具有区位优势的区域。赤山湖湿地公园正北部的低敏感区临近 243 省道,满足管理服务区的区位要求,且原来此处就有一条道路通向湿地公园内部,可以作为公园的主入口,该区域适合建设管理服务区。

　　休闲体验区是游客休闲度假、体验渔家生活的区域,需要相对安静、自然景色优美的环境。西南角的低敏感区位于白水荡,原为鱼塘,积累了大量赤山湖渔民文化;同时濒临三岔湖,视野开阔,风景宜人,适合作为休闲体验区发展。

　　科普宣教区要通过多样化的媒介和形式充分展示湿地的生态特点,体现湿地生态系统的多样性和重要性,既要场所原始性特征突出,又需要一定的服务设施。环河北部、三岔湖北部和西南角的低敏感区域,分别濒临河流、湖泊和鱼塘,具有多样化的湿地生态系统,原始特性明显,适合展示湿地的生态特点。同时又分别靠近管理服务区和休闲体验区,可以满足服务游客的需求。故选这三处为科普宣教区。

　　综上对生态旅游项目的分析和对场地选址的考虑,赤山湖湿地公园管理服务区、科普宣教区和休闲体验区的选址见图 7-3。

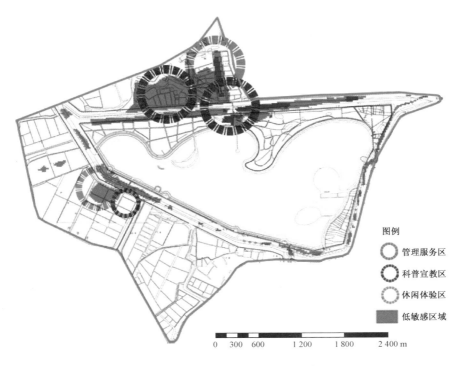

图例

◯ 管理服务区

◉ 科普宣教区

◯ 休闲体验区

▉ 低敏感区域

0　300　600　　　1 200　　　1 800　　　2 400 m

图 7-3　湿地公园生态旅游项目选址

7.4.3 分区规划

（1）管理服务区

作为湿地公园美好形象的展示窗口，管理服务区要建设公园主入口，设置标志性入口景观、小型广场、停车场等；建立湿地公园管理站，供湿地公园管理者开展管理和服务活动；在管理站周边设置游客服务中心，提供湿地公园的旅游信息、游客咨询、游客投诉处理、湿地公园宣传材料发放、安全保卫、医疗服务、紧急事件处理等。

为实现可持续发展，将生态旅游项目分为两期适度进行开发。湿地公园的管理服务区一期要建成主要建筑和设施，并投入使用。二期进一步完善室内室外设施，同时注重管理和服务上的软件建设，提升管理水平，提高服务质量，为湿地公园保护、科普和游览活动的开展提供切实有效的指导和帮助。

（2）科普宣教区

深度挖掘赤山湖的自然资源和文化资源，通过建筑小品的形态、形象展示等多种形式，展示湿地生境、动植物情况以及湿地相关知识，科普湿地科学与湿地文化。同时邀请民众参与策划体验项目，提高知识传达方式的亲和力和趣味性，达到寓教于乐的目的，增加教育效果。以湿地宣教馆和户外宣教点为主要建设内容，具体的设施有观鸟塔、观鸟平台、生态浮岛、栈道等，并规划解说系统、策划湿地活动。

在科普宣教区，主要通过开展湿地生态科普宣教活动，来宣传赤山湖湿地的历史演变、生态功能、当地物产、生物多样性、湿地公园建设与发展等内容，以弘扬赤山湖湿地文化。对来湿地公园参观考察、旅游休闲等的人群进行湿地生态教育，增加其湿地生态保护知识，提高其湿地生态保护意识，并使其自发地将湿地生态保护意识变为湿地生态保护行动。通过在内容和主题上不断创新，丰富科普产品，提升科普教育的层次。

（3）休闲体验区

休闲体验区是旅游者感受自然、体验湿地生活的区域，需要生态的自然环境，还要有一定的基础设施。该区域位于湿地公园的西南部，现主要为鱼塘和水稻田，需要实施退塘还湿和退田还湿工程。同时，保留一部分鱼塘和水稻田，用来宣传湿地本土的农耕和渔猎文化。区内建设水上森林，种植池杉、中山杉、水杉、落羽杉、柳杉等植物，形成水上森林的生态景观。林中设置栈道、平台、亭子等，也可划船进入。在鸟类迁徙的初春和秋冬季节，控制游客数量，以免影响鸟类繁衍。营造适宜参观、旅游、休闲的环境，配备必要的休闲设施设备。以本土湿地文化为核心，开展以现有水稻田、鱼塘为基础的生态休闲体验活动。

7.4.4 项目策划

项目策划与布局见表7-4与图7-4。

表 7-4　生态旅游项目策划

功能分区	节点	主要功能描述	具体策划项目
管理服务区	入口	成为整个公园游客管理服务的中心，同时具有游客接待、会议、餐饮、宣传服务等功能	主入口、游客中心、生态停车场、纪念品商店

功能分区	节点	主要功能描述	具体策划项目
科普宣教区	湿地宣教馆	集中展示湿地知识、赤山湖生态资源与变迁情况	湿地电影、湿地照片、湿地知识展示等
	赤湖飞雁	自然环境良好,可一览赤山湖美景、观赏水鸟生境	观鸟塔、观鸟廊
	水荷莲天	向游客普及湿地植物知识	湿地植物认知
	弯月浮岛	进行生态浮岛建设、展示湿地生态浮岛技术	生态浮岛技术与湿地水循环知识宣教
	湖熟故源	主要展示湖熟文化,以设施建设和解说设计为主	湖熟文化科普
	秦淮夕唱	小型演乐广场,露天演艺舞台,与湿地环境融合	秦淮河风情文化体验
	渔家小筑	建设渔家小屋、平台、机动游览车道、人行游道与自行车道、机动游览车换乘点等设施	用渔家小屋、渔船等表现渔猎文化
	兰墩鹭鸣	展示鸟类生境	观鸟塔、观鸟平台
	白水荡苇	展示鸟类生境	观鸟塔、观鸟平台
休闲体验区	渔家生活体验	体验渔家生活状态,建设渔家小屋、平台、机动游览车道、人行游道与自行车道、机动游览车换乘点等设施	渔家生活体验
	垂钓园	通过垂钓活动放松身心	民俗风情体验

（1）管理服务区

1）宣传服务。湿地公园的主入口大门设在湿地公园北部与 243 省道交汇处,既要美观、别致,又要体现本公园的自然与文化特色,起到宣传生态旅游的功能。主入口尽可能保留原有的植物,特别是高大的树木,尽量将人工建筑融入湿地生态环境中。

另外,游客服务中心也承担着一定的宣传服务功能,它设在大门入口不远处,建设时要与周围的环境、建筑相适应,保证建筑与环境之间的协调性。游客服务中心为旅游者提供人性化的细致服务,在此处可办理公园门票、咨询旅游信息、聘请专业的生态导游、购买湿地土特产和旅游纪念品及其他综合性的服务。

位于管理服务区的纪念品商店主要销售美术工艺品、当地土特产,以及湿地宣传的纪念品,以展现赤山湖当地民间艺术和风俗文化、湿地生态环境和自然风景。

2）会议服务。赤山湖湿地公园会议中心是集论坛、培训、教育、会议、会展于一体的文化产业型项目,主要提供展览、会议和其他各种相关活动所需要的服务,在建筑设计时充分注意到与自然环境融合,以及安保和消防的重要性。

3）停车服务。为满足交通需要,在大门之内的西侧设置生态停车场。停车位采用植草砖来代替混凝土铺装,既可满足景观的效果,又可增加地面的透水性,成为生态型停车场。

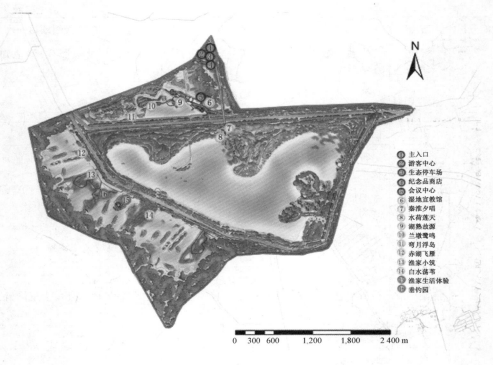

图例：
① 主入口
② 游客中心
③ 生态停车场
④ 纪念品商店
⑤ 会议中心
⑥ 湿地宣教馆
⑦ 秦淮夕唱
⑧ 水荷莲天
⑨ 湖熟故源
⑩ 兰墩鹭鸣
⑪ 弯月浮岛
⑫ 赤湖飞雁
⑬ 渔家小筑
⑭ 白水荡苇
⑮ 渔家生活体验
⑯ 垂钓园

0　300　600　　1,200　　1,800　　2 400 m

图 7-4　湿地公园生态旅游项目节点布局

（2）科普宣教区

科普宣教区承担了发扬湿地文化与科普教育的功能，因此成为赤山湖湿地公园生态旅游项目的建设重点。科普宣教区依托现有的生态环境和湿地资源，在设置湿地宣教馆的同时，还设立了包括观赏学习体验、湖熟文化体验、亲近自然体验在内的赤湖飞雁、水荷莲天、弯月浮岛、湖熟故源、秦淮夕唱、渔家小筑、兰墩鹭鸣和白水荡苇 8 个户外宣教点。

1）湿地科普宣教。在湿地公园北部通湖大桥附近设立科普宣教馆，通过文字、图片、标本、模型、触摸型电子书、原景再现、模拟体验等形式，集中展示湿地知识与赤山湖文化，系统地向游客介绍赤山湖生态资源与历史变迁情况，以提高旅游者的环保意识和对赤山湖的文化认知。

2）观赏学习体验。"赤湖飞雁"宣教点位于赤山湖湿地西北地带，此处分布着湿地原生草甸与芦苇群落，自然环境较好，所以经常有雁类等水鸟在此停留，并以此为栖息地，因而成为绝佳的湿地生境宣教点。以保护生态系统、不干扰鸟类生活为前提，在赤山湖岸边设置观鸟台、观鸟廊以及观鸟塔，再配置固定望远镜及解说标牌，为科普宣教创造相应的硬件设施。宣教解说的主题为湿地滩涂生态环境、主要栖息的生物种类、保护湿地自然资源等。

"水荷莲天"宣教点在"赤湖飞雁"宣教点东侧。宣教内容以湿地水生植物为重点，以挺水植物荷花与浮水植物莲花为主，再辅以黄菖蒲、三棱草、再力花、鸢尾、芦苇、泽泻、芒、美人蕉、菱等植物，表现出湿地水体岸线层次的丰富性。为宣传湿地植物的多样性，设置介绍标牌，介绍各种植物的生长特性和生长环境，包括植物彩色照片、名称、科属种、相关习性等信息。此处设置木质栈道，以方便旅游者游览观赏；同时，配设亲水的摇船码头木平台与木栈道相接，以方便旅游者组织采莲、藕、菱等体验湿地渔民生活的活动。

"弯月浮岛"位于湿地公园中部月亮湾附近,因为该处为半封闭水域,水体流动性相对较差,因此布局设置多个生态浮岛,既可以净化水质,也可以作为向旅游者展示湿地技术的宣教点,讲解内容为生态浮岛技术、生物圈、湿地水循环等。

3) 湖熟文化体验。"湖熟故源"位于湿地公园主入口的过湖大桥和北环河交汇地带,结合湿地博物院和露天影剧院等形式,展示赤山湖湿地的原生文化——湖熟文化,通过出土文物展览、讲解牌展示等方式宣传本土湿地文化。主要向旅游者讲解湖熟文化的发展历程、赤山湖的历史地位和作用、赤山湖区域名称变迁以及原住民的生活场景等。

"秦淮夕唱"位于湿地公园北部,建设了小型的音乐广场,每当黄昏时分组织主题为秦淮河历史展演的活动,此时,赤山湖广阔的湖面、绚烂的晚霞都成为舞台最美的自然背景,以此进行寓教于乐的宣教。通过舞蹈、音乐等艺术文化形式,向旅游者展示秦淮河流域当地居民的湿地文化生活,体现赤山湖文化与湿地生态之间和谐共存、共同发展的关系,以及秦淮河流域源远流长的湿地文明。

"渔家小筑"位于赤山湖西侧,利用原有自然的低洼水塘和可与环湖路连接的小路,作为渔家生活的体验场所。在研究湿地现状的基础上,控制旅游者的人数;在不影响湿地生态环境的前提下,通过建设农家小屋、渔民码头,提供渔家餐饮,开展钓鱼等体验活动,宣传赤山湖的渔猎民俗文化。

4) 亲近自然体验。"兰墩鹭鸣"位于湿地公园北部兰花墩区域,该区域实施退耕还湿工程后,执行了严格的保护管理,生态得到了一定的恢复。由于浅水湿地食物丰富,适合水鸟觅食和栖息,此处成为了水鸟等生物的栖息场所。为保护湿地野生动物的繁衍栖息免受人类活动的打扰,该区域宣教活动以远观为主。通过观鸟塔等建筑、配备望远镜等观鸟设备进行观赏活动,同时,观鸟塔上设置鸟类介绍图谱标牌,以宣传湿地鸟类知识。

"白水荡苇"位于湿地公园西南部白水荡区域,水面宽阔,植被多以芦苇等禾本科植物为主,由于适合水鸟和游禽生活,动植物种类较为丰富。广阔的芦苇湿地,还原展现湿地生态环境,可以起到很好的宣教展示作用。

(3) 休闲体验区

1) 渔家生活体验。休闲体验区依托于湿地公园当地原有的渔民居住点,遵循保护生态与文化的原则,在整合原有村庄、增加相应的生态旅游设施的基础上,进行生态旅游休闲体验项目开发。根据当地的生活方式,分别开展体验渔民生活、农家生活的生态旅游项目,如水果采摘、水上泛舟、撒网捕鱼、荷间采菱等活动,展现赤山湖湿地的民俗风情和渔民文化。

2) 民俗风情体验。在现有鱼塘的基础上,垂钓园通过营建人工湿地系统的方式,为旅游者提供休闲娱乐的垂钓活动及湿地观赏活动,让旅游者在静坐垂钓中放松身心,体验赤山湖的民俗风情文化。在欣赏湿地生态景观的同时加深对自然的情感认同,从而达到提高环保和生态意识的目的。

7.5 专项规划与专题研究

7.5.1 生态保护规划

1) 保护规划原则。必须严格保护赤山湖国家湿地公园内部湿地资源、环境、野生动植物、水资源等生态环境和自然资源。同时遵循以下原则：

① 坚持保护为主，改造、开发、利用相结合的原则。要根据湿地公园各个区域的生态特点，制定不同的保护措施和建设目标。

② 保护工作中还应重视水资源保护、水土保持、植物病虫害防治，以及公园旅游服务设施清洁管理和"三废"治理。

③ 坚持生态保护工程与生态旅游项目开发同时进行的原则，做到每一处项目景点和服务设施的建设都要有相应的保护规划设计。

④ 坚持保护工程的设计技术先进、自然和谐、经济实用的原则。保护工程不仅能起到保护作用，同时也使工程构筑成为观赏价值、考察价值并重的景点，丰富湿地公园的文化景观。

2）生物资源保护。赤山湖湿地公园的鸟类主要栖息地分布于三岔湖、环河、兰花墩、白水荡等湿地生态较好、野生动物种类丰富的地带。受水面规模、人为干扰、食物来源、地形等因素的影响，目前鸟类基本表现为在三岔湖觅食，在其他人为干扰较少的浅滩处停歇的现象。因此，规划要对人的活动进行限制，为鸟类留出足够的空间，主要采取三个措施：

① 生态旅游活动主要集中在湿地公园北侧堆积土上的管理服务区、科普宣教区，环湖堤坝的南侧以远观为主，尽量减少人流量。

② 退渔还湿，恢复白水荡的湿地生态环境，将鱼塘恢复为鸟类栖息地，同时禁止入内，隔离旅游活动的干扰。

③ 生态旅游如观鸟等活动要尽量减少对鸟类繁衍生息的干扰，以远观为主，选择在不影响鸟类栖息的地方建制观鸟塔、观鸟廊等，配置望远镜以便旅游者欣赏观察。同时，规范旅游者的观鸟行为，最大限度地降低生态旅游项目的负面影响。加强巡护和执法力度，杜绝滥捕滥杀野生动物的行为，并广泛进行保护动物的宣传教育，与周边乡镇及中小学合作，通过课堂教育、现场体验等方式，增强当地居民和青少年爱护野生动物的意识，共同监督和制止违法行为。

3）景观资源保护。景观资源保护的重点是保护自然生态景观，在赤山湖湿地公园中体现在对湿地、水面、芦苇草地等生态景观的保护。在具体的保护方式中，包括制定管理条例与措施以及详细的规划设计，分阶段地开发生态旅游项目，适度发展。强调对景观原生态和完整性的保护。禁止湿地公园内毁湿种地、滥伐树木、捕猎野生动物等破坏生态景观的行为。具体的保护规划与措施要结合湿地公园的生态承载力来制定，根据生态承载力和环境容量来确定游客数量，合理组织游览路线，禁止旅游者进入高度生态敏感区，同时控制中度生态敏感区的人类活动，除游步道外不允许游客随意改道。以此既可保护生态景观资源，又能提高生态旅游的质量。

4）生态环境保护。赤山湖湿地的植物现以当地乡土草本植物和岸边丛生的芦苇为主，林草植被覆盖率较高，呈现出了一派原生态的自然景象。管理部门为增加赤山湖湿地公园植物的多样性，还进行了一些实验和创新，在保护自然生态驳岸的基础上，混播一些乡土草种。为提高湿地植物的观赏性，特意混播一些常年开花的草种，如千屈菜、红蓼、白晶菊、一年蓬等。从提高防洪能力和安全性上考虑，可在局部地区放置当地天然石块，既可增强湖岸抗水流冲击及抗塌陷能力，防止水土流失，又能警戒游人，防止危险发生。

7.5.2 安全防灾规划

赤山湖湿地公园的湖泊、河流水域存在一定的溺水等突发事件的风险,户外休闲活动也有一定的安全隐患。很有必要规划建立安全巡检制度与紧急预案,在濒水岸段、桥梁、环湖步道等地要有防滑、防落水的护栏设施,并设置警告标牌。同时,培养一支安保队伍,培训户外救助专业技能,配置救助设施,定期组织演习。在游客中心设置执勤点,在重要节点、路口及公共活动场所设置紧急报警电话,结合管理站设置安全保卫部门,保证游客安全。

同时,为了保障残疾人、行动不便者或带小孩的父母安全便利地通行、出入相关建筑物,需要在赤山湖湿地公园的环湖路、户外宣教点、建筑物内外,均布置坡道等无障碍设施,以保证所有游客均可以正常参观、游览。

另外,结合赤山湖国家湿地公园内的环湖路设置应急救援通道,并为湿地公园管委会和各管理站配套应急物资储备用房,根据应急救援工作的需要,完成应急用水装置、水上救生设备(如救生衣、救生圈等)、应急医疗设备、应急照明设备等设施,以及人员和其他设备的配置。

7.5.3 植物景观规划

赤山湖湿地公园的植物景观规划要从公园整体来全面考虑,以恢复原生植物群落为主,同时按照不同湿地动物的生境需求和生态规律来配置植物群落,特别需要考虑涉禽类、游禽类和陆禽类鸟对栖息生境的要求。营造高草湿地型、低草湿地型和浅水植物湿地型三种主要的湿地植被类型,以吸引各种鸟类来此觅食、筑巢、栖息。尽可能根据原生态的湿地植物群落物种组成和比例规划设计,最大限度地恢复湿地植物景观。植物群落中物种多样性越高,越有利于湿地植物群落生态结构的稳定发展。

(1)湿地植物景观规划原则

1)自然恢复为主、人工修复为辅原则。在湿地植物景观规划过程中,尽可能采用自然恢复的方法,依据湿地生态系统和湿地植物生态位特点,选择湿地乡土植物,发挥湿地植物群落自然水体净化的功能和边坡植物群落的防护功能。适度引进外来生态安全的湿地植物为辅材,增加湿地公园植被的生物多样性。

2)重点优先原则。在实施湿地植物群落恢复前,先要明确湿地植物景观规划工作的轻重缓急。根据赤山湖湿地水体及野生动植物分布情况,对赤山湖生态恢复有重要意义的区域优先开展植物群落恢复规划工程。

3)文化美学原则。赤山湖湿地公园植物景观规划要考虑到赤山湖历史文化的体现,发挥湿地植物的独特性、观赏性、景观协调性等方面的功能。

4)可实施性原则。可实施性是湿地植物景观规划设计中首先要考虑的,其中包括技术、经济和环境三方面的可实施性。

(2)绿化模式分区

根据不同区域的生态功能、景观要求和恢复目标,创造不同的植被景观,因而将赤山湖湿地公园的植物景观规划方式分为自然恢复、多样化配植和科普展示片植3种模式(图7-5)。

1)自然恢复模式。在兰花墩、白水荡、三岔湖水面和湖岸浅水区域,采用植被自然恢复的模式。植物景观规划主要以湿地乡土植物为主,通过恢复沼泽湿地植物群落和湖泊湿地

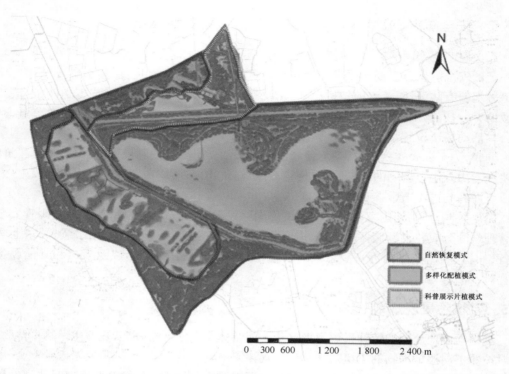

图7-5 湿地公园绿化模式分区

植物群落两种方式,构建湿地植物生态系统。其中,沼泽湿地主要恢复芦苇、蒲草、慈姑等植物群落,湖泊湿地主要恢复浮叶和沉水植物群落。

2) 多样化配植模式。多样化配植植物模式应用于月亮湾堤岛之间,以赤山湖广阔的水域为背景,通过采用陆生、湿生、挺水、浮水、沉水等湿地植物序列,来配植观花、观叶的湿地特色植物,以此构成多样化的自然植物群落模式,营造良好的湿地景观效果。

3) 科普展示片植模式。该模式适用于科普宣教区,以种植如芦苇、菖蒲、睡莲等具有除污能力的水生植物为主。同时,可采用某几种植物片植的方式,展现湿地植物的群落整体美。通过植物群体片植,营造视野开阔、视觉效果壮观、色彩斑斓的自然景观。

7.5.4 旅游线路规划

(1) 规划原则

1) 生态优先。由于湿地公园生态环境比较特殊,其道路系统的规划设计,不仅要考虑道路的通达性和便利性,还需要考虑湿地公园"生态保护"的原则和目标。湿地公园道路规划要尽量减少工程施工对生态环境的破坏,以及旅游者对生态系统的负面影响。

2) 维护生境。湿地动物的繁衍生息需要完整的、不受人类活动打扰的生境,而道路通过的区域,势必会引入人类影响,从而破坏生境的稳定。因此,在作为湿地保育区的高度敏感地带应禁止布局道路,将旅游者的活动影响隔离出去,以此保护湿地动物生境、维护湿地生态系统的稳定发展。

3) 协调景观。作为湿地公园的一部分而存在的道路系统,在保护生态环境的基础上,还要注重景观效果的表现。做到其形态、布局、颜色、材料与周围的自然景观相协调,以突出湿地公园生态景观的特色。

（2）线路设置

赤山湖湿地公园生态旅游道路及游线设计,采用陆地游览为主、水上游览为辅的方式展开。主要的旅游线路沿环湖带展开,一是选择步行、骑自行车、乘电瓶车沿湖呈环形逐个游览,二是游览科普宣教区的湿地展览馆,以及赤湖飞雁、湖熟故源、水荷莲天、弯月浮岛、秦淮夕唱、渔家小筑、兰墩鹭鸣和白水荡苇8个户外宣教点,或者三岔湖以东的休闲体验区。根据游览主题,可分为以下几个游览线路(图7-6)。

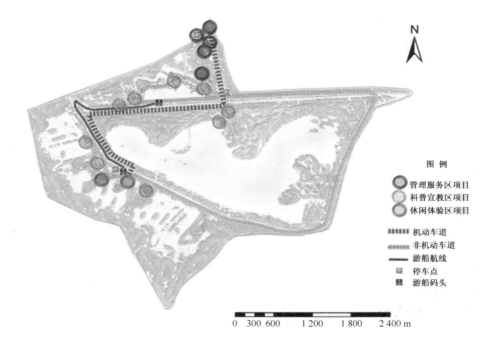

图 7-6　湿地公园游线规划

线路一是沿三岔湖东岸展开,分为陆路和水路。从主入口到弯月浮岛为陆路,游客参观完弯月浮岛后在游船码头乘游船,沿环河游览湿地景观,最后到达休闲体验区。具体游线:主入口——游客中心——湿地宣教馆——湖熟故源——兰墩鹭鸣——渔家生活体验点——垂钓园。游览时间大约为5 h。

线路二从主入口出发,沿三岔湖东岸展开,最后到达渔家生活体验点和垂钓园,全程为陆路。具体游线:主入口——游客中心——湿地宣教馆——秦淮夕唱——水荷莲天——渔家生活体验点——垂钓园。游览时间大约为6 h。

线路三沿三岔湖西岸展开,游线较长,全程为陆路;游客也可从秦淮夕唱处租用自行车或乘电瓶车进行湿地游览。具体游线:主入口——游客中心——湿地宣教馆——秦淮夕唱——渔家生活体验点——垂钓园。游览时间大约为6 h。

赤山湖湿地公园内的陆地游览道路,尽量按照现有的道路来规划设计游览步道,为增加游览线路的亲水性,木质栈道的布置要根据赤山湖岸线及水位的时空变化来规划设计,表现为错落有致的多层次和高度。水上游览线路则以不造成植被破坏和水质污染为原则,在规定的环河东部航道内进行。

7.5.5 湿地文化产品开发

（1）湿地文化挖掘

赤山湖是红土覆盖的赤山脚下的一汪绿水,与赤山形成独特的天际线,被称为南京近郊最大的"天然氧吧"。据史料记载,赤山湖亦名绛岩湖,又称绛湖,以湖西赤山（绛岩山）得名。自三国吴赤乌中,为漕运筑赤山塘,开破岗渎,便开始了湖泊开发利用的先例。"好鸟相鸣,嘤嘤成韵",这里是鸟儿的天堂,成群的白鹭围着老牛觅食嬉戏,抑或随意栖息于牛背。历史在这里留下叠叠遗迹,"一水白到天,不见全湖影""清风明月老渔郎"。赤山湖是文人墨客、高人隐士眼中的净土,"范蠡望越台""刘伯温讨茶"等故事在此广为流传。更有在明代《弘治句容县志》中记录的闻名遐迩"容山八景"之二景。这些无一不奠定了赤山湖湿地深厚的文化底蕴。

1）水利文化。句容注定与水有缘,与赤山湖有源。其东、南、北三面环山,而西南圩区地势低洼,一旦山洪暴发,均向该地区冲去,形成了一个囤水滩,即现在的赤山湖。赤山湖是秦淮河流域由于地势低洼形成的最大滞洪湖泊,也是百里秦淮的重要源头和水利文化节点。相传孙吴赤乌二年（239 年）在这里筑堤,蓄山溪水成湖,下流通秦淮河,当时湖内有"五荡屯水,三坝蓄水";南齐明帝时增修柏岗埭,后废;唐麟德时,又按故堤修复,后废。就这样,在人类与自然斗争、使自然为人类所用的过程中,赤山湖大半已被围垦成田。为根治赤山湖水患,1974 年句容市新筑环湖大堤,兴建赤山闸。2007 年赤山湖区域成立了赤山湖管委会,自此开始更加重视规划与建设工作。在全球生态优先、可持续发展的趋势和背景下,赤山湖正逐步由单纯的水利滞洪区域,转变为人与自然和谐共处的生态之地,既能满足人类基本需求,又能为自然生物提供栖息场所。如果说赤山湖是一本人与湿地长期共存的活态教科书,那赤山湖的水利史无疑是这本书最基本的、最不可缺少的一章,人们将从这一章开始感受、认知和传播赤山湖文化。

2）秦淮文化。赤山湖静卧金陵之畔,纵横交错的水系汇入秦淮河中,使秦淮河孕育了"六朝烟月之区,金粉荟萃之所"及"十代繁华之地",成为水的源头、文化的源头。不同于秦淮河下游的繁华与喧闹,赤山湖充满了自然的秦淮风情,富饶了一方水土。"容山八景"中"绛岭樵歌""秦淮渔唱"两大美景描写的就是赤山与赤山湖。如今,句容"秦淮彩灯"已入选第二批国家级非物质文化遗产名录。湿地公园的建设使得自古有之的美景不再局限于诗歌的传唱,勤劳群众的躬耕之影,文人雅客登赤山、游赤山湖之影越发清晰。

3）湖熟文化。"湖熟文化"分布在宁镇山脉及秦淮河地区,其虽被发现并命名于江宁的湖熟镇,然其紧靠赤山湖,有关的遗迹和文物在赤山湖逐渐浮现,且在赤山湖发现了具有权力象征的铜锁,考古学已经证明赤山湖是"湖熟文化"遗址的重点区域。有学者认为"湖熟文化"是后来吴文化的母体,是从旧石器时代晚期到新石器时代晚期的一种荆蛮土著原始文化。原始土著人类依水而居,在赤山湖湿地边产生和发展了"湖熟文化",显示当时已经具备了相当高的制作石、陶和青铜器具的水平。这种宝贵的原始文化可以大大提高赤山湖的文化属性。

4）渔猎文化。不需要隆重的开湖仪式,也没有太多鱼俗的约束,"涨水鱼,退水虾,不涨不退捕毛花"的独特江南渔业方式,在赤山湖先民 3 000 年前就开始的渔猎生活中渐渐形成,这似乎更符合现代人的口味。在湿地大环境中,利用原始的捕鱼方式,自己烧制美食,加上如画的风景、参与式的渔猎文化旅游产品,远比走马观花式的旅游更让人身心放松。

(2)文化产品开发

1)科普宣教文化产品开发。赤山湖文化资源较为丰富,除了自身特色文化,还涵盖了江苏省内普遍存在的植物文化、湿地变迁文化、渔猎文化、桥文化等,非常适合开展科普宣教旅游。据此,可建立科技含量高的 4D 展览馆,同时将室内科普宣教与室外参与式活动相结合,尽可能地展示湿地自然演替过程。利用一些科普性节事活动,如湿地观鸟节事活动等,增强游客的参与性。与此同时,还可以设计出独具地方特色的旅游吉祥物和旅游商品,来提升湿地的旅游形象,以达到促进其文化传承、科普教育的目的。

2)民俗文化产品开发。句容一些具有特色的本土文化可以融入民俗文化旅游当中,如"三阳地舞龙"已经在北京天安门广场表演并获得金奖,"秦淮彩灯"也已入选第二批国家级非物质文化遗产名录,可通过定期举办节日活动来进行宣传。"秦淮彩灯"可以附上诗歌故事,借助元宵节这样的节日活动,作为秦淮文化的载体,化无形为有形,可使游客感受到一片区域一代人的精神生活和文化的与时俱进。民俗文化旅游应当是参与性较强的体验性旅游,游客若能适时参与这些活动,将有助于文化的传承和旅游产品的开发与延续。

3)渔家生活文化产品开发。赤山湖在 3 000 年前就已经有了渔猎生活,并形成了"涨水鱼,退水虾,不涨不退捕毛花"渔猎方式。赤山湖湿地公园内有天然形成的可开发池塘,应得到充分开发利用,供游人垂钓,并为游客提供烹饪条件,实现吃、住、行一体化。游客游玩很大的原因无非是寻求一个返璞归真的场所,对于这种可以亲身参与的亲近大自然旅游活动,游客是乐此不疲的。还可在公园的科普宣教区建立别具一格的博物馆,以展示历史悠久的渔具和捕鱼方式。然而仅仅停留在吃、住、观的表层,并不一定能给人持久的印象,若能适时开展活动,譬如举办美食节,或加入比赛、摄影等元素,将使得这种舌尖上的美食体验升级到一个新的高度(殳琴琴等,2015)。

7.5.6 公园色彩景观规划

(1)湿地公园色彩配置

湿地公园景观中特定的景观元素色相设计,对使用人群能产生预定的心理、生理等感知功能。湿地公园的景观色彩是通过特定的色彩物质载体来表现的,包括自然色、半自然色、人工色,同时这些色彩载体也成为湿地公园重要的景观构成要素。

1)自然色。自然色是大自然的色彩,湿地公园中的自然色包括天空、水面、自然石材、植物等的颜色。天空的色彩不仅仅是蓝色调的,还有阴天时的灰色调,以及在日出、日落时的红黄色调,丰富多变,是天空吸引人的特色所在;水面的色彩因为倒映了天空和水面附近物体的颜色,也是丰富多变的,它既能反映实物的颜色,但又不与实物一模一样,比实物的色彩多了一分梦幻与独特;自然石材是天然的石块,包括石板、卵石、砂石等,色彩不像天空和水面那样多变,一般是灰色、灰白、灰黑、灰绿、褐黄、褐红等;植物的色彩是景观色彩的重要组成部分,在色彩设计时应该充分考虑植物的色彩。同时,植物的色彩又随着季节不断变化,比天空和水面更加丰富多变。自然色并不是恒定的色彩,它会随着时间、气候的变化而改变,景观规划中可以对可控制的色彩进行设计,同时考虑自然色参与下的整体色彩景观效果,从而为可控的色彩进行正确的选择和配置。另外也可以通过设计自然色在场地中的位置和面积,来进行色彩搭配,以获得理想的色彩效果。

2) 半自然色。半自然色是经过人工加工表现出来的颜色,保留了自然色的表观特征,让人们觉得更加舒适、易亲近。半自然色包括木材、人工石材等的色彩,主要运用于游步道、房屋、铺装、各种小品等。木材是需经过人工加工的原料,加工后的木材仍会保留原来的表面特征,一般呈暗红色、暗黄色、暗褐色以及灰青色;人工石材是经过人工加工后的石材,包括大理石、抛光花岗岩、拉毛花岗岩等,表面特征与天然石材差别不大。半自然色是与人们关系最密切的色彩,也是湿地公园色彩的重要组成,合理运用其位置、面积等,能给湿地公园的景观带来锦上添花的效果。

3) 人工色。湿地公园中以自然色、半自然色为主,人工色主要是点缀其间,如瓷砖色、玻璃色、水泥色、涂料色等,主要出现在一些活动广场、建筑局部、水泥园路、环境小品、标识牌、公园广告等中。在色彩规划设计中,通过对人工色进行调节和控制,达到与自然色彩的协调统一,可使用一些古朴的材质结合人工色,如砖、木、麻、石、藤、陶、瓦等,表达环境的亲切和宜人。对人工色进行科学的配置,既不会影响人工色载体的应用,又能与自然色和半自然色对立统一,相辅相成,营造适合现代人的湿地公园色彩环境。

(2) 功能分区色彩规划

1) 管理服务区。管理服务区位于项目区与省道 243 出入口的交接处,是游客进入项目区的最佳选址,所以主入口设在此处,并且此区主要用于湿地公园的宣传教育、游客中心建设等,所以应以明亮的红色为主色调。红色醒目、热烈,搭配有快乐、幸福感的橙色和有活力的黄色,营造一种热烈欢快的气氛,例如将郁金香和菊花种在一起,是公园入口的常见搭配方式。又因为管理服务区是所有功能区中面积最小的,所以要在房屋附近栽植具白色花和叶的植物,搭配些白色能使人产生远离、空间扩大的感觉,让管理服务区不会显得那么拥挤狭小。

2) 科普宣教区。因为科普宣教区是与游客关系最紧密的区域,游客可在此远眺湿地风景,也可临水观鱼,还可在观鸟台观鸟,另外此区还包含了少量水域,所以科普教育区以快乐的橙色作主色为宜。从亮褐色的房屋建筑到橙色的植物,如典型的万寿菊、孔雀草,既能使游客们体验到科普教育活动的热烈氛围,便于活动的开展,也能与少量的湖泊的蓝色相得益彰。在不影响防洪功能和水质的前提下,在靠近水域的陆地上再种上蓝色、紫色的植物,更能使两色融合,你中有我,我中有你,大大提升了景观效果。

3) 休闲体验区。休闲体验区现状有鱼塘、水稻田等,为本土农耕文化、渔猎文化的挖掘及农林湿地经济的发展奠定了基础。为将合理利用过程中的人为活动影响降至最低,该区域应以其自然色绿色、黄色为主色。在经过了公园入口鲜艳颜色的视觉刺激后,合理利用温和、舒适的色彩搭配,更能使游客放下紧张兴奋的神经,静下心来体会湿地生态公园的自然惬意风光。

4) 湿地保育区。考虑到湿地保育区是以保护水质与游禽、涉禽的栖息地为目标,以湖泊的蓝色和湖边白水荡苇的白色为基色。此区域主要是湖泊,配以铺装、植物等,暖灰色的平台铺装和浅褐色的木质栈道能很好地融合到周围环境中,湖边配以红色或黄色暖色建筑,能起到画龙点睛的作用,提高整体亮度,在自然的基础上丰富景观的视觉效果。

5) 生态恢复区。生态恢复区按照防洪要求进行保护与恢复,所以不宜对此区做过多的修整,以原有的深绿色自然色为主。因为浓绿色是大多数花色最好的陪衬,尤其是对于红色,浓绿色是最完美的陪衬,所以在此区少量地种些暖色的红色、黄色或紫色花植物,可在开花时节添些"野趣",别有一番滋味。

（3）颜色季相变化规划

植物色彩的季相变化一向是各个公园景点规划重点,植物色彩的季相变化不仅能使公园呈现动态的美,做到动中有静、静中有动,一年四季都能给游客不一样的惊喜,更能顺应自然,"花开花落""零落成泥碾作尘",不需要处处盛景,自然本身就处处是景,正如赤山湖湿地公园保护优先,自然恢复,合理利用,持续发展的规划原则所表达的。本方案以环湖轴线进行春、夏、秋、冬突出景点的路线规划,以顺时针方向布局。

1）春。将位于湿地公园西北方向的区域,包括赤湖飞雁、兰墩鹭鸣等景点,作为春天景观的主角,可有效避免大风的伤害,不仅使植物景观呈现很好的状态,还能减缓在过敏高发期的春季花粉、柳絮等飘散,方便人们的游览。春天是百花齐放的季节,色彩设计强调精致开阔、色调浓烈,应大胆地在绿色大背景下以紫红、粉红、金黄等绚丽颜色为主色。

2）夏。赤山湖属秦淮河流域,位于北亚热带中部湿润、半湿润季风气候区,夏季炎热多雨。将夏季景观亮点放在赤山湖的北部,一来可以防止季风的摧残,二来湖面的风吹来,可以给岸上的人带来一丝凉意。这时,就需要滤掉春天的躁动,以有清新、凉爽之感的蓝紫色、白色为主色,炎热夏日蓝花、白花开放,带来有如海洋里浪花翻滚般凉爽之感,配上黄色,能和白色一起减轻蓝色、紫色以及湖面蓝色的沉重感,代表景点有水荷莲天等。

3）秋。秋天也是色彩最丰富的季节,但这时叶子却成了绚丽画卷的主角。随着树叶中叶红素、叶黄素的增多,平时"低调"的叶子呈现出灵动绚丽的红色、橙色和黄色,这些颜色自然而然地成了这幅"秋之画卷"的主色。此时,正适合临湖垂钓,秋景着重表现在公园秦淮夕唱等景点,也可让渔家小筑景点的游人在体验渔家生活、享受湖上美味的同时,能欣赏到秋天的美景。

4）冬。冬季总会让人联想到落叶枯枝、凄然萧索的画面。这时,常绿树种就成了整个公园内的"救星",阔叶树的深绿甚至针叶树的浓绿都会在凄冷的冬天带来生机,若再配上"万花敢向雪中出,一树独先天下春"的各色梅花点缀浓密的绿色,更能使冬季的景色别有一番滋味,要是再能下一场大雪,白雪、绿叶、红梅相得益彰、美不胜收。将冬景规划于东南角,能有效避免冬季西北风的侵袭,更好地保护植物不受冻害,呈现最美的冬景（周春予,2015）。

8 江苏南京长江新济洲国家湿地公园

8.1 项目背景

8.1.1 新济洲发展历程

新济洲大约形成于清代嘉庆年间,新济洲原名救济洲,是当时救生局名下的产业。后因西部洲头不断侵蚀,不断下移至当今位置,更名为新济洲。2000年以前,新济洲上以村民居住为主,原有居民1 000多户,近4 000人。洲上居民主要靠打渔、种植和农作物生产为生,原生湿地特征较为突出。2000年11月,江宁区人民政府对新济洲上住户实施了"生态移民"工程,并于2001年11月全部搬迁完毕。为了保护和恢复新济洲湿地环境,相关部门迅速开展加固江堤、疏通洲上水系、灭螺、进行绿化种植等恢复洲滩湿地特色的工作。2006年3月,江宁区人民政府建立"新济洲湿地生态示范保护区",并专门成立了"新济洲湿地管理办公室",负责新济洲湿地保护与恢复项目的组织和实施。在新济洲上陆续建成2 000亩①玫瑰园,种植大量的花木,并根据新济洲洲滩特点,营造和保护原生湿地环境,在关键的区域建设生态缓冲区,明确了洲滩湿地的保护范围。2011年3月25日,《国家林业局关于同意河北省北戴河等45处湿地开展湿地公园试点工作的通知》(林湿发〔2011〕61号)批准滨江开发区新济洲湿地公园命名为"江苏南京长江新济洲国家湿地公园"。

8.1.2 自然地理条件

(1) 气候

南京市江宁区属北亚热带季风气候区,季风环流是支配本区气候的主要因素,具有气候湿润,温暖宜人,四季分明,雨量充沛,光照充足,无霜期较长的气候特征。根据江宁区气象站的资料,江宁区多年平均气温为15.5℃,1月平均气温为2.2℃,7月平均气温为28.2℃,极端最低气温−13.3℃,极端最高气温40.7℃;江宁区全年雨量充沛,水热同季,但少数年份旱涝悬殊。多年平均降雨量为1 004.6 mm,有明显的季节变化,全年有三个较明显多雨期,4~5月常有春雨,6~7月为梅雨季节,9月多台风秋雨。梅雨结束后的7~8月,常有一段伏旱天出现;6月是一年中降雨最多的月份,12月和1月降雨量最少。由于水热同季,有利于作物和林木生长发育。新济洲年平均温度为16.0℃,夏季洲上的温度比江宁区城区低2.0~3.0℃;年日照总时数约2 170.0 h,年降雨量1 000.0 mm左右,无霜期240 d;四季分明,日照充足,土地肥沃,水源充沛。因南京长江新济洲国家湿地公园缺乏系统的气候观测资料,所以湿地公园的规划主要以江宁区的气候资料为依据。

---

① 1亩≈666.67 m²。

108

（2）水文

据长江水位历史资料,历年最低水位 7.8 m,最高水位 11.9 m,防洪水位 9.2 m,一般洪水期 1～3 个月。新济洲原为一行政村所在地,2001 年进行了移民大搬迁。该洲岛有较坚固的圩堤,长江水位上涨时江水不会进入岛内,但岛内水系与长江水系保持沟通,平均水位 5.0～11.0 m。新济洲湿地内的水系、池塘因受人为干扰较少,目前污染威胁较小。但是,由于与长江水文联系,受季节影响和人为控制,其水交换周期较长。总体来说,湿地公园内水体水质较好,基本达到了《地表水环境质量标准》(GB 3838—2002)Ⅲ类水标准。

（3）土壤

新济洲土壤由长江冲积物发育而成,成土时间较短,分布高程 3.0～10.0 m。分布规律是以靠近长江开始,土壤分布顺序为飞沙土——沙土——夹沙土,三种土壤在分类上均属旱地灰潮土。这种土壤的土体内有残留的芦柴根孔,漏水、漏肥,虽有较长的耕作历史,但是以种植旱地植物为主。离长江比较远的平缓地带,土质较黏,多为马肝土、江淤土和沙淤土。洲地马肝土等土壤,由于分布位置低洼、地下水位高,土壤已有渗育层出现,已发育成水稻土。在这个地区的土壤剖面中,常出现下沙上黏的土层,根据沙土层出现的位置,分为沙土上位、中位、下位三种状态。

（4）植被

在植被区划上,湿地公园处于亚热带常绿阔叶林区域——东部(湿润)常绿阔叶林亚区——北亚热带常绿、落叶阔叶混交林地带——江淮丘陵落叶栎类、苦槠、马尾松林区。区域典型的地带性植被类型是以壳斗科的落叶树种为主,并含有少量常绿阔叶树种的混交林,植物组成成分反映出明显的过渡特征。由于湿地公园范围内新济洲岛等为近百年来由沙洲和沙滩逐渐成长的陆地,且所在地区自古以来为人类活动频繁区,典型的地带性植被在洲上从未有过。湿地公园现有森林植被以人工林为主,主要树种有杨树、垂柳、旱柳、杂交柳等。目前,在新济洲又种植了香樟、杜英、广玉兰等其他园林树种。洲上曾居住一个村的人口,大片土地被开垦为农业用地,因此,原有的草本植被主要是农作物。居民迁出后,农地逐渐荒芜,被大量菊科、禾本科、莎草科、蓼科等科属的植物所侵占。据不完全统计,长江新济洲国家湿地公园及其周边区域共有维管束植物 366 种,隶属于 219 属 78 科。其中蕨类植物 6 科 8 属 8 种;裸子植物 1 科 2 属 3 种,被子植物 71 科 209 属 355 种;栽培以及外来植物有 13 科 20 属 25 种,野生植物 73 科 208 属 341 种。洲地内植物以菊科、禾本科、莎草科、蓼科等为优势科。

（5）生态区位

新济洲现属南京长江湿地示范保护区,该保护区范围包括子母洲与新生洲之间的长江段、长江两岸陆地 200 m 以内区域,即新济洲、新生洲、再生洲、子母洲、子汇洲,以及区内长江水域及两岸滩涂地,总面积 58.6 km²。新济洲位于各洲岛的中部,在区域生态环境保护、湿地涵养、保护、恢复建设,以及湿地生物保护等方面承担着重要功能,是洲群湿地恢复、利用、展示的重要基地。

（6）旅游区位

新济洲周边有银杏湖生态旅游度假休闲观光区、甘泉湖生态旅游度假区、石塘竹海旅游区、南山湖旅游度假区等成熟旅游景区,这些景区共同构筑了南京江宁区沿云台山脉的旅游走廊,在长三角地区乃至全国范围内具有一定的知名度,新济洲发展旅游在该区位的融入优势和机遇十分明显。此外,新济洲作为"长江江苏第一洲",是江苏沿江风光带的上游起点,具有沿江生态旅游引领、示范的意义。

8.1.3 新济洲国家湿地公园建设现状

自 2001 年生态移民工程以后,江宁区政府对新济洲岛实施了新济洲生态恢复工程,整理和疏通了内部水系,种植了大量的树木花草,并逐步配套了若干与湿地保护有关的科研设施、游览设施和基础设施。2009 年,江苏省城市规划设计研究院完成了南京长江湿地示范保护区新济洲片区的概念规划设计工作,2010 年,国家林业局中南林业调查规划设计院再次对江苏南京长江新济洲国家湿地公园进行总体规划。经过前期的总体设计,洲内形成了以湿地恢复与保育为主要功能的生态建设片区,以苗圃和人工林地为主,并优化了少量农业种植功能。由于种种原因,前期的整体规划没有很好地落实到位,根据目前建设情况,新济洲整体洲滩湿地的特色没有彰显,自然湿地风貌没有得到很好的利用,进行湿地公园旅游建设的工作任重道远。

(1)自然景观整治现状

1)植被。洲内植被现状总体较好,通过退耕还林和恢复整治,整体绿化覆盖率高(图 8-1)。新济洲北部以自然和人工林为主,主要树种有杨树、垂柳、旱柳、杂交柳等,和乔灌结合,生态环境佳。中部和南侧植被以人工栽植的苗圃为主,主要有香樟、红豆杉、广玉兰、桂花、杜英等,局部有遗留的构树林和农用塑料大棚。湖心岛内裸地较多,植被生长杂乱,虽然树种较多,但是景观效果较差,植物配置较为随意,植物层次、季相变化不明显。洲岛西侧主要以杨树林、柳树林和构树林为主,洲内沿内河主要水系两侧已

图 8-1 植被现状

形成了具有一定湿地特色的滨水景观,植物数量较多,但进水闸口两侧植物稀疏,驳岸裸露。洲岛周边滩涂植物生境优良,以原生态滩涂景观为主,是许多水生动物和水禽重要的栖息地。但是滩涂植物生长粗放,生态效应和景观效果并未兼备,尤其是从江上观岛,植被的丰富性和景观效果有待提高。整体洲岛内树种较为单一,景观效果欠佳。

2)水系与驳岸景观。新济洲内部水源主要来源于长江和降雨,水资源较为丰富。洲上河道水量的控制和更新主要依靠闸口与长江水的互通来完成,水质较好,人为污染小。经过前期的河道整治和水系沟通,洲内水体以中心较大的湖区为中心,向四周辐射形成若干支流,并通过三个水闸与长江水系沟通。但未形成环岛的水系统,导致目前多条河道干涸,自然湿地面积减少。洲岛东南侧沿河部分有少量的养殖业,家禽产生的水污染以河流的自然净化为主。新济洲整体水域面积较小,没有充分发挥、彰显湿地特色。岛上内河北侧湿地、中部农业种植用地东侧、南侧河流两岸均以生态驳岸为主。洲岛部分驳岸缺乏生态化处理,

部分岸线僵直,景观效果不佳。船舶停靠、捕鱼等行为对湿地有一定影响。

（2）基础设施开发现状

1）交通设施。与外沟通,新济洲南部和东南部设有轮渡码头,通过轮渡可以登岛,但仅供管理、生产目的,目前尚未形成固定旅游轮渡。洲内现有公路总长 15.0 km,环洲防洪大堤现为洲岛上的主要环路。洲内小道大概 2.5 km,材料多为沥青路面和面包砖,少数为泥路,且部分道路设计不合理,有多处断头路,道路系统不完善。中心湖岛部分设有滨水栈道。洲岛内交通道路沿线景观绿化较为凌乱,而且道路材料较为单一,与湿地的自然景观风貌较不协调（图 8-2）。

图 8-2 道路现状

2）配套设施。根据实地调研,目前洲内南部已建设有新济洲管理中心和湖畔接待会所,整体建筑风格简洁现代,造型优美,与自然湿地景观较为和谐（图 8-3）。洲岛中部和南部散布着少量养殖农舍和遗留的民居,并保留了自来水系统、泵房和管理用房等基础设施用房;区内南部中心湖岛部分设有若干木栈道和观景设施,并建设有网球场等少量的户外游乐设施。但是缺乏与湿地相关的观光游览、湿地科普教育设施。

图 8-3 主要建筑

8.1.4 湿地公园建设的必要性

（1）积极保护长江中下游典型洲滩湿地

王传胜（2002 年）《长江干流九江—新济洲段岸线资源评价与开发利用》的研究资料显示,长江中存在着大量的江心洲,这些江心洲大部分处于自然演替的状态,相对面积较大的洲滩被开垦作为农用地或者农业观光旅游基地。这些特殊的洲滩湿地与其他较为典型的湿地类型有很大的不同。长江新济洲湿地是长江中下游众多洲滩湿地的典型代表,是大量珍贵野生动物的栖息地和许多越冬候鸟迁徙的中转站。同时,新济洲湿地还是研究三峡工程对长江中下游洲滩湿地影响及其响应的重要试验场。因此,对新济洲洲滩湿地的生态规划进行研究,是探讨长江中下游洲滩湿地的保护、恢复以及洲滩湿地的资源利用的重要案例。通过建立南京长江新济洲国家湿地公园,对新济洲洲滩生态系统进行保护,可以为洲滩湿地保护和生态恢复积累经验和提供示范,并可建立起一个比较完善的长江中下游洲滩湿地研究和交流平台。

（2）保障江宁区以及南京市的生态安全

新济洲及其周边生态系统、生态环境较好,是众多野生动物的栖息地。通过湿地公园的建设,开展相关生态修复工程,能够更好地恢复和营建自然的生态系统,进一步改善和提高湿地生物的栖息环境,构建良好的自然生境,有效保护区域生物多样性。同时,新济洲国家湿地公园内的湿地和森林生态系统,在涵养水源、保持水土、调节气候、净化污染、吸收和固定二氧化碳等方面发挥着巨大的功能。湿地公园的建设,对研究区周边的生态环境必将带来积极的影响。通过严格保护和适度修复湿地生态系统,能够有效地提高洲滩湿地的生态功能,进而有效地保障区域的生态安全。

（3）满足市民多样的休闲娱乐需求

南京长江新济洲国家湿地公园以长江洲岛为依托,通过轮渡的方式沟通洲滩与外界的联系,是南京市生态旅游的一个"亮点"。目前针对洲滩湿地的利用多集中在农业方面,而洲滩湿地具有得天独厚的岛屿风光,自然生态环境优越,历史文化深厚,是开展洲滩湿地生态观光游、科学考察游、康体保健游和科普宣教游等旅游项目的理想场所。洲滩湿地公园的建设充分利用了洲岛的地理区位和自然环境优势,为市民开拓了全新的游憩和娱乐空间,增加了人们亲近自然、回归乡土的机会,是一个舒适恬静、净化心灵和修身养性的好去处,可以更好地满足人们多样的游憩体验要求。

8.2 规划目标和定位

新济洲是典型的洲滩湿地,且洲内有河流湿地、湖泊湿地、沼泽湿地等多种湿地类型。洲内湖塘、河溪、沼泽湿地、生态防护林和长江风光形成了极具特色的景观风貌。新济洲规划设计以生态保护和恢复为核心,充分利用新济洲洲滩湿地和滨江优势,以建设集湿地科普教育、观光休闲和疗养度假为一体的国家级洲滩特色湿地公园为目标。

从生态设计、湿地保护和恢复、旅游建设等方面来考虑,新济洲洲滩的开发利用应依据生态适宜性评价和景观格局分析的结果,以尊重规划现状为基础,充分利用洲岛相关资源,有重点地进行。因此,在充分利用新济洲现有资源的前提下,注重对洲滩的保护,科学合理地进行开发。

（1）湿地恢复典范与科教之洲

湿地是水鸟和两栖动物的重要栖息地,对于维护鱼类等资源的生物多样性以及人类生产、生活都有非常重要的作用。长江中下游干流河道的演变,使得长江中生长有许多大小不等的江心洲。洲上自然植被茂盛,土地平坦肥沃,是长江中下游一种特有的土地资源。新济洲是长江河流演变和人类活动共同作用下的产物。洲内湿地资源种类丰富,据实地调查,洲岛内现有湿地分为河流湿地、湖泊湿地、沼泽湿地和人工湿地 4 大类,以及永久性河流湿地、洪泛平原湿地、永久性淡水湖湿地、草本沼泽、森林沼泽、池塘、水产养殖场 7 个小类别。长江水体、江心洲、洪泛平原湿地、洲内湖泊、洲内水系、森林沼泽、草本沼泽组成的复合湿地生态系统,随着季节和长江水位的变化呈现出湿地不同类型的美,是比较少见的湿地景观资源。新济洲内丰富的湿地资源,兼具湿地的自然属性和人工属性,其典型的地理环境、湿地生物群落,为湿地环境保护和科研提供了良好的实践场所。

规划设计应重点突出不同类型湿地的修复以及生物多样性和景观多样性的建设。此外,还要强化湿地的科研和科教功能,通过不同手段向人们传递湿地信息和大自然中湿地的演化过程知识,尤其可以针对青少年进行湿地环保教育和文化熏陶,从而打造以湿地保护、恢复和湿地科普教育为主题的湿地公园。

(2) 特色洲滩型湿地公园

随着长江水体的不断冲刷以及人类对江心洲的无序开垦,许多洲滩湿地的生态环境遭到了一定程度的破坏。尤其是早期农业的开发,导致许多洲滩湿地由自然滩涂、沼泽湿地转变成农用地、苗圃、人工林地和建筑用地,原生的自然湿地生态系统遭到严重破坏。新济洲是长江中下游典型的洲滩湿地。洲岛南北最长 6 600 m,东西最宽 2 240 m,研究区洲滩包括河滩、江滩、泥滩和一定面积的草洲,主要分布在新济洲北部洲头、东西岸滨江洲滩地带,以及洲内沿河岸分布的滩涂,湿地景观层次较为丰富。大堤外江滩原生湿地(洪泛平原湿地)风貌最为明显。滩涂湿地上生长着大片的芦苇,湿地野生动物资源丰富,多以飞禽和水禽为主。洲岛南部地势较为低洼,杨树林和柳树林遇汛期会遭受江水周期性淹没,森林沼泽和草本沼泽湿地景观特征明显。由于人为干扰较少,水禽、候鸟和旅鸟的种类与群体在逐年增加。

新济洲湿地系统表现出来的原始自然景观、自然的生态特征、完好的洲滩湿地序列在我国并不多见,而且洲滩资源是不可再生资源,因此,新济洲是较为稀缺的洲滩湿地旅游资源。规划设计应充分利用新济洲典型的洲滩湿地和原生森林景观,打造良好的长江湿地—洲滩湿地—洲滩森林复合生态系统,保护和改善生物栖息环境,保护和恢复生物多样性,因地制宜、科学规划,充分发挥生态系统在提供优质水源、净化污染物、控制侵蚀和保护土壤、调节气候等方面的功能,在保护新济洲生态系统的基础上进行适当的生态利用,打造国内第一个国家级洲滩特色湿地公园。

(3) 长江洲岛旅游示范基地

新济洲的地理位置得天独厚,长江南京段风光旖旎,多种自然元素和人文景观构成了美丽的景观画卷。周边滨江景观风光带开发较为成熟,形成了长江旅游开发的规模效应。新济洲周边各种休闲度假区和旅游风景区多沿江分布,散布的一些洲岛较不适宜开发或待开发,且多为农业生产、农业旅游方向的开发利用。新济洲是江苏沿江风光带的上游起点,四面环江,风光秀美,区位优势明显。新济洲与周边子母洲和再生洲形成独具特色的新济洲洲滩湿地群,水体岸线优美。依据新济洲自身的资源优势将其定位为长江洲岛旅游示范基地,并与长江文化、湿地文化、南京历史文化,以及优美的自然环境、湿地资源及环境保护有机结合起来,旨在打造生态安全、风光优美、适宜人居及休闲度假旅游的综合性长江洲岛湿地风景区。

8.3　规划原则

（1）动态规划原则

洲滩湿地具有明显的动态变化性。新济洲环洲大堤外围滩涂遭受江水的不断冲刷,基地南部百年一遇防洪堤外围地势相对较为低洼,相对平均高程相差 1 m 多,分布着茂密的人工林地,主要为杨树林和柳树林。丰水期和雨季时这一区域则成为森林沼泽和草洲湿地。环洲大堤周边河流沿岸有诸多芦苇沼泽和滩涂,也随着水位和降雨量的变化处于周期性淹没状态。因此,新济洲国家湿地公园规划设计要基于动态规划的原则,针对不同时期湿地景观的变化和特点,因地因时制宜,兼顾不同时期湿地公园的观景特色。

（2）自然性原则

新济洲是自然生长形成的洲滩,原生湿地景观和自然密林充满自然野趣。对于洲滩特色的湿地公园景观规划设计,应注意要使公园整体风貌与湿地自然特征相协调,限定各类景观和服务设施的规模和数量,最大限度地保持洲滩湿地的自然属性,避免景观同质化。公园景观的塑造应优先采用有利于保护湿地生态环境的材料和工艺;景观小品、建筑、铺装应体现自然田园野趣,并与湿地整体风貌相协调。

（3）地域性原则

不同地区的自然和人文条件差异造就了各地域的特色,包括区域中有别于其他地区的典型地理、人文环境等特点。洲滩地域特色是洲滩湿地公园有别于其他类型湿地公园的特质。新济洲形成的历史较为悠久,经过前期的搬迁、退耕还林和湿地修复,目前已形成一定规划雏形。新济洲国家湿地公园的规划设计应立足历史和现状,结合景观设计,展示新济洲发展历史脉络,并紧密结合研究区地形、气候、人文、经济和社会等多方面综合要素,突出研究区四面环江的优势,围绕"长江"营建滨江风光带;应利用基地丰富的湿地资源,塑造具有长江地域特色的洲滩湿地体验和观光区。

（4）生态保护性原则

健康的湿地生态系统是生态安全体系的重要组成部分,也是区域经济可持续发展的重要基础。在生态保护性原则的基础上,对新济洲进行合理的规划利用,充分利用现有的植被、建筑、水系道路,力求将对生境的改变和干扰控制在最小范围内(张园媛,2010)。根据区域鸟类和鱼类迁徙和繁衍的规律,通过人工方式建立适宜湿地动物栖息的环境,从而为各种湿地生物提供稳定、适宜的生存环境,提高新济洲动植物的多样性,保持其良好的自然生态环境。

（5）教育与体验原则

湿地生态旅游最突出的特点就是通过宣传湿地的自然生态功能,如净化空气、涵养水源、防洪蓄水以及增加生物多样性等,对参观者进行一定的科普教育。展览馆、标识解说系统是承担该功能的主要载体。故而湿地公园的设计应着重建立完善的标识系统,营建展览馆,通过图片、文字、动画以及实景模拟等多种方式,对参观者,尤其是青少年进行湿地环保教育。此外,应根据湿地研究区的分布情况,建设湿地恢复示范区,通过多种湿地植物的生物吸收作用,以及植物与微生物的协同作用对水体进行净化和过滤,将富含有机物的水体转变为洁净水,让参观者更加直观地感受到湿地的生态功能。

8.4 功能分区规划

　　研究区的中部主要为不适宜生态区,目前已经建设有新济洲管理办公室和旅游接待会所等相关建筑,配套设施较为完善。景观格局分析显示,该区植被较为单一,主要斑块类型为苗圃、水体和建筑,散布少量的林地和裸地,人工干扰较大,不利于生物的栖息,可作为湿地相关游憩活动开展的主要功能区块。研究区的南部主要为较不适宜生态区,主要斑块类型为苗圃,散布少量的林地和农用地。可充分利用研究区南部遗留的部分农舍和农用地,对其加以改造利用,开展一些农业类的游憩活动。环洲大堤外围的区域主要为适宜生态区和较适宜生态区,斑块类型主要为滩涂、林地和水体。这些区域自然环境良好,植被和湿地资源丰富,生物多样性高,规划设计中应作为重点保护区块,减少人类活动的干扰。

　　根据新济洲国家湿地公园规划目标,基于前期对新济洲生态适宜性和景观格局的分析,规划设计以洲滩湿地的保护和修复为主,开发旅游等活动为辅,形成新济洲国家湿地公园的整体规划。规划将研究区分为江滩湿地保护区、湿地恢复示范区、湿地森林探险区、湿地科教博览区、田园观光体验区以及湿地休闲活动区6大功能区(图8-4、8-5)。

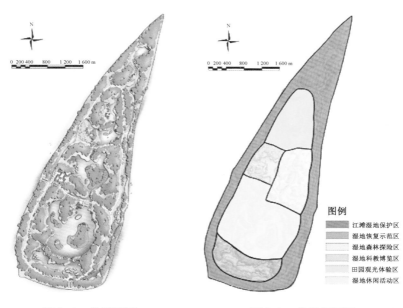

图 8-4　总平面图　　　　　图 8-5　分区平面图

图例
- 江滩湿地保护区
- 湿地恢复示范区
- 湿地森林探险区
- 湿地科教博览区
- 田园观光体验区
- 湿地休闲活动区

（1）江滩湿地保护区

　　江滩湿地保护区主要位于环洲堤外围洪泛湿地以及基地北侧的林地。根据生态适宜性分析结果,该区为适宜生态区,应以生态保护为主。景观格局分析显示,该区主要为林地斑块,并镶嵌若干滩涂斑块和水体斑块,湿地特征明显,自然环境优越,生物多样性较高,人为干扰较小。规划设计时,应充分利用江滩湿地保护区的滨江自然风光和大片芦苇景观,以自然湿地景观体验为主,联通和扩大水体面积,并增加植被品种,开展少量森林探险旅游等活动,形成自然淳朴的森林湿地景观。

① 以湿地体验、游赏为主。进一步沟通和划分水系,利用大片的芦苇,打造充满趣味的水上迷宫,丰富游客的空间体验。在水上岛屿中设置若干观鸟台,满足游人渴望回归自然的心理需求。

② 充分利用长江景观资源。依托基地东南部现有的登岛码头,在保护长江洲滩生态环境的基础上,打造长江环岛水上观光线路,以湿生植物为主,形成开阔的观景空间,打造饶有趣味的水上街市。

（2）湿地恢复示范区

湿地恢复示范区主要位于西侧和南侧的滨江地带。根据适宜性分析结果,该区为较适宜生态区。景观斑块图显示这部分区域主要为自然生长的密林,以及人工栽植的柳树、杨树等,人工干扰较小,生物多样性较高。景观设计主要以湿地展示和湿地恢复示范为主。

① 疏通独立的河道,将区域内小面积的水体开挖连成较大的水面或连续性的池塘,并与中心湖区水体连通,在区域内形成完整的水系。

② 在功能区原有地形的基础上,通过小范围的挖方和填方,沿水系规划,营造和展示森林湿地、草丛湿地、河流湿地等不同类型湿地的特色景观,其间布置观鸟平台、湿地观测台等设施,丰富游客的游览体验。

③ 通过湿地水净化处理、人工浮岛技术以及人工湿地净化技术等手段,结合湿地植物和水中微生物,达到修复和净化水体的目的,以构建良好的水禽栖息地,恢复湿地的原生态特征。

（3）湿地森林探险区

湿地森林探险区位于研究区的东部。该区主要为较不适宜生态区和较适宜生态区,且林地斑块完整,主要为自然生长的构树林。规划设计引入中心湖区的水体,进一步扩大原有水体面积,结合密林,营建森林水溪景观,利用水面打造水上漂流、水上迷宫以及森林探险等相关活动空间。

① 设置百鸟园。湿地公园及其周边区域鸟类多达 89 种,是极佳的观鸟场所。密林是鸟类栖息的乐园,公园规划设计可在树上设置鸟巢,建造湿地森林百鸟园,局部空间可点置小型的观鸟平台,建筑材料应就地取材,并在形式上与周围环境融为一体。配合设置若干休憩设施,为摄影爱好者提供取景拍照的良好场所。

② 建立野生植物园。为动物提供栖息、活动和繁衍的场所,有助于形成自然稳定的森林生态系统。通过标识牌等介绍野生植物的相关知识,对野生植物的生长习性,尤其是一些有毒有害植物的介绍,有助于游客对各种野生植被的认知,达到科普教育和回归自然的目的。

（4）湿地科教博览区

湿地科教博览区位于研究区中部不适宜生态区,现状主要为零散的林地、苗圃和农用地。景观设计一方面通过布置一定数量的宣传牌、指示牌和湿地宣教小品等,用图文并茂的形式展示新济洲的洲滩湿地文化、湿地景观和湿地科普知识,向大众宣传湿地的功能和保护湿地的重要性,让人们在领略和体验多种湿地景观的同时,增长湿地相关知识,增强湿地保护意识;另一方面,通过实地展示和模拟自然湿地生态系统运作模式,更加直观地普及湿地科学知识;依托区块现有的管理中心建筑群,建设湿地科普教育中心,形成较为集中的建筑布局。通过室内展览,结合现代科技手段,运用多媒体、动画等方式向人们传递湿地信息和大自然中的湿地演化过程知识,达到科普教育的目的。科普教育中心建筑力求与园区整体建筑风格统一,造型优美。

（5）田园观光体验区

田园观光体验区位于研究区中北部。该区主要为不适宜生态区,且现有斑块主要为苗圃、建筑和农用地,斑块较为琐碎。由于基地具备一定的农业生产基础,故以打造农业观光体验为主。

① 在现有苗圃的基础上增加花卉植物品种,形成一定的规模,打造诸如梅花园、桃花园等主题花卉园。并根据时节,营建菊花园、玫瑰花园等特色花卉园;为突出田园观光主题,设计野生花卉园。根据需求建设花园客栈,为游客提供短暂住宿的场所,使游客在娱乐中感受自然淳朴的乡村风光。

② 将部分散乱的苗圃整改为果园,通过开展果树认养管理、果实采摘等活动丰富游客的旅游体验。在田园观光体验区开辟一定空间,为游客提供亲手种植农作物和普及农业知识的体验和教育场所,并在专业人员的指导下做定期管护、统一管理。田园观光体验区旨在以乡趣、农趣、野趣为特色,让游客亲自参与一系列的农耕活动。

③ 新济洲的农民长期进行湿地经营与耕作,形成了与生活环境相适应的独特文化。规划设计通过建立小型展览馆,展示新济洲的历史发展过程,尤其是农耕文化的介绍和相关农耕工具的展示,使游客更加了解过去,并感受现代农民的风貌,通过历史和文化间的比较,提高游客的文化素养和对湿地农业生活的认知和感悟。

（6）湿地休闲活动区

根据分析结果,研究区中部和南部是不适宜生态区,主要斑块类型为苗圃、建筑和裸地,道路体系较为完善,故将湿地休闲活动区设置于此。

① 突出保健、康乐、疗养等养生主题,为市民休闲度假提供幽静、健康的自然环境。强调调节、保健、康乐等功能结合,利用现有的果树、苗圃以及花卉植物,建设花卉园、药草园和茶园;依托休闲活动区的中心水体,营建绿色康体疗养居所,建设水疗 SPA 生活馆,并结合中西医药物和物理治疗等技术,全方位调节游客身心,促进心理与生理平衡而达到保健作用;利用基地现有的网球场等运动设施,将该区打造成湿地户外运动的场所,形成特色湿地体育运动场,使游客在充分欣赏湿地景观的同时,还能体验湿地健身的乐趣。

② 进一步扩大水体面积,将中心湖周边的河道连通起来,并利用小范围的挖方,就地营造一定的微地形,形成湖泊、水溪、叠泉等不同形态的水景,并沿水面布置若干的亲水平台和不同形态的水上栈桥,建造各式喷泉、水墙、沙滩、水车和水上巴士等,让游客零距离地与水亲密接触。

③ 中心岛主要为林地,且存在大面积裸地。岛中心部分存在一定的沼泽湿地,景观设计将岛分为中心保护区和外围观景区。中心保护区主要在原有沼泽湿地的基础上,扩大水体面积,增加湿生植物品种,营造自然的沼泽湿地风貌;在中心保护区四周设置一定宽度的缓冲带,栽植高大的乔木,并注意乔、灌、草的搭配,尤其是挂果的灌木,可吸引鸟类前来觅食;外围观景区则充分利用周边湖面景观,栽植丰富的观花树种和花卉植物,打造四季皆景的万花岛,形成新济洲的特色景观节点;局部空间设置一定的观景平台和休憩小筑,并注意与湖泊外围的景观形成对景;小岛入口处设置小型游船码头,满足游人水上泛舟的游览需求。

8.5 专项规划与专题研究

8.5.1 道路交通规划

（1）陆路

一级道路规划主要是在原有道路的基础上适当拓宽，形成宽 6 m 的主环路，与宽 4 m 的二级道路和游园小路、栈道（宽 1.5～3 m）等，共同形成新济洲主要的道路系统（图 8-6）。登岛码头位置以及园区内主要建筑附近设计小型的停车场，满足停车需求。一级道路和二级道路以混凝土及沥青路面为主，是贯穿园区的主要车行路线；游园小路材质使用较为灵活，依据道路所在功能区的景观特点，以新济洲内的石材为主，再辅以木材、碎石料等自然材料，形成独特的地面景观，与周边的特色湿地植物景观带相融合，丰富景观层次，营造自然生态的环境氛围。

整体交通方式以小型汽车为主，电瓶车和自行车为辅，方便洲上运输生活必需品、生产物资以及垃圾运送。

（2）水路

洲岛内交错纵横的河渠水网构成独特的水上交通线路，与主、次干道和支路共同构成交通大系统。规划设计将新济洲内水上游线连为环线，加强水上交通组织和设施建设。规划开设多条水上游线，使游客可以通过水路方便到达各个功能区及景点。

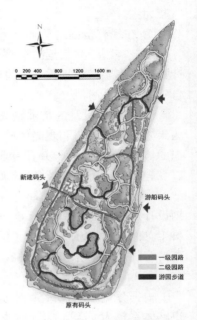

图 8-6 道路交通规划

在梳理新济洲现有水系的基础上，基于生态适宜性分析和景观格局分析的结论，重新整合和营造新济洲水体景观，形成游览的水上环线。在原有码头的基础上，根据适宜性分析结果和景观营造的需要，适当调整原有码头位置，两处码头分别位于新济洲南侧（原有码头位置）和西侧新济洲管理办公室处。其余四处景观营建性质的游船码头，主要用于连通新济洲内主要的景观节点和功能区块，一方面方便快速到达，另一方面充分利用长江的自然风光，形成独具特色的江上游览线路。以环保游船、自驾木舟、双人自行车等环保型交通工具为主。各景点和主要服务点都设有停靠码头或小型停靠点。

8.5.2 洲滩水岸景观规划

（1）主要驳岸类型

合理的驳岸设计有助于为各类生物营造良好的栖息环境，也可以塑造优美的自然环境，为人们提供日常休闲娱乐的良好平台。根据新济洲的地形地貌、水流等自然条件，以生态系统的自我设计能力为基础，水体的驳岸设计注重人与水、自然间的互动。根据新济洲国家湿地公园的生态定位，水体以自然生态驳岸为主。由于洲滩内部不同河岸条件之间存在较大差异，因此在自然驳岸的基础上，主要采用以下三种驳岸类型相结合的方式。

1) 自然原型护岸。通过种植植被,利用其根系来稳固堤岸以达到保持自然河流特性的功能,例如配植新济洲原有的柳树和杨树,搭配水杨、白杨以及芦苇、菖蒲等喜水植物。自然原型的护岸方式抵抗洪水的能力较弱,因此主要用于洲滩内部水溪的驳岸。

2) 自然型护岸。在自然原型的基础上,根据水流方向和速度,配置石材等天然材料,如自然石、鹅卵石、木桩等,搭配一定的挺水植物,以增强护岸的抗洪和抗冲刷能力。中心湖区的水体驳岸以此种驳岸为主。

3) 多自然型护岸。在以上两种驳岸类型的基础上,根据水体冲刷情况,利用多种人工手段营造不同类型有机结合的自然驳岸。洲滩防洪大堤外围水体冲刷较为严重,风浪较大,洲滩不同位置所受的冲刷力度不一,地形情况也存在较大差异,因此主要以多自然型护岸为主。

(2) 重点水岸景观规划

1) 西岸防洪大堤景观带。新济洲西岸堤岸分为两层,外侧堤坝沿新济洲洲滩外围修筑,防洪标准为五年一遇,堤高3.2 m左右。内侧防洪堤坝防洪标准为百年一遇,堤高 12.3 m 左右。五年一遇防洪堤外围还铺设有碎石,以防止长江水浪直接冲刷堤岸(图8-7)。两层防洪堤之间的圩区面积大约1.2 km²,主要为人工栽植的柳树林,郁闭度高达 0.96。该区遇汛期和雨季遭江水周期性淹没,地被植物较少,主要景观结构为江滩—圩区—防洪堤—洼地—林地。作为新济洲

图 8-7 新济洲西岸现状

洲滩湿地的主要分布地和防护林带,大面积的碎石阻隔了江水和洲内土壤的循环作用,圩区柳树林和防洪堤内侧林地树种单一,林冠线单调,洼地被杂乱的植被覆盖,导致整体防洪大堤景观观赏效果较差,洲滩湿地景观特征不明显。景观规划设计应部分改造碎石驳岸,局部结合景观置石,栽植大片的芦苇等水生植被,构建生态稳定、湿地风貌更为明显的驳岸景观。圩区局部可片植水杉等耐水湿的树种,丰富林冠线;大堤内侧增加乔木树种,并利用洼地,沟通独立的池塘沟渠,形成连通的水系,利用水岸栽植多种水生植被,整体形成丰富的湿地—周期性淹没林带—林地—湿地—道路廊道—湿地—林地的景观结构(图8-8)。

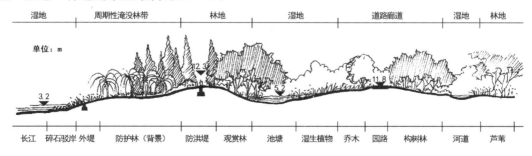

图 8-8 西岸防洪大堤景观带剖面

2) 东岸防护林景观带。东岸景观带沿主园路分布着狭长的水系,两侧水岸芦苇丛生,鸟类资源丰富,长江景色一览无余。由于东岸防洪大堤外围没有对洲滩驳岸进行特殊处理,

仅种植大片的密林，主要有杨树和构树，因此在长江常年流水和季节性洪水的巨大冲刷作用下，该区以每年10～20 m的速度消失，大片的防护林被冲刷掉，照此速度下去，不用多久新济洲东岸防洪大堤会直接受到长江洪水的冲刷，东岸现有的缓冲带将基本消失（图8-9）。因此，加强东岸滨江洲滩的保护十分重要。对于洲滩的稳固和保护，可通过石砌驳岸结合自然驳岸的方式，以挺水植物为主，突出洲滩湿地的自然属性。景观设计应增加东岸防护林带的树种，丰富林冠线，强化中部河道的湿地景观，以增强东岸洲滩湿地生态系统的稳定性，形成观赏林—道路廊

图8-9　新济洲东岸现状

道—湿地—观赏林—防护林—自然驳岸的景观结构（图8-10）。

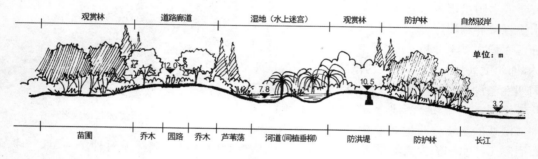

图8-10　东岸防护林景观带剖面

8.5.3　植物景观规划

南京长江新济洲国家湿地公园分为6大功能区块，各个功能区的定位不同，因此植物景观相对应有不同的特色和种植方式。按照功能区的景观定位，将新济洲的植物景观划分为自然生态型、科普教育型、观赏游憩型和生产经营型4种植物群落配置类型。

（1）自然生态型

自然生态型的植物配置主要以生态环境保护为主，因此植物景观表现为自然生态型群落，以为野生动物提供栖息地为主要目的，为动物提供足够的食物和庇护所。植物配置方面以生态性、地域性和多样性为设计的重点。江滩湿地保护区、湿地恢复示范区和湿地森林探险区主要位于适宜生态区，人工景观较少，因此植物配置以自然生态型为主。此外，为了减少外围人类活动对这些敏感区域的干扰，应注重缓冲带的建设，加强洲滩生态环境的保护力度。

（2）科普教育型

科普教育型的植物配置以环保型树种为主，有针对性地选择抗污染及净化能力强的植物，按照生态学的相关理论进行搭配设计，并用标识牌等方式进行展示介绍，以达到科教宣

传的目的。湿地科教博览区主要以湿地知识科普宣教为主,一方面,植物配置要构成芦苇丛、林地、草丛、菌类带、沼泽等不同湿地类型,通过湿地自然恢复、改良湿地生境、塑造景观多样性来形成典型的半自然湿地景观,吸引更多的水禽繁衍生息,提高生物多样性,使生态功能得以充分发挥;另一方面,要突出长江湿地的自然野趣,以乡土植物为主。通过水生植物的搭配,形成由"沉水植物—浮水植物—挺水植物—湿生植物"组成的序列性变化,体现水陆渐变的特点。

（3）观赏游憩型

观赏游憩型的植物配置人工营造成分较大,植物配置的方式有孤植、列植和丛植等。植物较为规整,并注意乔灌木的层次设计、植物季相变化的搭配等因素。湿地休闲活动区的植物配置以观赏游憩型为主,在保护原有湖滨与河道两侧植被的基础上,结合水岸景观进行梳理整治,形成具有观赏性的陆生和水生植物群落,为游人营造具有不同心理感受的植物景观空间,提高游客的参与意识和回归自然的渴望。

（4）生产经营型

生产经营型的植物配置注重农业生产,以苗圃、果园、菜地和农业大棚为主,强调植物的经济效益。田园观光体验区的植物配置以生产经营型为主。在充分考虑生态功能的基础上,综合景观和生产两方面的需求,充分利用大片的农田和果园,营造舒适自然的田园风光,并设置相关体验项目,让游客亲自参与果树的种植和管理。利用植物的色彩、形态营造良好的环境,也可使游客在此达到安神、清心、调养的效果。

8.5.4　生态规划措施

（1）洲滩湿地的保护和生态功能恢复

根据长江水位历史资料,历年最低水位 7.8 m,最高水位 11.9 m,防洪水位 9.2 m。新济洲现有两层防洪堤,外侧为五年一遇防洪堤,内侧为百年一遇防洪堤,安全性较强。洲滩湿地主要分布在北部洲头、西岸防洪大堤与长江交接地带、东岸防护林带以及洲内主要水系沿岸。这些区域大部分位于不适宜生态区,是洲滩湿地保护和修复的重点区域。

湿地公园生态规划应对洲滩湿地分布的主要区域进行保护,减少人类活动的干扰。由于这部分区域多为林地,郁闭度较高,草本植物的生长受到一定抑制,应针对该区土壤和生态环境特点,适当降低林地郁闭度,并增加森林植物种类,尤其是耐阴耐湿的灌木和草本地被植物种类。一方面,林、灌、草相结合的植物配置,有助于营造稳定的植物群落,为湿地生物提供更加适宜的栖息和繁衍环境,增强湿地生态系统的稳定性;另一方面,丰富的植被和大量的生物有助于塑造多层次的森林景观,提高景观多样性,增强景观的独特性和吸引力。此外,通过洲滩湿地发展规律的研究可知,苔藓、芦苇等湿生植物群落和水生植物群落,尤其是洲滩边缘与水系结合部分的挺水植物,对保障和增加洲滩面积具有一定的推动作用。因此,对于洲滩的稳固和保护可通过石砌驳岸结合自然驳岸的方式,同时结合挺水植物种植,这样一方面可以保护洲滩湿地,另一方面有助于恢复洲滩湿地的生态属性。

（2）不同类型湿地生境的营建

除了洲滩湿地外,新济洲岛还分布有河流湿地、湖泊湿地、沼泽湿地和人工湿地等多种类别的湿地。复合的湿地生态系统使得新济洲成为众多生物栖息和繁衍的理想场所。据实地调研和不完全统计,新济洲的植物多达到366种,野生脊椎动物有142种。丰富的生物多样性和完整的植物群落,共同组成了新济洲复杂多样的湿地生态环境。由于前期不合理的开发,许多湿地被开垦为试验田,自然植被变为规则栽植的苗圃,部分河道由于家禽的随意饲养,水体污染较为严重。规划设计应注意保护新济洲丰富的湿地生态系统,对于已经遭到破坏的湿地生境,应根据新济洲湿地生物和鸟类迁徙、营巢、觅食等活动对湿地生境的要求,结合湿地不同类型,利用本土植物材料,为生物营造林、灌、草等生态环境各异的生境。此外,应利用湿生植物和水生植物对部分污染的池塘进行净化,连通河道;局部可人工营造滩地,投放一定的水生昆虫,营造稳定、多样的湿地环境。

(3)景观多样性和观赏性的提升

在新济洲现有的景观现状中,只有林地、水体、苗圃、滩涂、农用地、建筑和裸地7种斑块类型,且林地、苗圃和水体占到研究区总面积的90.81%,景观斑块多样性较差。虽然岛内整体景观生态基础较好,湿地类型丰富,景观价值较高,但是研究区整体景观较为单一,观赏效果不佳。主要体现在植被类型较少,乔、灌、草搭配不合理,缺少景观层次。湿地公园规划设计应丰富斑块类型,增加植被品种,尤其是观赏性花木,注意植物不同花期、色彩和层次的搭配设计。在增加湿地植物种类的多样性方面,要根据新济洲湿地生态系统的特点,根据不同土质、不同水深、不同地形以及不同基础的湿生环境,并考虑光照环境、通风环境等,采用沉水植物、挺水植物、浮叶根生植物、漂浮植物以及其他多种湿生植物搭配设计,营造多样性的湿地生态环境,打造丰富的湿地景观。

(4)廊道生态系统的构建

廊道是一种重要的生态基础设施,是物资运输和物种迁徙的重要通道,在改善区域生态环境质量和维持生物多样性等方面发挥着不可忽视的作用。根据前文对新济洲景观格局的分析可知,新济洲内缺乏明显的廊道。洲内目前建成的3 m宽的车行路和已有的水系,是新济洲国家湿地公园进行道路廊道和河流廊道建设的良好基础,景观规划设计中应加以整改、保护和利用。

1)道路景观廊道。洲内车行道虽为环道,但是由于道路周边的绿化建设没有得到重视,缺乏整体规划。洲内南部和东部车行道周边为苗圃,主要种植广玉兰、金枝槐、香樟和白玉兰等,呈带状分布,四季景观效果较好。西部道路周边较为凌乱,车行道左侧为沟渠、裸地和滩涂,杂乱生长着芦苇等湿生植物,右侧主要为构树林,景观效果不佳。在进行公园道路景观廊道的设计时,应着重对西部道路周边景观进行完善。一方面加强道路左侧基底湿地滩涂景观的塑造,整理水系,营造富有自然野趣的湿地风貌,形成良好的视觉舒缓环境;另一方面,在道路左侧列植不同的观花或观叶乔木,可以减缓车行环境对左侧湿地滩涂生境的干扰。植物栽植应注意植物搭配的空间和季相景观效果,在主要节点处,注意景观视线的通透性,并注意与东部和南部的道路植物景观相区别,以塑造富有变化的道路景观廊道空间。

2)河流廊道。河流廊道包括河流水体本身以及沿河流分布且不同于周围景观基底的植被带。新济洲目前水体面积较小,作为湿地公园,水的优势还没有得到很好的彰显。河道数量虽然较多,但是河道周边绿化基础较弱,尚未形成连续的河岸植被空间,河道的生态功能没有得到很好地发挥。规划设计首先应扩大水体面积,加强洲内水系的连通性,加大水网中的回路建设,尽量将独立的水体连接起来,特别是面积较小的池塘等,以利于物种的空间流动。对于自然生长的水体河岸,应注意保持自然而富有变化的河岸线,以促进生物间的物质交换,保证其斑块生境的完整性和高生态性,并尽量减少人类活动的干扰。人工营建的河道应尽量加宽现有的绿色河流廊道,以更好地发挥河流廊道的生态功能。此外,还应根据规划需求,设置若干亲水空间,以满足游览需求。河流廊道周边的绿化配置也应尽量丰富,尤其要注意水生植物的栽植,以利于为水生生物营造良好的生存环境,从而更好地发挥水生植物和微生物对水体的净化作用。在建设河流廊道的同时,也应尽量使水体斑块与研究区其他斑块相连通,这样不仅可以减小研究区景观的破碎程度,也有利于塑造河流、草洲、滩地、洲岛、森林沼泽等多种湿地景观类型。

（5）建设区域的集中和整合

通过对研究区景观格局的分析可知,洲内现有规划建筑以及农用地等人工斑块较为分散,且部分构筑物位于不适宜建设区,不利于资源的整合和利用。后期规划设计应基于生态适宜性分析的结果,针对不同景观斑块的属性,将对自然生境干扰较大的构筑物根据规划目标进行调整。对于已建成的规模较大的建筑群应保留并加以利用;植被生境较好以及不适宜建设的区域应最大限度地保护,设置自然保护区,只进行必要的科研、科教和摄影活动,减少人类干扰。

9 山东枣庄蟠龙岛郊野湿地公园

9.1 基地概况与现状分析

9.1.1 区位与周边现状

（1）地理位置

蟠龙岛郊野湿地公园地处山东枣庄市薛城区蟠龙河中一个最大的岛——蟠龙岛，位于前西仓村东侧，东仓村西侧，皇殿村南侧，枣临铁路北侧，周长约 4 300 m，面积约 1 377.5 亩，其中，水域面积约 500 亩。

蟠龙河位于薛城区西北部，发源于北部山区，流入微山湖。2015 年，蟠龙河湿地公园被国家林业局批复为国家级湿地公园，蟠龙岛是其重要组成部分和主要节点（图 9-1）。

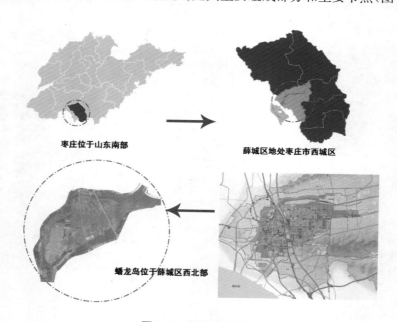

枣庄位于山东南部

薛城区地处枣庄市西城区

蟠龙岛位于薛城区西北部

图 9-1　蟠龙岛区位图

（2）周边用地概况

场地周边用地类型主要分为 6 大类。场地西侧用地类型较为简单，以农田、林地以及居住用地为主；东侧用地类型较为复杂，除了以上 3 种，还包括科教和工业用地；场地东北侧的水上游乐场作为优秀的人工景源，可考虑纳入观景视线中；西北侧的孙家大院可与整个场地结合，形成精品旅游路线；东南侧的发电厂对大气有一定的污染，在公园规划过程中应将其

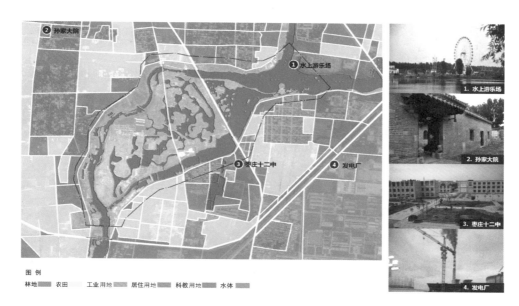

图例
林地 ▆ 农田 ▆ 工业用地 ▆ 居住用地 ▆ 科教用地 ▆ 水体 ▆

图 9-2 周边用地概况

负面影响纳入考虑范围(图 9-2)。

(3)周边交通概况

场地现状交通区位十分优越,东南方有枣临铁路穿行而过,东北侧有京台高速。薛腾公路穿越场地东北角,对场地造成了一定程度的隔断。除几条主要道路外,场地外道路多为乡道或田间路,次级道路体系不够完善,对场地的可达性以及通行质量造成一定的影响(图 9-3)。

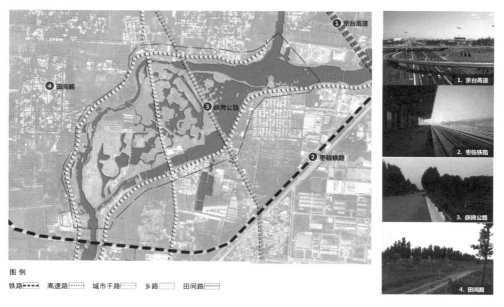

图例
铁路 ▬▬▬ 高速路 ⋯⋯ 城市干路 ▬▬ 乡路 ▬▬ 田间路 ▬▬

图 9-3 周边交通概况

9.1.2　基地条件分析

（1）用地现状分析

场地现有用地类型主要分为 6 大类，其中林地和草地占比最高，遍布整个用地范围；建筑主要集中在经济农场部分，建筑面貌较为陈旧，为二十世纪五六十年代的风格，应予以改建或重建；农田主要位于经济农场南侧，有小范围的果园，在规划设计中可考虑将其保留并利用；设施以配电设备为主，场地内部有数条高压线穿越，对场地的景观风貌及用地建设有较大影响（图 9-4）。

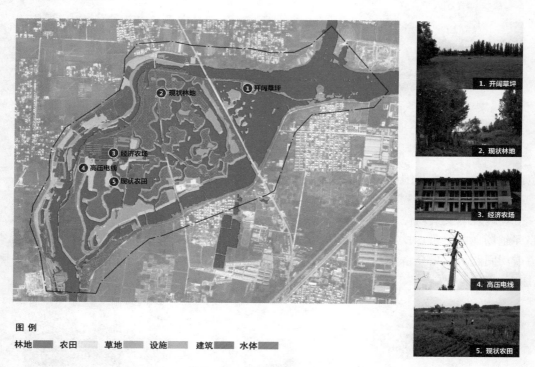

图 9-4　用地现状分析

（2）交通现状分析

西仓古桥作为古薛城对外联系的主要通道，具有重要的历史价值，为山东省重点文物。现存的西仓路宽约 4 m，泥土路面，从场地的正中穿过，对场地的割裂作用较大；场地东北侧已建成部分景观路，路面多为石板路；西侧经济农场处有部分路段为水泥路，路面较为整齐；其余片区道路多为土路，且路面不平，路网密度小，可达性较差（图 9-5）。

（3）水系现状分析

现有水系差异化分布较为明显，蟠龙岛两侧河道水量十分充沛，水面宽敞，湿地状况良好。岛内水系东北侧和环翠湖相连，水量十分充沛，可见明显的大水面，生境比较完整；薛滕公路和西仓路之间的水面相对较小，湿地状况较好，可见芦苇荡等水生植物生境；西仓路西侧水量明显减少，湿地面积大幅度缩减，部分坑塘之间已经不再连通，且已可见底；经济农场南侧坑塘已完全干涸，塘底已有多种植物生长，湿地面貌不复存在（图 9-6）。

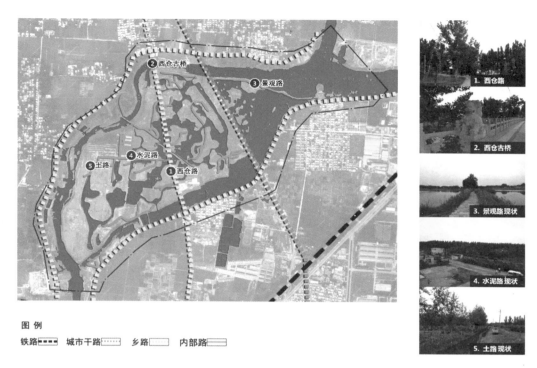

图 9-5　交通现状分析

（4）竖向现状分析

场地地势整体呈东北高西南低的走势，最高处 49.53 m，与最低处驳岸高差约 10 m，岛内整体地势较为平坦。上游的两条河流在环翠湖交汇，再分为两股，其中北侧河道高程明显低于南侧（图 9-7）。

图 9-6　水系现状分析

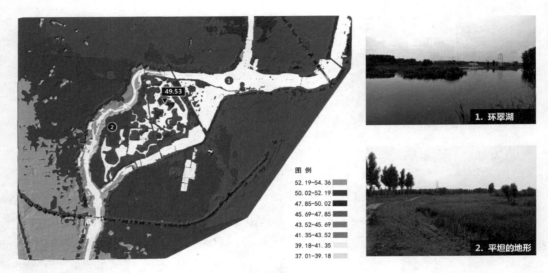

图9-7　竖向现状分析

（5）植被现状分析

场地现多为林地、湿地以及少量农田。林地主要树种为杨树，树种较为单一，不能形成较好的林地景观；湿生植物以芦苇和蒲草为主，滨水的驳岸边多为莲子草、小眼子菜等水生植物；在场地景观较好的东北侧，有部分睡莲，整体湿地面貌较好；经济作物主要集中在经济农场附近的农田，种植面积较少，可考虑对现状作物进行利用（图9-8）。

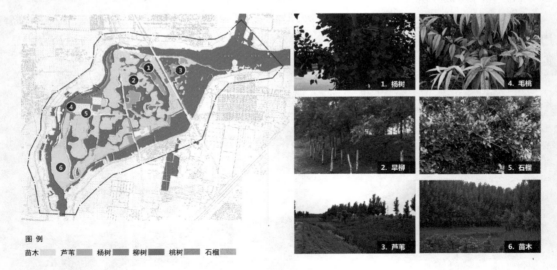

图9-8　植被现状分析

（6）文化资源概况

蟠龙岛内可利用的文化资源较为丰富。享有"薛城第一座大型石拱桥"美誉的西仓古桥是山东省重点文物，它与奚仲造车文化都象征了薛城古人的智慧，展现了厚重的历史文化底蕴，具有重要的历史意义。夏庄石雕、洛房泥塑、骨牌灯舞等民俗文化展现了当地民俗特色，这些对规划历史人文类景点有重要意义,对偏爱历史人文路线游客来说是不可多得的体验地。

9.1.3　基地上位规划分析

(1)《枣庄河湖水系规划》

根据空间管制要求和建设用地分析及城镇发展需求,蟠龙岛湿地郊野公园大部分区域划分为限建区,少部分划分为适建区。在海绵城市策略中,蟠龙岛湿地郊野公园属于雨水花园,由于枣庄中心城区三面环山,河道短,洪水峰高流急,山洪的通畅排放对城区安全具有重要作用,故在防洪排涝专项规划中,薛城大沙河(即蟠龙河)属于防洪的主干河道,对于城市的防洪管理至关重要。蟠龙岛区域属于城市蓄水区,在汛期将发挥至关重要的蓄水作用(图9-9)。

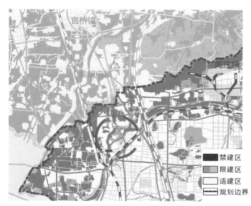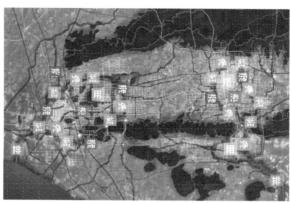

图9-9　《枣庄河湖水系规划》上位规划分析

(2)《山东蟠龙河国家湿地公园总体规划》

以湿地公园资源特征和分布情况为基础,根据生态保护科学性和管理服务便利性的需要,将蟠龙河国家湿地公园划分为生态保育区、恢复重建区、宣教展示区、合理利用区、管理服务区5个功能区。合理利用区根据旅游活动开展的情况再划分亚区,实行分别建设和管理。本次规划的"蟠龙岛郊野湿地公园"属于合理利用区范围(图9-10)。

在保护和修复湿地生态系统的前提下,合理利用湿地资源,开展环境教育与生态旅游等资源利用活动。在利用湿地资源时,要注重公众环保意识的培养和湿地知识的普及,让公众在休闲中了解、感受湿地为人类提供的各种服务功能,增强公众保护湿地的自觉性。

9.1.4　基地现状综合评价

基地现状综合评价见图9-11。

1) 优势。

① 场地部分区域现状条件较好,在一定的人工诱导作用下,能够形成较好的湿地风貌;

② 场地区位优势显著,京台高速、枣临铁路与场地关系密切,交通十分便捷;

③ 场地周围景源丰富,孙家大院等与场地联系紧密,可形成精品旅游线路;

图 例
生态保育区
恢复重建区
合理利用区
宣教展示区
管理服务区

图 9-10 《山东蟠龙河国家湿地公园总体规划》上位规划分析

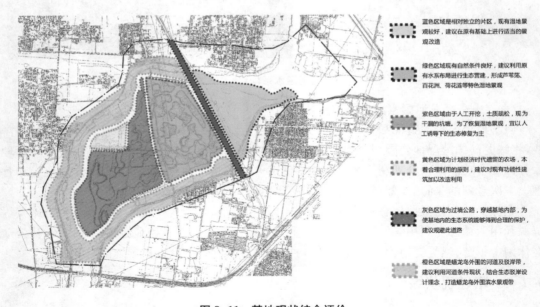

蓝色区域是相对独立的片区，现有湿地景观较好，建议在原有基础上进行适当的景观改造

绿色区域现有自然条件良好，建议利用原有水系布局进行生态营建，形成芦苇荡、百花洲、荷花莲等特色湿地景观

紫色区域由于人工开挖，土质疏松，现为干涸的坑塘。为了恢复湿地景观，宜以人工诱导下的生态修复为主

黄色区域为计划经济时代遗留的农场，本着合理利用的原则，建议对现有功能性建筑加以改造利用

灰色区域为过境公路，穿越基地内部，为使基地内的生态系统能够得到合理的保护，建议规建此道路

橙色区域是蟠龙岛外围的河道及驳岸带，建议利用河道条件现状，结合生态驳岸设计理念，打造蟠龙岛外围滨水景观带

图 9-11 基地现状综合评价

④ 基地现有一定的历史文化基础，作为历史文化轴线的西仓路对场地文化面貌的提升可提供极大助力。

2）劣势。

① 湿地总体特色不突出，现有景观相对平淡，部分片区土质疏松，无法存水，湿地面貌

不复存在；

　　② 薛腾公路穿越场地东北侧，将场地一分为二，过境公路对场地的干扰和割裂十分明显；

　　③ 场地内有数条高压线跨越，对地面及架空景观的营造形成不利影响；

　　④ 现有植被类型较为单一，没有形成丰富的植物群落，也无法形成稳定的生态系统。

　　3）项目挑战。

　　① 如何在场地中构建完整的生态系统？

　　② 如何合理利用约 100 ha 用地？

　　③ 如何将大尺度场地分区并串连成系统？

　　④ 如何挖掘并体现基地的文化内涵及艺术气息？

9.2　规划依据及参考

　　①《公园设计规范》(GB 51192—2016)；

　　②《国家湿地公园总体规划导则》；

　　③《湿地保护管理规定》；

　　④《城市湿地公园规划设计技术导则(试行)》；

　　⑤《枣庄市城市总体规划(2010—2020 年)》；

　　⑥《山东蟠龙河国家湿地公园总体规划》；

　　⑦《枣庄市城市绿地系统规划(2013—2020 年)》；

　　⑧《枣庄市蟠龙河沿线概念规划设计》(2013 年 9 月成果)；

　　⑨《枣庄市中心城区整体风貌规划研究及形象提升规划》；

　　⑩《枣庄市中心城区河湖水系专项规划》；

　　⑪《枣庄市中心城区排水(雨水)防涝综合规划》；

　　⑫《枣庄河湖水系规划》。

9.3　规划思路

9.3.1　定位、目标与愿景

　　1）定位。以"质朴、野趣、乡土"为设计风格，打造山东省"湿地型郊野公园"典范，为广大市民提供休闲娱乐的"后花园"。

　　2）目标。

　　① 生态保护：保护生物多样性，发挥湿地蓄水防洪、调节径流的作用。

　　② 社会人文：开展湿地环境教育，展示薛城历史文化，开展郊野游憩活动。

　　3）愿景。

　　① 它是一个界面(图 9-12)；

　　② 它是一个生命体(图 9-13)；

　　③ 它是一个海绵体(图 9-14)。

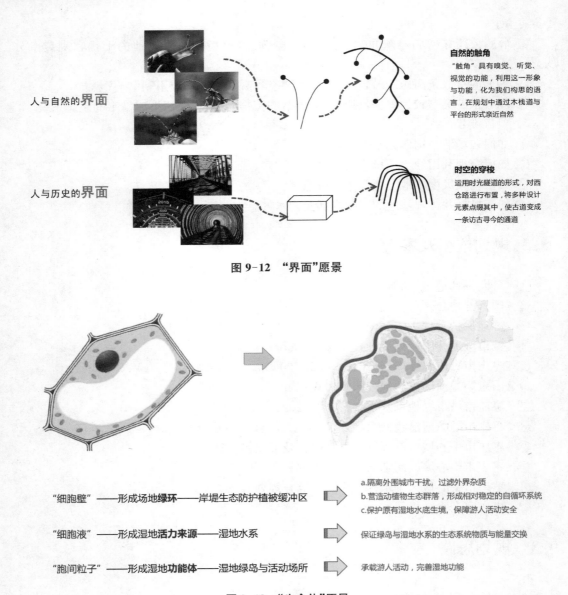

图 9-12 "界面"愿景

图 9-13 "生命体"愿景

9.3.2 规划策略

1）融入弹性理念。结合季节性河流的特点，营建"水进人退，水退人还；丰水蓄水，少水多绿"的适应性湿地景观。

2）少人工，多自然。采用留白、不破坏、少干扰以及局部湿地人工诱导的规划方式，尊重湿地演替的自然过程，尽可能地保护与修复湿地生境。

3）节约营造成本与低维护。最大化保留现有可利用的建筑、道路等设施，采用低造价、耐久性强及可循环利用的当地材料等营建景观。营造近自然的植物群落，既生态，养护成本又低。

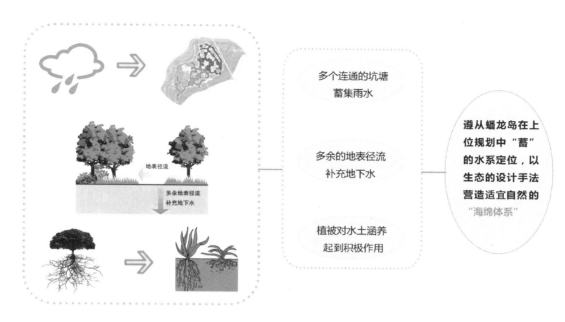

多个连通的坑塘
蓄集雨水

多余的地表径流
补充地下水

植被对水土涵养
起到积极作用

遵从蟠龙岛在上位规划中"蓄"的水系定位,以生态的设计手法营造适宜自然的"海绵体系"

图 9-14　"海绵体"愿景

4)注重景观的文化内涵。巧妙挖掘薛城地方历史文化,强化乡土特色,营造场所景观。

5)增强参与性和趣味性。注重景观与游人的互动,营造老百姓喜爱的休闲空间(图 9-15)。

图 9-15　湿地公园鸟瞰图

9.4 总体布局与功能分区

9.4.1 总体布局

蟠龙岛郊野湿地公园的总体布局可概括为"龙戏沙河,梦回古薛"(图 9-16)。

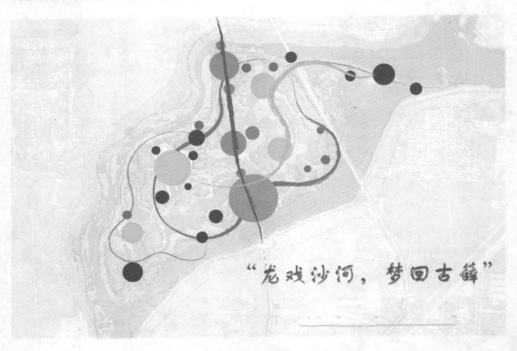

图 9-16 总体布局结构

1)"龙戏沙河"。一条龙形栈桥形成湿地观赏轴,穿过基地,展示湿地风采。龙头被设计成挑台造型,与对岸摩天轮形成蟠龙吐珠之势,龙身途经特色湿地景观区(可徜徉于群花之间,可游嬉于芦苇之中,亦可于嬉水乐园喂鱼、观鸟)、入口科普展览区(有湿地展示馆演绎湿地文化),龙尾处是农艺生态体验区,此区域设置采摘园、野外烧烤区、陶土手工艺区、茶室氧吧等(图 9-17)。

2)"梦回古薛"。利用基地原有古道,构建"梦回古薛"的历史文化轴。从主入口进入公园到达"梦"广场,这里是"梦回古薛"的起点,融入了"奚仲造车"的文化。广场东侧设计湿地游客中心,游人在此了解湿地文化;顺轴线前行,崖壁上雕刻陶庄典型的工艺——夏庄石雕;回溯广场是历史文化轴上的高潮,构架融入张范剪纸的元素;廊架景墙如时光隧道,绘上古薛毛遂等名人典故;"之"字形的花丛小径,路旁摆放洛房泥塑,增添趣味;到达古韵广场,景墙上采用骨牌灯舞中推牌九的图案形式;最后以西仓古桥这处历史遗迹作为历史文化轴的收束。这是一条极富魅力的文化纽带,古道收放自如,移步易景,行走在这里,既能体验湿地的自然生态景观,还能感受到古薛悠久的历史文化熏陶(图 9-18)。

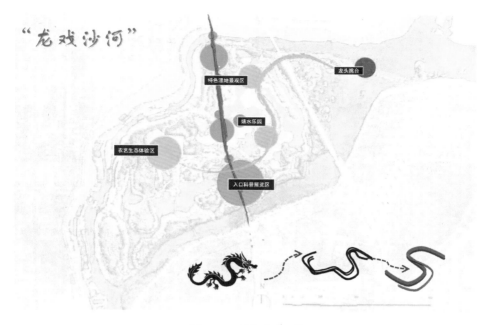

图 9-17 "龙戏沙河"

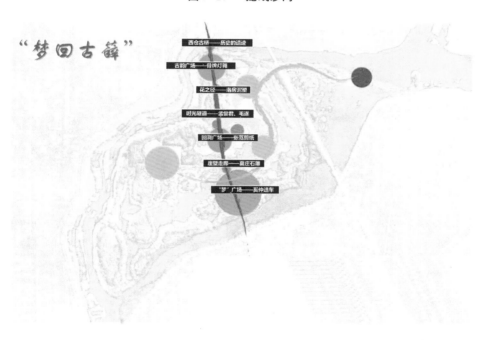

图 9-18 "梦回古薛"

9.4.2 功能分区

　　整个湿地公园尽可能地因地制宜,根据现有用地条件安排公园景观内容,并设置数十个景点,分为一轴(梦回古薛文化轴)、二带(南岸迎宾景观带、北岸滨河景观带)、四区(湿地风情体验区、农艺休闲活动区、湿地恢复探幽区、生态蓄水调洪区)(图 9-19~9-21)。

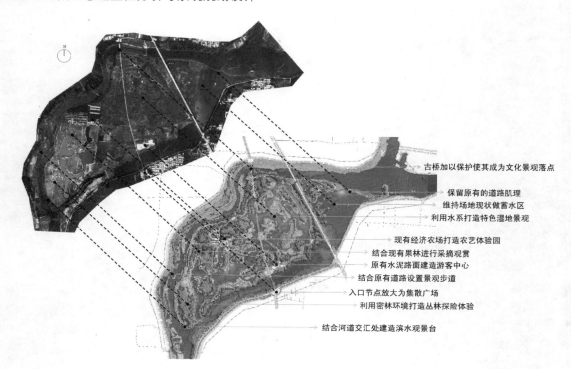

古桥加以保护使其成为文化景观落点

保留原有的道路肌理
维持场地现状做蓄水区
利用水系打造特色湿地景观

现有经济农场打造农艺体验园
结合现有果林进行采摘观赏
原有水泥路面建造游客中心
结合原有道路设置景观步道
入口节点放大为集散广场
利用密林环境打造丛林探险体验

结合河道交汇处建造滨水观景台

图 9-19 现状—规划对比图

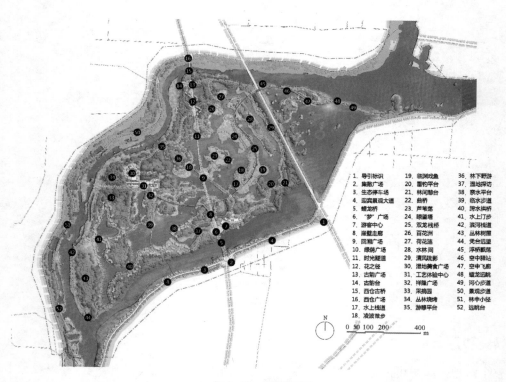

1. 导引标识　　　19. 临渊戏鱼　　36. 林下野游
2. 集散广场　　　20. 垂钓平台　　37. 湿地探访
3. 生态停车场　　21. 林间憩台　　38. 亲水平台
4. 迎宾景观大道　22. 曲桥　　　　39. 临水步道
5. 蟠龙桥　　　　23. 芦苇荡　　　40. 跨水拱桥
6. "梦"广场　　24. 瞭望塔　　　41. 水上汀步
7. 游客中心　　　25. 双龙栈桥　　42. 滨河线道
8. 岸堤走廊　　　26. 百花洲　　　43. 丛林树屋
9. 回塘广场　　　27. 荷花涟　　　44. 凭台远望
10. 绿萌隧道　　　28. 水林间　　　45. 浮桥飘摇
11. 时光隧道　　　29. 清风波影　　46. 空中驿站
12. 花之径　　　　30. 湿地美食广场47. 空中飞廊
13. 古韵广场　　　31. 工艺体验中心48. 蟠龙远跳
14. 古韵台　　　　32. 祥隆广场　　49. 河心步道
15. 西仓古桥　　　33. 采摘园　　　50. 景观步道
16. 西仓广场　　　34. 丛林烧烤　　51. 林中小径
17. 水上栈道　　　35. 游憩平台　　52. 远跳台
18. 凌波微步

0 50 100 200　　400
m

图 9-20 总平面图

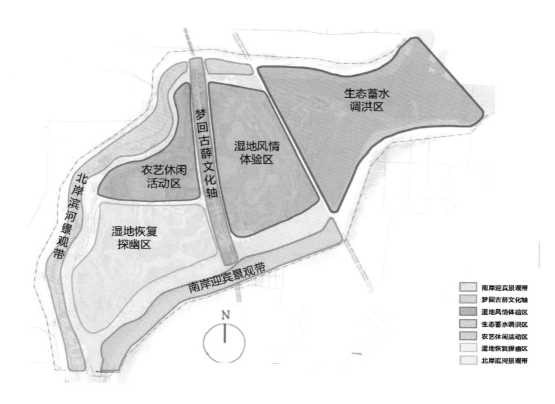

图 9-21　功能分区平面图

（1）梦回古薛文化轴

本分区位于蟠龙岛湿地郊野公园中部，承载着薛城区的众多文化内涵，是一条极富魅力的文化轴线。该区从南至北分为三段，分别为"梦""回"和"古"。"梦"段意在表达对古薛文化的思念。"回"段意在表达人们回望过去、追溯历史的主题，在该段中，人们可以通过欣赏与体验民间文化，了解薛城的历史与习俗。"古"段包含花之径、古韵广场、古韵台、西仓古桥和西仓广场。利用古韵广场展现骨牌灯舞，通过西仓古桥遗迹了解过去，让人们体会到古薛的氛围（图9-22）。

1）"梦"。"梦"段有蟠龙桥、"梦"广场、游客中心和崖壁走廊（图9-23）。

蟠龙桥：是历史文化轴的起点，也是进入公园的主要通道，造型简约（图9-24）。

"梦"广场：为主题广场，主要以奚仲造车为主题，铺装样式采用圆形车轮形状，使广场更有历史文化特色，更富活力。景观构筑物采用了水生植物——荷叶的形象点缀广场，使广场景观更加灵动（图9-25）。

游客中心：采用生态环保建筑材料建造，涵盖了游客服务、生态展示、环保宣传以及办公会议等功能。主要展示湿地植物和动物标本，介绍河流湿地的发育和演替过程，加入了一些游客参与性的湿地体验项目，具有一定的科普教育意义，可增加人们对湿地的认知（图9-26）。

崖壁走廊：是该段的亮点，充分利用中间低四周高的地形优势，营造崖壁走廊景观，利用高地断面打造壁画，结合廊架形成走廊的历史文化氛围。整个景观富有创意，使历史文化与湿地景观恰到好处地融合在一起。崖壁主要融合了夏庄石雕的元素,展现夏庄石雕工艺,游客在此穿行可随时欣赏崖壁上的古薛历史文化故事。两侧设有栈桥,与龙形栈桥相接(图9-27)。

2)"回"。"回"段的主要景观节点为回溯广场、绿荫广场、时光隧道(图9-28)。

回溯广场:展现了薛城剪纸文化,既可观赏又可亲身体验。广场中的景观墙融合了张范剪纸的元素,结合镂空形式的景墙,展现了剪纸文化的美感,可以体验到古薛时期民间文化的魅力(图9-29)。

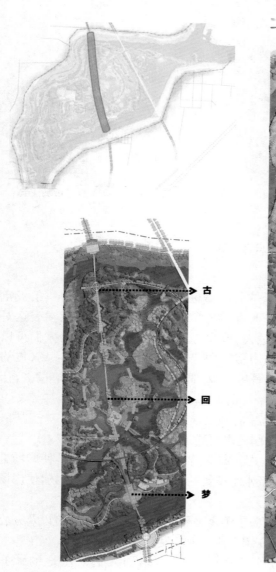

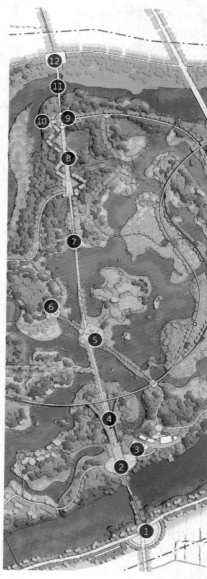

1. 蟠龙桥
2. "梦"广场
3. 游客中心
4. 崖壁走廊
5. 回溯广场
6. 绿荫广场
7. 时光隧道
8. 花之径
9. 古韵广场
10. 古韵台
11. 西仓古桥
12. 西仓广场

图9-22 梦回古薛文化轴

1. 蟠龙桥
2. "梦"广场
3. 游客中心
5. 崖壁走廊

图 9-23　"梦"段

图 9-24　蟠龙桥

图 9-25　"梦"广场

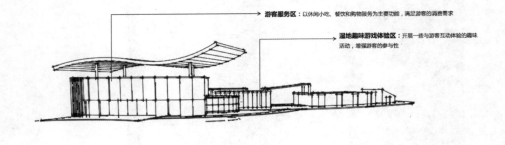

游客服务区：以休闲小吃、餐饮和购物服务为主要功能，满足游客的消费需求

湿地趣味游戏体验区：开展一些与游客互动体验的趣味活动，增强游客的参与性

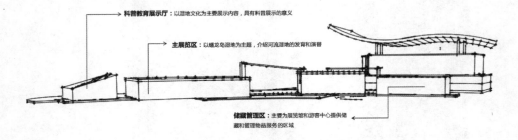

科普教育展示厅：以湿地文化为主要展示内容，具有科普展示的意义

主展览区：以蟠龙岛湿地为主题，介绍河流湿地的发育和演替

储藏管理区：主要为展览馆和游客中心提供储藏和管理物品服务的区域

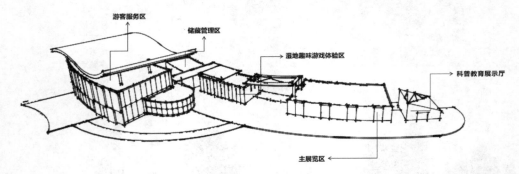

游客服务区

储藏管理区

湿地趣味游戏体验区

科普教育展示厅

主展览区

图 9-26　游客中心

崖壁走廊效果图

图 9-27　崖壁走廊

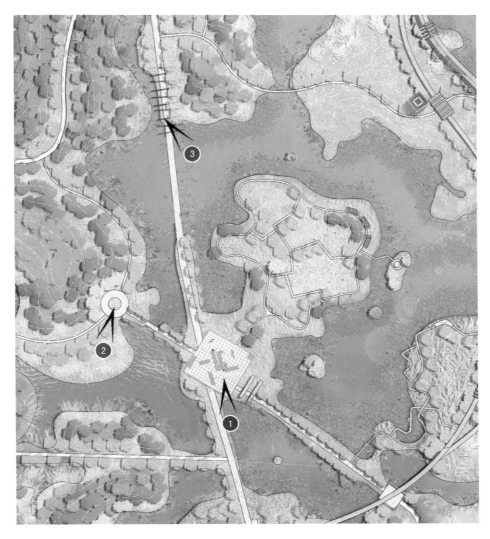

1. 回溯广场
2. 绿荫广场
3. 时光隧道

图 9-28 "回"段

图 9-29 回溯广场

绿荫广场：是历史与湿地景观的一个接触点、一个小型集散广场，临近水边，可以隔水眺望古道，站在此处可欣赏到湿地内的水面、植被以及古薛文化轴的大部分景色(图 9-30)。

图 9-30 绿荫广场

时光隧道:是演绎梦回古薛文化的重要通道,采用与历史名人故事相结合的形式构架,打造出一个文化长廊,意在表达人们回望过去、追溯历史的主题(图 9-31)。

图 9-31 时光隧道

3)"古"。历史文化轴的最后一段"古",是整条轴线的终点,也是最富历史文化气息的一段区域。该段有 5 个主要景点,分别为花之径、古韵广场、古韵台、西仓古桥、西仓广场(图 9-32)。

花之径:运用折线的手法,创造了曲折的古道风光,沿路两旁种满丰富的水生花卉植物,将洛房泥塑点缀其中。游人穿行于花之径,可欣赏道路两边的水生花卉植物与泥塑相融合的景象(图 9-33)。

古韵广场和古韵台:穿过花之径就来到古韵广场和古韵台,利用景墙、铺装等元素,雕刻

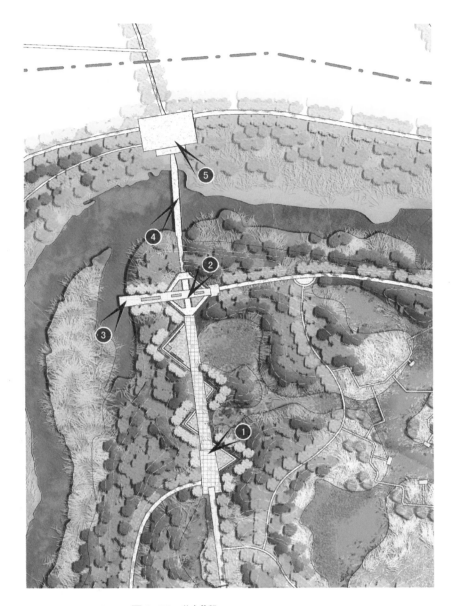

1. 花之径
2. 古韵广场
3. 古韵台
4. 西仓古桥
5. 西仓广场

图 9-32 "古"段

古薛画卷。古韵台与古韵广场相连,可以观赏到水面和远处的景色(图 9-34)。

西仓古桥:据说是公园中遗留的唐代历史文化遗迹,为了更好地保护历史遗迹,保留现状,对西仓古桥周边进行整治与景观营造(图 9-35)。

西仓广场:是历史文化轴的收束,也是园区的一个次要出入口,整个广场造型简单,与古韵广场风格一致,体现历史沧桑之感(图 9-36)。

(2)南岸迎宾景观带

本分区位于蟠龙岛河道的南岸,是出入公园的一条重要景观道路,规划通过加宽绿带形成迎宾景观带,使其成为郊野湿地公园的景观前奏,也为来访游客提供了导引。在进入蟠龙

图 9-33　花之径

图 9-34　古韵广场和古韵台

图 9-35　西仓古桥

图 9-36　西仓广场

岛郊野湿地公园的十字路口,设计三角形的交通绿岛,摆放导引标识起到指示作用;道路两侧加宽绿带,配置植物,形成迎宾景观带;主入口旁布置生态停车广场(图 9-37)。

（3）北岸滨河景观带

本分区位于蟠龙河道的外侧,既是与城镇生活直接接触的分区,也是湿地公园的最外缘。滨河景观以生态修复为主,适当点缀滨水景观小品。河道在常水位的时候,岸边可以让市民漫步休息;当河道在丰水位的时候,会淹没沿岸的步道和远眺台,因此需要选择耐淹的植物种类(图 9-38)。

（4）湿地风情体验区

本分区位于蓄水保护区与历史文化轴之间,是自然与人文的重要过渡地带。规划利用原有的岛屿和水系布局,创造一个个多样的湿地景观。该区域既可观花,又可戏鱼;既可以徜徉于花丛之间,又可以游戏于芦苇之中。利用木栈道、石子路串连起一个个景点,既节约了成本,又达到了不同景色的游赏效果。同时,龙形栈桥在此分为两股,一股继续游走于天地之间,另一股与场地原有道路结合起来,落地成了园路的一部分,不仅沟通了空中和陆地的交通,整个道路体系也更加完善(图 9-39)。

1）观鸟、观鱼互动体验。此片区主要以观鸟和观鱼为主,以人与动物之间的互动为特色。水上栈道架空于水面,使人进一步享受与湿地动植物接触的乐趣,还可在散步时倾听蛙鸣声,垂钓平台可供游客在此静心垂钓,修身养性,主要景点如下。

水上栈道:可以观赏水面和湿地植物。凌波观鸟:观赏湿地鸟类,享受与湿地动植物互动的乐趣。临渊戏鱼:可随处欣赏鱼儿在水中嬉戏的情景;游客可在平台上享受垂钓的乐趣。林间小憩是为了方便游客市民在林间自由散步、行走所设置的休息停靠点。

2）芦苇荡游憩体验。此片区以芦苇荡景观为主,营造自然的湿地景观,人们可通过岛内栈道自由地穿行其中,加入的风光摄影活动项目,使人们可以亲近自然湿地,享受自然野趣,主要景点如下。

曲桥:观赏清风拂过水面波光粼粼的画面,静谧、灵动兼具的情景可荡涤身心。芦苇荡:享受芦苇摇曳的飘逸感,游客可在此拍照摄影,感受湿地郊野趣味。

3）湿地植物风情体验。本分区主要是以湿地植物风情园为主,选择可观、可食、可用的湿地植物,利用原有的岛屿和水系布局,创造多种类型的湿地景观。在该分区既可以登高远眺,徜徉于花丛之间,又可以游戏于绿野之中。规划利用木栈道及石子路串联起一个个景点,既节约成本,又达到了"步移景异"的游赏效果,主要景点如下。

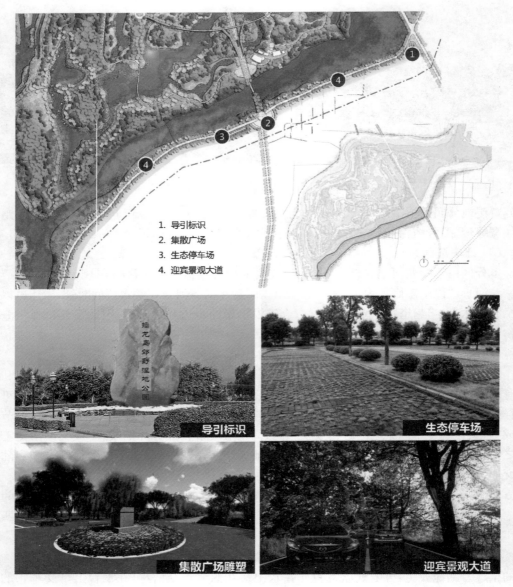

1. 导引标识
2. 集散广场
3. 生态停车场
4. 迎宾景观大道

导引标识

生态停车场

集散广场雕塑

迎宾景观大道

图 9-37　南岸迎宾景观带

　　瞭望塔：可以方便人们登高远眺湿地风景，倾听鸟鸣声，近距离观看鸟儿在空中飞翔的灵动美，感受湿地自然的气息（图 9-40）。双龙穿梭：龙形栈道在此区域分成两股，一股在空中，人们可以在上面远望湿地植物风情体验区全貌；另一股伏在地面上，让人们穿梭在湿地之中，提供多样的湿地体验场所（图 9-41）。百花洲：种植多种多样的湿地开花植物，可欣赏其开花时节的缤纷色彩。荷花涟：用荷花、睡莲等打造湿生植物景观。水林间：位于湿地中的狭长岛内，提供人们观赏风景、聆听大自然声音的场所，设置座凳和小型平台组合设施，让人们可在此亲近自然。清风疏影：可使游客在林间自由散步，融入湿地的自然环境之中。

　　（5）农艺休闲活动区

　　本分区位于蟠龙岛郊野湿地公园西北部，充分考虑了城镇居民们享受生活的需求，将这

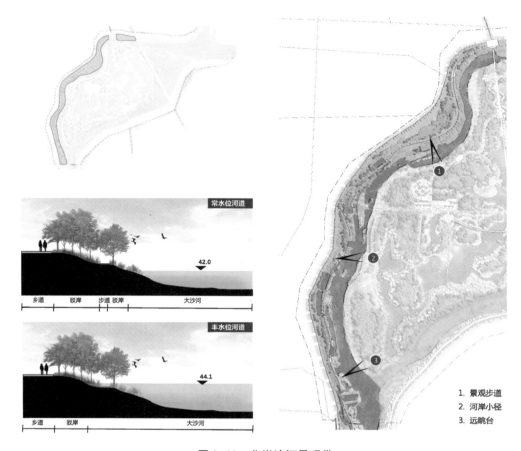

图 9-38　北岸滨河景观带

里规划为一块相对集中的,为市民和游客提供野游、露营、休憩、采摘、烧烤、传统手工艺制作等娱乐活动的场所,人们能够在这里享受轻松自在的郊野情趣(图 9-42)。

1) 农艺体验。在尽量保留和修缮原有计划经济农场的基础上,将这里规划为一块人流相对集中的停留区域,人们能在这里参与体验传统手工艺制作、烧烤、采摘等郊野情趣活动,主要景点如下。

湿地美食广场:广场平台高于地面 0.5 米,由防火处理后的仿木材质建造,处于疏林之中,游人可在此品尝到槐花蜜、炒香椿等传统特色美食,营造一种郊野野炊的乐趣。工艺体验中心:传统手工艺作品展示和亲子手工制作的场所,人们可以在此体验和参与陶艺、编织等传统手工艺的制作过程,体会枣庄地区先贤的勤劳与智慧。祥隆广场:龙形栈桥的收尾点,主要种植银杏等色叶花木。采摘区:游人们可在此参与自然生产生活,品尝自己亲手采摘的果蔬。丛林烧烤:由数个烧烤屋组合而成的烧烤场。烧烤屋是木材搭建的简易木屋,可以给大家在烧烤的时候遮风避雨,让大家能够在舒适的环境中举行集体烧烤活动。烧烤屋的外形与丛林融为一体,打造了户外野营的风情体验。

2) 露营野游体验。该部分的规划均比较生态自然,人工痕迹较少,主要将这里规划为可供野游露营的郊野景观,人们能够在这里放松心情,感受、体验大自然的情趣,主要景点如下。

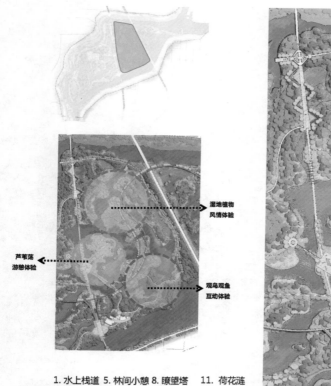

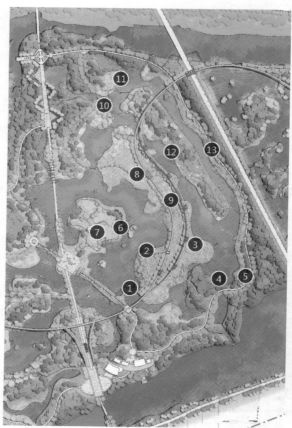

湿地植物
风情体验

芦苇荡
游憩体验

观鸟观鱼
互动体验

1. 水上栈道　5. 林间小憩　8. 瞭望塔　　11. 荷花涟
2. 凌波观鸟　6. 曲桥　　　9. 双龙穿梭　12. 水林间
3. 临渊戏鱼　7. 芦苇荡　　10. 百花洲　　13. 清风树影
4. 垂钓平台

图 9-39　湿地风情体验区

瞭望塔

图 9-40　瞭望塔

图 9-41 双龙穿梭

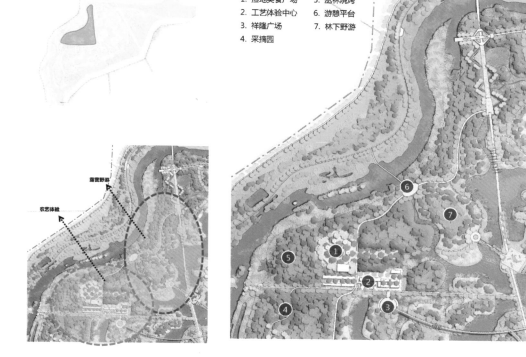

1. 湿地美食广场　　5. 丛林烧烤
2. 工艺体验中心　　6. 游憩平台
3. 祥隆广场　　　　7. 林下野游
4. 采摘园

图 9-42 农艺休闲活动区

游憩平台:连通到河对岸的绿道。林下野游:人们带上帐篷可以在此露营。

（6）湿地恢复探幽区

本分区位于蟠龙河湿地的西南部,干塘以生态修复为主,保留场地内原有样貌,通过部分人工诱导手段,提高其土壤保水能力,展现蟠龙河湿地的自然风光。密林间伐杨树,间种其他树种,丰富其植被种类和层次。结合人工诱导的方式,构建该片区的生态链,促进其自我恢复。同时,市民及游客可自由穿梭于林间,进行探幽活动,亲近自然,享受湿地内的野趣(图 9-43)。

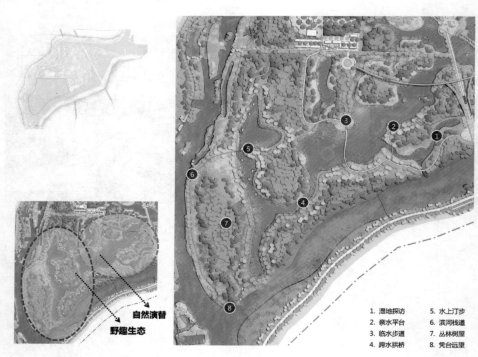

1. 湿地探访　　5. 水上汀步
2. 亲水平台　　6. 滨河栈道
3. 临水步道　　7. 丛林树屋
4. 跨水拱桥　　8. 凭台远望

图 9-43　湿地恢复探幽区

1）自然演替区。该部分的规划以生态自然的游步道为主，对场地内原有的绿地资源进行整合，营建良好的生态修复条件。市民及游客可自由穿梭于林间，放松身心，也可在湿地内感受漫步林间的闲适，主要景点如下。

湿地探访：可以让步行在通道中的人群看见水中的植被根系和部分鱼类等，增加人们对湿地的认知。通道水位较高的一边是静水，设置通道高度时，只需要考虑降雨这一因素即可。亲水平台：遵循生态原则，采用木质材料建造。临水步道：贴合生态需求，采用石质材料建造。

2）野趣生态区。该部分的规划极具野趣，可以使游客了解到蟠龙河湿地的形成和演替。目前这部分干塘的土壤暂时没有蓄水能力，规划经过一段时间塘底植被的生长，引入部分符合要求的河道底泥铺在塘底，养殖一些底栖动物，促进其生境的自我修复，逐渐提高其蓄水能力，丰富植被层次和种类，吸引鸟类筑巢、繁殖、栖息，恢复其自然湿地景观，最终达到未来的设计愿景。主要景点如下。

跨水拱桥：传统风格设计使其仿佛融入密林之中，不显突兀。水上汀步：增加了自然情趣。滨河栈道：可以沿岸欣赏河道风光。丛林树屋：给林下探幽活动增加了许多乐趣。凭台远望：既是两股河道的交汇点，也是蟠龙岛的收束点。

（7）生态蓄水调洪区

本分区位于蟠龙岛郊野湿地公园的最北侧，东临环翠湖，是场地与河流间的重要过渡区。规划遵循现有道路的肌理，小径穿行于树林间，创造幽深的境域。栈桥起始于湖河交汇处，抬升并放大，形成了"龙抬头"的景象，此处可驻足远眺，欣赏湖面风光。整个区域的规划既有古朴的林间道路，又有起伏的空中栈桥，场景活泼有趣。

生态蓄水调洪区的水位变化是整个场地中最显著的，丰水期与枯水期的水位差较为明显,因此形成了季节性的景观变化。枯水期水位较低,大小岛屿可以裸露于水面,形成丰富的湿地植物景观。丰水期水位上涨,一些小型岛屿被完全淹没,较大的岛屿裸露面积缩小,很多植物也随之被淹没,只有一些体量较高的植物枝丫显露于水面,形成淹没型景观。该区中的龙形栈道在枯水期是架空穿行于各岛屿上的,丰水期来临之际,有一种漂浮于水面之感(图 9-44)。主要景点如下。

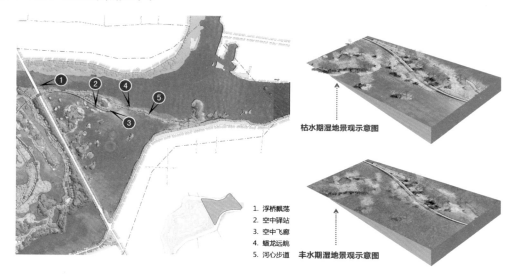

图 9-44 生态蓄水调洪区

浮桥飘荡:连通生态蓄水调洪区与湿地风情体验区,设浮桥从桥洞下穿过,浮桥可随水位浮动,丰水期时漂浮于水面之上,形成了因季节而异的水面景观,妙趣横生。空中驿站:每隔一定距离设置一个可遮阳的休息空间,配置座椅,游人可在此短暂停留,同时也可以欣赏树丛与河面的美好风光。空中飞廊:龙形栈桥时而在树林中穿梭而过,时而在水面上掠过,宛如一条有生命的龙在空中游走,为游人带来别样的体验感。蟠龙远眺:位于龙形栈桥的顶端,此处栈桥宽度放大,形成了一个出挑的平台,平台微微抬升,形成"龙抬头"的景观风貌。游人在此处驻足、远眺,欣赏环翠湖面风光。河心步道:保留场地原有的道路肌理,在原有道路基础上进行一定的修整,形成一条在水面上穿行的小路。小路的末端与河对岸相连,形成一个次级出入口。枯水期时游人可通过小路进入园中,丰水期小路则有部分路段被淹没,游人无法进入,确保游赏安全。

9.5 专项规划

9.5.1 道路交通规划

根据《公园设计规范》(GB 51192—2016)中对于公园园路的相关规定,从遵从湿地原有道路肌理的角度出发,以最大程度减少生态干扰和增强生态保护为原则,对蟠龙岛湿地进行交通梳理和规划:①依原有道路,规划路宽为 5 m 的公园环路(主园路)和路宽为 2 m 的游步道(次园路);②以"蟠龙远眺"为起点、"清风广场"为终点,形成"龙头—龙尾"的龙形栈桥,在湿地风情体验区分成两股栈桥,形成不同竖向高度的景观视点,游人可在高处俯瞰,可在地面近距离游赏。公园内最主要的湿地观赏轴是西仓路和龙形栈桥。进入公园的主入口在南面(面向主城区),并设置3处次入口,南北各设1处生态停车点,园区内部以步行为主(图9-45)。

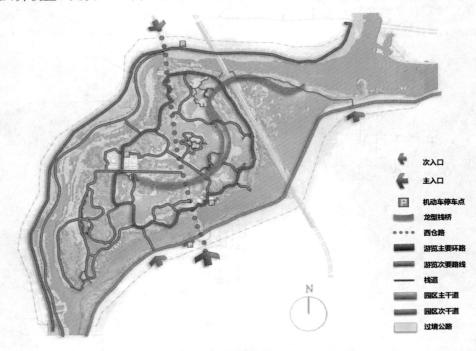

⬅	次入口
⬅	主入口
P	机动车停车点
	龙型栈桥
•••••	西仓路
	游览主要环路
	游览次要路线
——	栈道
	园区主干道
	园区次干道
	过境公路

图 9-45　道路交通规划

9.5.2　竖向规划

竖向规划遵循原场地利用最大化的原则,即依据原场地的地形进行设计,少量土方移动,遵循就近平衡,尽量减少外运进、出。水位高度设计主要考虑在枯水期公园内仍可保持湿地景观水景需求的最低水位(图9-46)。

9.5.3　水系规划

主要针对湿地的水源补给及水质净化进行水系规划。

(1)规划范围补水量

园区设计范围所在地位于蟠龙河泰山橡胶坝与西仓橡胶坝之间。泰山橡胶坝坝底高程43 m,坝顶高程46.5 m;西仓橡胶坝坝底高程40.5 m,坝顶高程44.0 m。园区总水面面积98万 m²,蓄水总量343万 m³,缺水量最大的为3月份,园区需补水量为78.89万 m³。

(2)水系规划方案

公园内大部分区域需保持全年有水,以满足湿地景观中水景的需求。设有4个溢水口,其中的3个溢水口兼顾枯水位补水口功能,建议建风能小型泵站补水。不易蓄水区域未来将通过降雨、植被生长、动物活动等,在自然状态下自我修复一段时间,具备一定的蓄水条件后,将其与其他水域相互连通,营造新的湿地景观(图9-47)。

图 9-46 竖向规划

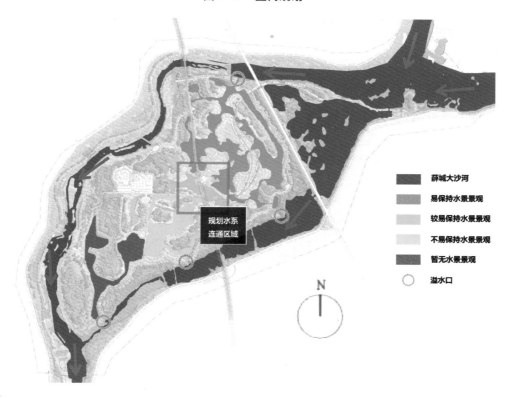

图 9-47 水系规划

（3）水系连通与水质净化

蟠龙岛外河道水系规划水质为Ⅲ类水质，通过环岛的"绿环"和湿地植被生态自净能力，以及适当的管理维护，岛内的水质情况预计良好。其中，可以将中部景观轴两侧的部分水域划分为水质净水示范区，运用砾石过滤的方式连通水系，对水进行再次过滤，形成湿地景观中的净水示范区，同时也成为保护水质的科普宣传区（图9-48）。

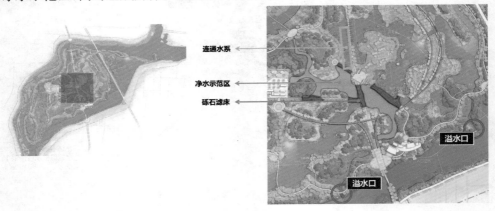

图9-48 水系连通与水质净化

9.5.4 配套设施规划

为了保护湿地公园的生态环境，园区内主要以步行为主，机动车停车点设置在蟠龙岛外的入口附近。岛内设餐饮服务1处，游客中心和展览馆设置在一起；管理用房6处，其中2处在建筑内部，另外南北各1处；标识设置在各个道路流线交叉口（图9-49）。

9.5.5 周边精品景点关联规划

孙家大院是湿地公园附近的历史文化遗存，位于枣庄市薛城北的陶庄镇西仓村内，经文物部门考证为明末清初孙氏先人建造，距今已近400年。孙家大院九进院落占地160余亩，共有房屋400多间，四角有炮楼守护，规模之宏大、建筑之考究在鲁南首屈一指。因此，可以把孙家大院纳入湿地公园游览路线之中。游人可以沿着梦回古薛文化轴走进孙家大院，感受枣庄市薛城区近代历史的印记，加深人们对蟠龙岛湿地郊野公园人文情怀的体验（图9-50）。

9.5.6 植物种植规划

（1）种植策略

场地内植被现为杨树林，飘絮污染环境，同时缺乏美观性。规划采用间种间伐的策略，在片区内进行人工诱导植物景观设置。每年间伐一定比例林木，逐步引入一些乡土树种和景观树，将杨树林替换为以乡土树种为主的混交林，在遵循生态性、适应性、多样性原则的基础上，利用这种人工诱导下的自然演替方式，逐步形成生态良好、景观优美的近自然湿地区域。蟠龙岛湿地郊野公园内的景观植物包括水生植物、湿生植物、林地等（图9-51）。各种植区域根据其自身的功能要求进行植物配置，各具特色，同时整个公园的植物景观整体保持风格统一，体现自然野趣。

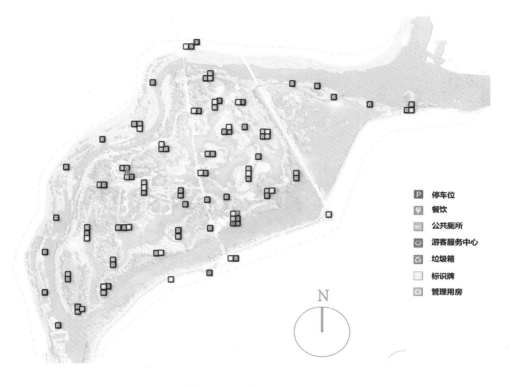

🅿	停车位
🍴	餐饮
WC	公共厕所
☟	游客服务中心
♲	垃圾箱
▢	标识牌
🏠	管理用房

图 9-49　配套设施规划

图 9-50　周边精品景点关联规划

（2）植物种植分区规划

1）湿地观赏植物区。此区域为蟠龙岛郊野湿地公园的亮点之一,主要种植具有涵养水土功能的湿生植物,种植可观、可食、可用的多种植物品种,增加湿地野趣;将落叶乔木与常绿乔木合理搭配,突出植物季相特点;将陆生、湿生、水生植物有机结合,营造湿地植物多样

图 9-51　湿地植物种植断面示意图

性景观。植物选择:池杉、水杉、乌桕、榔榆、枫杨、垂柳、银杏、红枫、石榴、海棠、红瑞木、芦苇、菖蒲、千屈菜、水毛花、芒草、荷花、香蒲、再力花、梭鱼草、泽泻、水烛、慈姑、水葱、睡莲、芡实、菱、茭白、萍蓬草、莼菜、狐尾藻、金鱼藻、苦草、荇菜、小眼子菜等。

　　2) 湿地林地修复区。为解决坑塘干涸的问题,利用符合标准的河道底泥铺底,借鉴海绵城市的原理,种植具有涵养水土功能的植物进行修复,打造成近自然状态的湿地区域,吸引动物在此繁衍生息,营造出自然生境。选择一些观叶、观花、观果的植物,打造四季皆有景的生态林地。植物选择:雪松、榔榆、垂柳、水杉、池杉、乌桕、枫杨、银杏、腊梅、木槿、女贞、桃树、杏树、苹果树、枣树、山楂树、荷花、美人蕉、梭鱼草、小眼子菜、金鱼藻、芦苇等。

　　3) 滨河驳岸植物区。将乔木、灌木、草本植物有机结合,种植具有防尘、吸收有害物质等功能的植物,改变杨树林飘絮造成环境污染的情况,将其逐步演变为以常绿树种为主的混交林。运用山东乡土树种,打造层次丰富的缓冲带,形成隔而不断的"细胞壁"。植物选择:龙柏、马尾松、大叶女贞、榔榆、垂柳、水杉、银杏、鹅掌楸、合欢、枫杨、枫香、海桐、红枫、金叶女贞、大叶黄杨、八角金盘、腊梅、棣棠、芦苇、香蒲、鸢尾、睡莲、苦草等(图 9-52)。

9.6　专题研究

9.6.1　湿地专题

（1）湿地生态基底研究

本研究区的湿地类型为"汇流处的河道型湿地"。汇流处指 2 条或 2 条以上河川交汇之处,即支流汇入干流的地方。河川汇流处因其地形结构与上下游均不同,会产生河川生态系统中交汇点生态效益。汇流处具有滞洪沉沙、滞留固体悬浮物等功能,对于泥沙淤积、河中沙洲等特殊的河流地貌形成具有重要作用。同时,汇流处对营养盐的滞留及改善水底氧化还原层等均有重要的生态战略意义。

斑块从广义上看可以是有生命的,也可以是无生命,而狭义上是指动植物群落。蟠龙岛湿地斑块可以分为大型斑块、小型斑块及潜力斑块 3 类。大型斑块指那些不仅可以

滨河驳岸植物区

湿地观赏植物区

湿地林地修复区

图 9-52 植物种植分区规划

涵养水源、连接水系,其足够大的面积还可以维持一定数量的物种栖息,以及自然干扰交替发生的斑块。小型斑块指那些面积较小、仅可以涵养小区域水源、连接部分水系的动植物群落。潜力斑块主要是指经过生态恢复(包括生态修复和生态重建),即可具有斑块生态效益的残存斑块或者土地。

整个蟠龙岛郊野湿地公园湿地水文生态过程设计如图9-53所示。

(2)外围堤岸缓冲区设计

蟠龙岛是一个拥有独立代谢能力的有机体,始终与其周边环境发生着物质交换。规划在蟠龙岛外围,距水面一定范围内打造岸边生态植被缓冲区,形成一个通而不透、隔而不断的植被绿环。在视线上可以形成良好的林冠线及层次效果,从空间感受上减少外界的干扰;用生态的方式过滤、吸收地表径流的污染;利用缓冲带的植物群落为动物营建良好的栖息繁殖生境,并且连接水底的自然生态,优化蟠龙岛的生态基底;该缓冲带还可以使道路和河道水面保持一定的距离,起到缓冲作用(图9-54)。

(3)蟠龙岛不同类型区域生态处理措施

遵循恢复生态学概念,结合湿地动物栖息地营造类型划分,应用生态配置的基本手法,营建水域、陆地、泥滩、草甸等各类型栖息地,在不同形态、规模基础上形成不同尺度的、合理的多种水陆关系(图9-55)。

9.6.2 游览路线设计专题

游览路线也称为游线、游路,是为游客安排的游览、体验、欣赏风景的路线。为满足游客需求的多样性和时间变化、公园规划者的容量调节,以及为旅行社和散客旅游的发展等创造条件,游线的设计应为游客、规划者、旅行社等多个主体提供多种选择的机会,应依据游览方

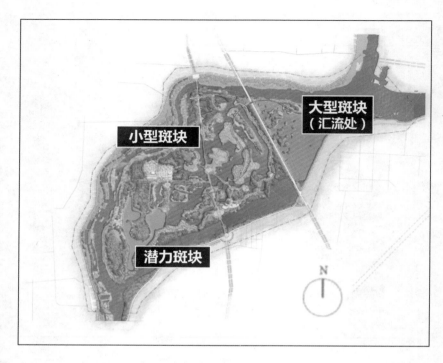

图 9-53 湿地水文生态过程示意

式、景观特征、游人构成与兴趣爱好、游人体力等因素,精心组织多种专项游线(陈思羽,2011)。一个游览景区一般由内部景点、多个出入口、公共服务点(如游客服务中心、餐厅、厕所等),以及相互之间的道路组成(魏民等,2008;王艳等,2015)。游客在景区内参观游览时,必定是在现有道路的基础上,按照一定游览路线,对外部景观通过各个感官(听、嗅、视、触)去感受(杨明瑞,1993)。当游览时间不足以参观、感受完景区内所有景点时,如何使游客在限定时间之内能够最有价值地游览当前景区内景点,是游览路线规划的基本要求,也是其根本内涵所在。游线规划的价值标准虽因个体需求不同而产生差异,但大致可分为以下几类:①时间最短;②路程最短;③花费最少;④个体偏好的景点类型游览数量最多等。合理、导向性明确的游览路线是成功的景观规划重要组成部分,也是景区旅游产品必不可少的内容。游览线路设计应遵循以下原则。

1)尊重原场地的道路肌理。尤其是对于湿地公园而言,弃原有道路小径不用,而大量兴建新路是对湿地生态系统和原有风貌的破坏,不利于湿地的物质循环、能量流动以及物种迁移。应尽量利用现状,形成适宜的游线体系,促进湿地自然演替(王浩等,2009)。

2)考察路线长度、可达性以及铺设道路的可能性。人的体能有限,走遍景区内的所有

图 9-54 外围堤岸缓冲区设计

图 9-55 不同类型区域生态处理措施

景点绝大多数情况下是不可能的,且游人选择景点具有个体倾向性,这就要求规划时要考虑节省游客时间,形成最佳路径,在不破坏湿地生境的前提下,清除沿途障碍。

3) 尽量避免回头路和直线前进,避免游客行进过程中游览体验的单一感。在功能丰富的公园或景区中,游客会优先选择符合自己兴趣爱好的景点,但也不会仅满足于某一类景点。游人出游的心理大部分都是偏向于在有限的时间内、一定的旅游支出条件下,欣赏更多的景色、体验更多的乐趣。因此,游线合理范围内的蜿蜒曲折有利于串联各类型观赏游玩景点,直线路、回头路都会造成游览体验重复化、单一感。

4)注重游线中停留点、游客中心的设立(吴必虎,2001)。游人前行一段时间需要一定的集散停留空间,无休息场所、停留空间的游线设计会大大降低游客对景区的满意度。游客中心一般设立于公园的主次出入口,起到服务、宣传的作用,一般可与主入口一起当作游线的起点。一些集散广场和用餐点的分布有利于满足游客的行为需求。

蟠龙岛目前的规划开发处于起步阶段,根据上述游览路线的设计原则,本研究的游览路线规划是在蟠龙岛郊野湿地公园内,形成联系各个景点的小尺度游览路线为目的,设计游时标准在 4～6 h,包括适合家庭、情侣等周末、节假日出行的一日游线路,和在景区内留宿一晚的二日游路线。根据蟠龙岛郊野湿地公园的现状及规划可知,公园具有植被资源丰富,自然景观与人文景观兼具的特色,在线路设计时既要主题突出,又应寻求一个自然与人文相结合、动与静相结合的平衡点。

根据蟠龙岛郊野湿地公园的景观分布和景点分类情况(如历史人文类景点、湿地体验类景点、自然风光类景点等),初步规划 5 条一日游线路和 1 条二日游线路。基础数据整理工作主要包括:①对游客在不同级别的景点停留时间进行定义;②对交通方式进行分类,如电瓶车骑行方式、徒步方式等。在基础数据处理完整的基础上进行技术分析,包括以下几方面内容。第一,ArcGIS 数据转换,包括 CAD 数据向 shp 格式的数据转换和 shp 格式数据向 gdb 格式数据转换。第二,完善属性表,分别对景点图层和道路图层的属性表进行添加字段和赋值工作。第三,创建 GIS 网络数据库:a. 创建个人地理数据库,导入道路和景点数据;b. 对道路进行拓扑检查和相交打断;c. 创建网络数据集。第四,加载 ArcGIS 中的 Network Analyst 模块,利用车辆路径派发(Vehicle Routing Problem)功能分别进行多次分析求解,生成不同主题、满足游人不同需求的一日游和二日游游览线路。主要内容如下。

(1)路线规划

根据蟠龙岛郊野湿地公园的总体布局与明确的功能分区,将景区内所有景点分为以下 5 类:历史人文类景点、湿地体验类景点、自然风光类景点、集散广场类景点、综合服务类景点(表 9-1)。

表 9-1　主要景点分类表

景点类型	主要景点名称
历史人文类景点	崖壁走廊、时光隧道、花之径、古韵台、西仓古桥、工艺体验中心、孙家大院等
湿地体验类景点	临渊戏鱼、凌波观鸟、垂钓平台、瞭望塔、浮桥飘荡、空中飞廊、湿地探访、凌波微步、丛林树屋、采摘园等
自然风光类景点	芦苇荡、双龙栈桥、百花洲、荷花涟、水林间、清风疏影、蟠龙远眺、林下野游、石桥清影、漪澜台等
集散广场类景点	"梦"广场、回溯广场、古韵广场、西仓广场(西仓古桥,次入口)、林间憩台、休憩广场、清风广场、绿荫广场、沁水台等
综合服务类景点	主入口、悠然台(次入口)、生态停车场、游客中心、湿地美食广场、丛林烧烤等

　　蟠龙岛郊野湿地公园游览路线规划设计以一日游和二日游为基础,按表 9-1 中的景点类型,规划了 5 条一日游路线和 1 条二日游路线。

　　1) 一日游路线。一日游路线主要以主题游览为核心:在游览景区内重要景点(如除生态停车场、主入口外,兼具湿地博物馆性质的游客中心、"梦"广场、崖壁走廊、时光隧道、湿地美食广场、荷花涟、百花洲、凌波微步等)的基础上,一并游览其他相同类型的景点,以满足游客不同的兴趣要求。主要可分为以下 5 条游览路线。

　　① 游览路线 1。一条涵盖湿地体验、自然风光、历史人文类景点的经典路线。通过垂钓、观鸟、戏鱼等,增加与湿地动物之间的互动;经过具有湿地植物风情的岛屿,于花丛间观赏、摄影,感受湿地自然风光;沿自然生态的游步道穿梭于历史景点间,放松身心的同时感受蟠龙岛历史文化的积淀;进行农事采摘,体验具有当地风俗的田园生活。具体游览景点包括:生态停车场、主入口、游客中心、"梦"广场、崖壁走廊、时光隧道、湿地美食广场、荷花涟、百花洲、凌波微步、垂钓平台、凌波观鸟、双龙栈桥、瞭望塔、采摘园、石桥倒影、湿地探访。

　　② 游览路线 2。一条以亲近自然、欣赏湿地自然风光为主题的线路。以丰富的湿地花卉和静谧的湿地丛林为游览主要内容,石桥、龙形栈桥、浮桥等景点为游客提供不同高度、角度的观赏点,给予游客湿地自然美的感官体验,让游客抛却城市的喧扰与工作的烦忧,形成对蟠龙岛郊野湿地公园刻骨铭心的记忆。具体游览景点包括:生态停车场、主入口、游客中心、"梦"广场、崖壁走廊、时光隧道、湿地美食广场、荷花涟、百花洲、凌波微步、芦苇荡、水林间、清风疏影、浮桥飘荡、空中飞廊、蟠龙远眺、石桥倒影。

　　③ 游览路线 3。一条与历史对话,与蟠龙岛人文特色相交融的线路。根据分区布局的规划,主要的历史景点分布于"梦回古薛"文化轴上,以一定的景观序列形成文化长廊,这条路线则以文化长廊为基础展开。以奚仲造车为主题的"梦"广场于路线起始处赋予游客历史代入感;融合夏庄石雕工艺的崖壁走廊、融入张范剪纸元素的回溯广场,让游客对蟠龙岛、薛城区的历史文化和民俗有逐层深入的了解;种满水生花卉植物的花之径,与传统手工艺洛房泥塑相结合,游客在此可享受曲折的古道风光、体验传统民俗;传统民居孙家大院,展现了明末清初时期鲁南地区首屈一指的建筑规模和特色。此外,还可于工艺展览与体验中心处参观当地陶艺、编织等传统手工艺作品,并动手参与制作,体会枣庄地区先贤的智慧等。具体游览景点包括:生态停车场、主入口、游客中心、"梦"广场、崖壁走廊、时光隧道、湿地美食广场、荷花涟、百花洲、凌波微步、回溯广场、古韵台、古韵广场、花之径、孙家大院、西仓广场(西仓古桥,次入口)、工艺展览与体验中心。

　　④ 游览路线 4。一条适合年轻人参与户外活动或者家庭周末出游的线路。由入口处进入湿地风情体验区,在欣赏蟠龙岛湿地风情后,通过古韵广场、古韵台、西仓广场(西仓古桥,次入口)桥感受蟠龙岛的古道风光;北岸滨河景观带,堤岸起伏的景观步道,为游客提供了欣赏河道适应性景观的线型空间,是年轻人或家庭游览漫步或骑行的较好选择;烧烤是当前年轻人喜爱的野外就餐方式之一,游人可在丛林烧烤处品尝以湿地美食为特色的烧烤,一饱口福的同时增进感情。具体游览景点包括:生态停车场、主入口、游客中心、"梦"广场、崖壁走廊、时光隧道、荷花涟、百花洲、凌波微步、双龙栈桥、林间憩台 1、古韵广场、古韵台、西仓广场(西仓古桥,次入口)、悠然台(次入口)、林间憩台 2、绿荫广场、丛林树屋、丛林烧烤。

⑤ 旅游路线5。一条适合老年人休闲养生的游览线路。考虑到老年人的普遍爱好——垂钓、养花、养草、遛鸟等,凌波观鸟、临渊戏鱼、百花洲等景点均可满足他们的兴趣需求,也能为他们提供交流体验的平台。由于老人体力有限,这条路线相对于其他游览路线用时较短,是较适合老人悠闲游览的选择。具体游览景点包括:生态停车场、主入口、游客中心、"梦"广场、崖壁走廊、时光隧道、荷花涟、百花洲、凌波微步、凌波观鸟、临渊戏鱼、瞭望塔、工艺展览与体验中心、湿地美食广场。

2)二日游路线。考虑公园面积较大和游客的体力等客观情况,对于不愿错过湿地公园每一处风光的游客来说,在一天之内游历所有景点存在困难。故结合景区内的丛林树屋进行留宿安排,于第二日游览剩余景点,既能领略湿地自然风光、体验湿地风情,又能对历史人文情况有详细的了解和感受。

(2)数据处理

1)基础数据整理。

① 规划停留时间。游客在不同类型景点的停留时间在游览路线的完善中不可或缺,在路径分析中,需要定义景点停留时间,以计算一条游览路线所花费的时间。根据公园景点规划经验及同类案例文献参考(付晶等,2006;邹时林等,2008),制定了蟠龙岛郊野湿地公园景点停留时间表(表9-2)。

表9-2 景点停留时间表

景点编号	景点名称	停留时间(min)	景点编号	景点名称	停留时间(min)
Stop1	休憩广场	10	Stop22	丛林树屋	25
Stop2	凌波观鸟	15	Stop23	漪澜台	10
Stop3	临渊戏鱼	15	Stop24	凌波微步	10
Stop4	垂钓平台	15	Stop25	林间憩台2	5
Stop5	双龙栈桥	20	Stop26	采摘园	60
Stop6	水林间	10	Stop27	工艺展览与体验中心	30
Stop7	清风疏影	10	Stop28	湿地美食广场	40
Stop8	林间憩台1	5	Stop29	绿荫广场	5
Stop9	芦苇荡	10	Stop30	悠然台(次入口)	5
Stop10	回溯广场	10	Stop31	时光隧道	10
Stop11	林下野游	10	Stop32	花之径	15
Stop12	崖壁走廊	15	Stop33	瞭望塔	10
Stop13	游客中心	15	Stop34	百花洲	15
Stop14	"梦"广场	15	Stop35	荷花涟	15
Stop15	主入口	5	Stop36	古韵广场	10
Stop16	生态停车场	10	Stop37	古韵台	10
Stop17	湿地探访	10	Stop38	西仓广场(西仓古桥,次入口)	10

景点编号	景点名称	停留时间(min)	景点编号	景点名称	停留时间(min)
Stop18	沁水台	10	Stop39	浮桥飘荡	10
Stop19	丛林烧烤	30	Stop40	空中飞廊	5
Stop20	清风广场	10	Stop41	蟠龙远眺	10
Stop21	石桥倒影	10	Stop42	孙家大院	40

② 交通方式选择。根据蟠龙岛郊野湿地公园的规模及其生态保护与修复的必要性,园内游览的交通方式主要依据交通规划,分为电动游览观光车和徒步两种,主园路的交通方式为电动游览观光车,次园路与架空的龙形栈桥交通方式为徒步。此外,园区外的道路交通方式均为电动游览观光车。

通过查阅文献与资料可知,一般人的步行速度为 40~80 m/min,老年人的步行速度则稍慢,约为 55 m/min(朱为模,2009);电动游览观光车为适应游客观赏风景的需要,通常车速为 10~30 km/h,即 166~500 m/min。本研究考虑到游人行进过程中拍摄、欣赏风景的需求和老人等游人群体,将步行速度取中间值,定为 60 m/min,电动游览观光车的速度定为 300 m/min(朱为模,2009;林鹰,2003)。

2) 数据的转换。ArcGIS 中根据操作要求不同,常有数据转换的需求,如坐标转换、投影转换、空间数据表达形式转换、数据格式转换等。在本研究的数据处理过程中,用到的最重要转换是数据格式转换。数据格式转换就是把其他软件形成的数据,转换成能在 ArcGIS 中进行分析计算的数据格式,也可以被视为一种数据输入方式(夏慧君,2010)。

AutoCAD 数据是本次研究数据源的主要格式,由于其不具备专题属性信息、无法进行信息查询、注重图形元素符号表达的特性,为方便分析,需要转换为 ArcGIS 中的内部格式数据,即 shp 格式,这是本研究要完成的第一次数据转换。第二次数据转换是 shp 格式数据向 gdb 格式数据进行转换。在网络分析中,参与分析的是 gdb 格式数据,shp 格式不能直接参与,需通过要素集进行转换,添加到网络数据库中,再作为某一要素制作网络数据集(Network Dataset),进而分析得出结果。

3) 属性表的完善。AutoCAD 数据完成转换后,需对其相应的 shp 数据进行属性信息完善。根据表 9-2,在景点的矢量图层(jingdian. shp)文件中完善属性表,添加停留时间(ttime)、景点名称(name)字段(图 9-56);在道路的矢量图层(daolu. shp)文件中完善属性表,添加速度(sudu)和道路名称(name)两个字段,输入对应值后再新建一个时间(time)字段,利用字段计算器(Field Calculator)进行赋值,即输入公式"shape_length/sudu",以求得每段道路的通行时间。

(3) 创建网络数据集

1) 创建地理数据库。创建数据库是制作网络数据

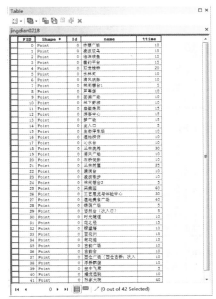

图 9-56　景点矢量图层属性表示意图

集的第一步。通过启动 ArcCatlalog，在本地目录中新建一个地理数据库（File GeoDatabase），在此数据库中新建一个要素集（Feature Dataset），对该数据集设置与道路、景点数据相同的坐标系统；在该要素集中，分别导入（Import）道路与景点数据，然后进行下一步分析。

2）拓扑检查与相交打断。由于道路信息在 AutoCAD 的绘制中会出现未连接上或出头的现象，所以在进行路径分析或其他分析之前，需进行拓扑检查，保证道路连通性。在上一步的要素集中，新建拓扑数据（Topology），添加拓扑处理规则"Must Not Have Dangles"；打开由拓扑规则产生的文件，利用拓扑工具条中的错误记录信息进行数据修正，然后进行下一步拓扑打断。

在 CAD 绘图过程中，考虑到绘图便利，通常不会考虑在道路相交处打断，这就需要在 ArcGIS 中进行批量操作，将所有相交的线要素在交点处进行打断处理，以便路径分析时可在道路交接处进行有利的方向选择。具体步骤是：①在上一步拓扑修正后的道路文件基础上，框选出所有道路要素；②利用编辑（Editor）工具条下拉菜单中更多编辑工具（More Editing Tools）里的高级编辑（Advanced Editing），其中的 Planarize Line 工具进行线段相交的打断。除此之外，ArcGIS 中线段打断的方法有很多，如选中需打断的线，利用 Split Tool 工具手动打断；再如通过给定长度或长度百分比打断，或利用高级编辑中的线段交叉工具（Line Intersection）打断。Planarize Line 工具是比较适合制作网络数据集的线段打断工具。

3）网络数据集的建立。基于上述步骤处理过的数据，进行网络数据集的创建。首先在创建的要素集中新建网络数据集（Network Dataset），设置其名称，选择数据源即要素集中参与网络分析的道路、景点要素，构建转弯模型，设置网络连通性。与排水管网分析不同，设置中不需要识别高程数据。此外，为网络数据集指定属性时，除系统默认的距离属性外，还需添加时间属性。通过赋值器制定该属性是字段还是函数、常量或 VB 脚本。本研究将其设置为字段。道路要素的距离属性对应交通图层的长度字段（shape_length），时间属性则对应时间字段，即通过线要素的长度和速度来设置赋值；景点要素的时间属性对应点要素的停留时间（ttime）字段。最后为网络数据集设置行驶方向，即可完成创建过程。

（4）路径分析与线路生成

根据路线规划的思路，结合景点停留时间、交通方式和交通速度的量化，拟以"16 生态停车场"为起点和终点，将每条路线的景点分别导入，通过车辆路径派发（Vehicle Routing Problem），获得 6 条游览路线。具体步骤如下。

① 景点导出。在包含所有景点的 shipfile 图层文件中，选中每条路线的景点，分别导出形成 5 个新的点要素文件，分别为 5 条一日游游览路线所要游览的景点，二日游景点图层即为包含所有景点的 shipfile 文件，并单独导出生态停车场点要素。

② 创建车辆路径派发（VRP）分析图层，设置图层属性。时间属性为分钟（minutes），距离属性为米（meters），交汇点的 U 型转弯设置为仅在死路处掉头（Allowed Only at Dead End），输出 shape 类型设置为具有测量值的实际形状（True Shape with Measures），即运行后生成的游览路线为沿景区交通道路的路线（图 9-57）。

③ 添加停靠点。在分析窗口的停靠点（Orders）图层加载每条路线的所有景点，在位置分析属性中 Name 属性已自动与景点的 Name 字段匹配，将 ServiceTime 属性与景点的 ttime 字段相匹配（图 9-58）。

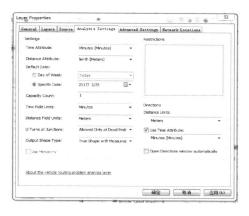

图 9-57　设置图层属性

图 9-58　添加停靠点

④ 添加站点。在站点(Depots)图层加载生态停车场图层。

⑤ 添加路径。在路径(Routes)图层选择添加项目,按照表 9-3 设置该路径的属性,其他均为默认值(图 9-59)。

⑥ 运行分析。通过求解(Solve),获得路线图与景点游览顺序;通过打开网络分析工具条中的方向(Directions)工具,查看详细的行走线路与所花费的时间(图 9-60)。

表 9-3　路径属性设置方式

属性	值	说明
名称(Name)	游线 N	第 N 条游线
起始点名称(Start Depot Name)	生态停车场	游人从生态停车场开始游览,最后返回生态停车场
终点名称(End Depot Name)	生态停车场	
起始点花费时间(Start Depot Service Time)	10 min	将游人在生态停车场的所需时间考虑在游线总时间内,根据表 9-2 景点停留时间表输入
终点花费时间(End Depot Service Time)	10 min	
开始的最早时间(Earliest Start Time)	9:00 am	游人从上午 9:00 点入园
开始的最晚时间(Latest Start Time)	9:00 am	
最多停靠站点数量(Max Order Count)	42	游人最多走 42 个景点

通过 6 次求解,分别获得了 6 条路线,经过检查验证,均符合游览路线规划的原则,契合规划目标,求解结果如下。

1) 一日游

① 游览路线 1。Stop16 生态停车场——Stop15 主入口——Stop14"梦"广场——Stop13 游客中心——Stop4 垂钓平台——Stop5 双龙栈桥——Stop2 凌波观鸟——Stop33 瞭望塔——Stop35 荷花涟——Stop34 百花洲——Stop31 时光隧道——Stop28 湿地美食广场——Stop26 采摘园——Stop24 凌波微步——Stop21 石桥倒影——Stop17 湿地探访——Stop12 崖壁走廊——Stop15 主入口——Stop16 生态停车场(图 9-61,表 9-4)。(总时间为 365 min,总路程为 4 916.0 m,起始时间为9:00,游览结束时间为 15:05。)

图 9-59　添加路径的属性表示意图

165

图 9-60　行走线路

图 9-61　游线 1

表 9-4　游览路线 1 行程表

序号	行走内容	路程(m)	行走时间/停留时间(min)
1	Start at 生态停车场	—	10
2	生态停车场——主入口	63.2	1
3	Arrive at 主入口	—	5
4	Depart 主入口	—	—
5	主入口——"梦"广场	160.2	3
6	Arrive at"梦"广场	—	15
7	Depart"梦"广场	—	—
8	"梦"广场——游客中心	47.5	1
9	Arrive at 游客中心	—	15
10	Depart 游客中心	—	—
11	游客中心——垂钓平台	492.2	4
12	Arrive at 垂钓平台	—	15
13	Depart 垂钓平台	—	—
14	垂钓平台——双龙栈桥	256.0	4
15	Arrive at 双龙栈桥	—	20
16	Depart 双龙栈桥	—	—
17	双龙栈桥——凌波观鸟	348.0	6
18	Arrive at 凌波观鸟	—	15
19	Depart 凌波观鸟	—	—
20	凌波观鸟——瞭望塔	275.2	5
21	Arrive at 瞭望塔	—	10

序号	行走内容	路程(m)	行走时间/停留时间(min)
22	Depart 瞭望塔	—	—
23	瞭望塔——荷花涟	368.8	6
24	Arrive at 荷花涟	—	15
25	Depart 荷花涟	—	—
26	荷花涟——百花洲	126.2	2
27	Arrive at 百花洲	—	15
28	Depart 百花洲	—	—
29	百花洲——时光隧道	230.4	4
30	Arrive at 时光隧道	—	10
31	Depart 时光隧道	—	—
32	时光隧道——湿地美食广场	622.6	4
33	Arrive at 湿地美食广场	—	40
34	Depart 湿地美食广场	—	—
35	湿地美食广场——采摘园	398.4	5
36	Arrive at 采摘园	—	60
37	Depart 采摘园	—	—
38	采摘园——凌波微步	202.8	3
39	Arrive at 凌波微步	—	10
40	Depart 凌波微步	—	—
41	凌波微步——石桥倒影	308.5	5
42	Arrive at 石桥倒影	—	10
43	Depart 石桥倒影	—	—
44	石桥倒影——湿地探访	551.9	4
45	Arrive at 湿地探访	—	10
46	Depart 湿地探访	—	—
47	湿地探访——崖壁走廊	180.9	3
48	Arrive at 崖壁走廊	—	15
49	Depart 崖壁走廊	—	—
50	崖壁走廊——生态停车场	283.2	5
51	Finish at 生态停车场	—	10
总计	—	4 916.0	365(6 h 5 min)

② 游览路线 2。Stop16 生态停车场——Stop15 主入口——Stop14 "梦" 广场——Stop13 游客中心——Stop12 崖壁走廊——Stop21 石桥倒影——Stop24 凌波微步——Stop28 湿地美食广场——Stop9 芦苇荡——Stop31 时光隧道——Stop34 百花洲——Stop35 荷花涟——Stop39 浮桥飘荡——Stop40 空中飞廊——Stop41 蟠龙远眺——Stop7 清风疏影——Stop6 水林间——Stop16 生态停车场（图 9-62，表 9-5）。（总时间为 309 min，总路程为 6 742.0 m，起始时间为 9：00，游览结束时间为 14：09。）

图例
● 游线景点
■ 起点/终点
━ 游线
┈ 道路
· 其他景点

图 9-62 游线 2

表 9-5 游览路线 2 行程表

序号	行走内容	路程（m）	行走时间/停留时间（min）
1	Start at 生态停车场	—	10
2	生态停车场——主入口	63.2	1
3	Arrive at 主入口	—	5
4	Depart 主入口	—	—
5	主入口——"梦"广场	160.2	3
6	Arrive at"梦"广场	—	15
7	Depart"梦"广场	—	—
8	"梦"广场——游客中心	47.5	1
9	Arrive at 游客中心	—	15
10	Depart 游客中心	—	—
11	游客中心——崖壁走廊	107.3	2
12	Arrive at 崖壁走廊	—	15
13	Depart 崖壁走廊	—	—
14	崖壁走廊——石桥倒影	698.8	5
15	Arrive at 石桥倒影	—	10
16	Depart 石桥倒影	—	—
17	石桥倒影——凌波微步	308.5	5
18	Arrive at 凌波微步	—	10
19	Depart 凌波微步	—	—
20	凌波微步——湿地美食广场	601.5	8
21	Arrive at 湿地美食广场	—	40

序号	行走内容	路程(m)	行走时间/停留时间(min)
22	Depart 湿地美食广场	—	—
23	湿地美食广场——芦苇荡	855.3	11
24	Arrive at 芦苇荡	—	10
25	Depart 芦苇荡	—	—
26	芦苇荡——时光隧道	733.1	12
27	Arrive at 时光隧道	—	10
28	Depart 时光隧道	—	—
29	时光隧道——百花洲	230.4	4
30	Arrive at 百花洲	—	15
31	Depart 百花洲	—	—
32	百花洲——荷花涟	126.2	2
33	Arrive at 荷花涟	—	15
34	Depart 荷花涟	—	—
35	荷花涟——浮桥飘荡	301.7	5
36	Arrive at 浮桥飘荡	—	5
37	Depart 浮桥飘荡	—	—
38	浮桥飘荡——空中飞廊	283.9	5
39	Arrive at 空中飞廊	—	5
40	Depart 空中飞廊	—	—
41	空中飞廊——蟠龙远眺	155.9	3
42	Arrive at 蟠龙远眺	—	10
43	Depart 蟠龙远眺	—	—
44	蟠龙远眺——清风疏影	919.9	9
45	Arrive at 清风疏影	—	10
46	Depart 清风疏影	—	—
47	清风疏影——水林间	93.2	2
48	Arrive at 水林间	—	10
49	Depart 水林间	—	—
50	水林间——生态停车场	1 055.4	11
51	Finish at 生态停车场	—	10
总计	—	6 742.0	309(5 h 9 min)

③ 游览路线 3。Stop16 生态停车场——Stop15 主入口——Stop14"梦"广场——Stop13 游客中心——Stop24 凌波微步——Stop27 工艺展览与体验中心——Stop28 湿地美食广场——Stop32 花之径——Stop36 古韵广场——Stop37 古韵台——Stop38 西仓广场（西仓古桥，次入口）——Stop42 孙家大院——Stop35 荷花涟——Stop34 百花洲——Stop31 时光隧道——Stop10 回溯广场——Stop12 崖壁走廊——Stop16 生态停车场（图 9-63，表 9-6）。（总时间为 361 min，总路程为 9 529.3m，起始时间为 9:00，游览结束时间为 15:01。）

图 9-63　游线 3

表 9-6　游览路线 3 行程表

序号	行走内容	路程(m)	行走时间/停留时间(min)
1	Start at 生态停车场	—	10
2	生态停车场——主入口	63.2	1
3	Arrive at 主入口	—	5
4	Depart 主入口	—	—
5	主入口——"梦"广场	160.2	3
6	Arrive at"梦"广场	—	15
7	Depart"梦"广场	—	—
8	"梦"广场——游客中心	47.5	1
9	Arrive at 游客中心	—	15
10	Depart 游客中心	—	—
11	游客中心——凌波微步	999.7	9
12	Arrive at 凌波微步	—	10
13	Depart 凌波微步	—	—
14	凌波微步——工艺展览与体验中心	596.8	8
15	Arrive at 工艺展览与体验中心	—	30
16	Depart 工艺展览与体验中心	—	—
17	工艺展览与体验中心——湿地美食广场	160.3	3
18	Arrive at 湿地美食广场	—	40
19	Depart 湿地美食广场	—	—
20	湿地美食广场——花之径	562.6	3
21	Arrive at 花之径	—	15

序号	行走内容	路程(m)	行走时间/停留时间(min)
22	Depart 花之径	—	—
23	花之径——古韵广场	238.7	4
24	Arrive at 古韵广场	—	10
25	Depart 古韵广场	—	—
26	古韵广场——古韵台	60.5	1
27	Arrive at 古韵台	—	10
28	Depart 古韵台	—	—
29	古韵台——西仓广场(西仓古桥,次入口)	227.4	4
30	Arrive at 西仓广场(西仓古桥,次入口)	—	10
31	Depart 西仓广场(西仓古桥,次入口)	—	—
32	西仓广场(西仓古桥,次入口)——孙家大院	2 412.5	8
33	Arrive at 孙家大院	—	40
34	Depart 孙家大院	—	—
35	孙家大院——荷花涟	2 788.3	11
36	Arrive at 荷花涟	—	15
37	Depart 荷花涟	—	—
38	荷花涟——百花洲	126.2	2
39	Arrive at 百花洲	—	15
40	Depart 百花洲	—	—
41	百花洲——时光隧道	230.4	4
42	Arrive at 时光隧道	—	10
43	Depart 时光隧道	—	—
44	时光隧道——回溯广场	297.1	5
45	Arrive at 回溯广场	—	10
46	Depart 回溯广场	—	—
47	回溯广场——崖壁走廊	274.7	4
48	Arrive at 崖壁走廊	—	15
49	Depart 崖壁走廊	—	—
50	崖壁走廊——生态停车场	283.2	5
51	Finish at 生态停车场	—	10
总计	—	9 529.3	361(6 h 1 min)

④ 游览路线 4。Stop16 生态停车场——Stop15 主入口——Stop14"梦"广场——Stop13 游客中心——Stop12 崖壁走廊——Stop8 林间憩台 1——Stop5 双龙栈桥——Stop35 荷花涟——Stop34 百花洲——Stop31 时光隧道——Stop36 古韵广场——Stop37 古韵台——Stop38 西仓广场(西仓古桥,次入口)——Stop25 林间憩台 2——Stop30 悠然台(次入口)——Stop29 绿荫广场——Stop24 凌波微步——Stop22 丛林树屋——Stop19 丛林烧烤——Stop16 生态停车场(图 9-64,表 9-7)。(总时间为 353 min,总路程为 7 720.9 m,起始时间为 9:00,游览结束时间为 14:53。)

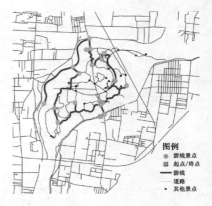

图 9-64　游线 4

表 9-7　游览路线 4 行程表

序号	行走内容	路程(m)	行走时间/停留时间(min)
1	Start at 生态停车场	—	10
2	生态停车场——主入口	63.2	1
3	Arrive at 主入口	—	5
4	Depart 主入口	—	—
5	主入口——"梦"广场	160.2	3
6	Arrive at"梦"广场	—	15
7	Depart"梦"广场	—	—
8	"梦"广场——游客中心	47.5	1
9	Arrive at 游客中心	—	15
10	Depart 游客中心	—	—
11	游客中心——崖壁走廊	107.3	2
12	Arrive at 崖壁走廊	—	15
13	Depart 崖壁走廊	—	—
14	崖壁走廊——林间憩台 1	632.5	5
15	Arrive at 林间憩台 1	—	5
16	Depart 林间憩台 1	—	—
17	林间憩台 1——双龙栈桥	502.0	8
18	Arrive at 双龙栈桥	—	20
19	Depart 双龙栈桥	—	—
20	双龙栈桥——荷花涟	578.3	10
21	Arrive at 荷花涟	—	15
22	Depart 荷花涟	—	—

序号	行走内容	路程(m)	行走时间/停留时间(min)
23	荷花涟——百花洲	126.2	2
24	Arrive at 百花洲	—	15
25	Depart 百花洲	—	—
26	百花洲——时光隧道	230.4	4
27	Arrive at 时光隧道	—	10
28	Depart 时光隧道	—	—
29	时光隧道——古韵广场	292.9	5
30	Arrive at 古韵广场	—	10
31	Depart 古韵广场	—	—
32	古韵广场——古韵台	60.5	1
33	Arrive at 古韵台	—	10
34	Depart 古韵台	—	—
35	古韵台——西仓广场(西仓古桥,次入口)	227.4	4
36	Arrive at 西仓广场(西仓古桥,次入口)	—	10
37	Depart 西仓广场(西仓古桥,次入口)	—	—
38	西仓广场(西仓古桥,次入口)——林间憩台2	1 402.0	23
39	Arrive at 林间憩台2	—	5
40	Depart 林间憩台2	—	—
41	林间憩台2——悠然台(次入口)	817.6	14
42	Arrive at 悠然台(次入口)	—	5
43	Depart 悠然台(次入口)	—	—
44	悠然台(次入口)——绿荫广场	140.5	2
45	Arrive at 绿荫广场	—	5
46	Depart 绿荫广场	—	—
47	绿荫广场——凌波微步	788.5	7
48	Arrive at 凌波微步	—	10
49	Depart 凌波微步	—	—
50	凌波微步——丛林树屋	226.5	4
51	Arrive at 丛林树屋	—	25
52	Depart 丛林树屋	—	—
53	丛林树屋——丛林烧烤	510.9	6
54	Arrive at 丛林烧烤	—	30
55	Depart 丛林烧烤	—	—
56	丛林烧烤——生态停车场	806.5	6

序号	行走内容	路程(m)	行走时间/停留时间(min)
57	Finish at 生态停车场	—	10
总计	—	7 720.9	353(5 h 53 min)

⑤ 游览路线 5。Stop16 生态停车场——Stop15 主入口——Stop14"梦"广场——Stop13 游客中心——Stop12 崖壁走廊——Stop24 凌波微步——Stop27 工艺展览与体验中心——Stop28 湿地美食广场——Stop31 时光隧道——Stop34 百花洲——Stop35 荷花涟——Stop33 瞭望塔——Stop2 凌波观鸟——Stop3 临渊戏鱼——Stop16 生态停车场(图 9-65,表 9-8)。(总时间为 292 min,总路程为 4 544.5m,起始时间为 9:00,游览结束时间为 13:52。)

图 9-65　游线 5

表 9-8　游览路线 5 行程表

序号	行走内容	路程(m)	行走时间/停留时间(min)
1	Start at 生态停车场	—	10
2	生态停车场——主入口	63.2	1
3	Arrive at 主入口	—	5
4	Depart 主入口	—	—
5	主入口——"梦"广场	160.2	3
6	Arrive at"梦"广场	—	15
7	Depart"梦"广场	—	—
8	"梦"广场——游客中心	47.5	1
9	Arrive at 游客中心	—	15
10	Depart 游客中心	—	—
11	游客中心——崖壁走廊	107.3	2
12	Arrive at 崖壁走廊	—	15
13	Depart 崖壁走廊	—	—
14	崖壁走廊——凌波微步	1 013.1	9
15	Arrive at 凌波微步	—	10
16	Depart 凌波微步	—	—
17	凌波微步——工艺展览与体验中心	596.8	8
18	Arrive at 工艺展览与体验中心	—	30
19	Depart 工艺展览与体验中心	—	—
20	工艺展览与体验中心——湿地美食广场	160.3	3

序号	行走内容	路程(m)	行走时间/停留时间(min)
21	Arrive at 湿地美食广场	—	40
22	Depart 湿地美食广场	—	—
23	湿地美食广场——时光隧道	622.6	4
24	Arrive at 时光隧道	—	10
25	Depart 时光隧道	—	—
26	时光隧道——百花洲	230.4	4
27	Arrive at 百花洲	—	15
28	Depart 百花洲	—	—
29	百花洲——荷花涟	126.2	2
30	Arrive at 荷花涟	—	15
31	Depart 荷花涟	—	—
32	荷花涟——瞭望塔	368.8	6
33	Arrive at 瞭望塔	—	10
34	Depart 瞭望塔	—	—
35	瞭望塔——凌波观鸟	275.2	5
36	Arrive at 凌波观鸟	—	15
37	Depart 凌波观鸟	—	—
38	凌波观鸟——临渊戏鱼	164.5	3
39	Arrive at 临渊戏鱼	—	15
40	Depart 临渊戏鱼	—	—
41	临渊戏鱼——生态停车场	608.4	11
42	Finish at 生态停车场	—	10
总计	—	4 544.5	292(4 h 52 min)

2)二日游。第 1 天:Stop16 生态停车场——Stop15 主入口——Stop14"梦"广场——Stop13 游客中心——Stop12 崖壁走廊——Stop10 回溯广场——Stop11 林下野游——Stop29 绿荫广场——Stop30 悠然台(次入口)——Stop25 林间憩台 2——Stop42 孙家大院——Stop38 西仓广场(西仓古桥,次入口)——Stop37 古韵台——Stop36 古韵广场——Stop32 花之径——Stop31 时光隧道——Stop28 湿地美食广场——Stop27 工艺展览与体验中心——Stop20 清风广场——Stop19 丛林烧烤——Stop18 沁水台——Stop17 湿地探访——Stop21 石桥倒影——Stop23 漪澜台——Stop24 凌波微步——Stop26 采摘园——Stop22 丛林树屋(图 9-66,表 9-9)。(总时间为 538 min,总路程为 11 958.8 m,起始时间为 9:00,游览结束时间为 17:58。)

图 9-66　二日游第 1 天游线图　　　　图 9-67　二日游第 2 天游线图

第 2 天：Stop22 丛林树屋——Stop34 百花洲——Stop35 荷花涟——Stop39 浮桥飘荡——Stop40 空中飞廊——Stop41 蟠龙远眺——Stop7 清风疏影——Stop6 水林间——Stop8 林间憩台 1——Stop4 垂钓平台——Stop5 双龙栈桥——Stop2 凌波观鸟——Stop3 临渊戏鱼——Stop1 休憩广场——Stop9 芦苇荡——Stop16 生态停车场(图 9-67,表 9-10)。(总时间为 257 min,总路程为 6 404.8 m,起始时间为 9:00,游览结束时间为 13:17。)

表 9-9　二日游第 1 天行程表

序号	行走内容	路程(m)	行走时间/停留时间(min)
1	Start at 生态停车场	—	10
2	生态停车场——主入口	63.2	1
3	Arrive at 主入口	—	5
4	Depart 主入口	—	—
5	主入口——"梦"广场	160.2	3
6	Arrive at"梦"广场	—	15
7	Depart"梦"广场	—	—
8	"梦"广场——游客中心	47.5	1
9	Arrive at 游客中心	—	15
10	Depart 游客中心	—	—
11	游客中心——崖壁走廊	107.3	2
12	Arrive at 崖壁走廊	—	15
13	Depart 崖壁走廊	—	—
14	崖壁走廊——回溯广场	274.7	4
15	Arrive at 回溯广场	—	10
16	Depart 回溯广场	—	—

序号	行走内容	路程（m）	行走时间/停留时间（min）
17	回溯广场——林下野游	93.7	2
18	Arrive at 林下野游	—	10
19	Depart 林下野游	—	—
20	林下野游——绿荫广场	264.9	4
21	Arrive at 绿荫广场	—	5
22	Depart 绿荫广场	—	—
23	绿荫广场——悠然台（次入口）	140.5	2
24	Arrive at 悠然台（次入口）	—	5
25	Depart 悠然台（次入口）	—	—
26	悠然台（次入口）——林间憩台 2	817.6	14
27	Arrive at 林间憩台 2	—	5
28	Depart 林间憩台 2	—	—
29	林间憩台 2——孙家大院	3 157.4	25
30	Arrive at 孙家大院	—	40
31	Depart 孙家大院	—	—
32	孙家大院——西仓广场（西仓古桥，次入口）	2 091.0	7
33	Arrive at 西仓广场（西仓古桥，次入口）	—	10
34	Depart 西仓广场（西仓古桥，次入口）	—	—
35	西仓广场（西仓古桥，次入口）——古韵台	227.4	3
36	Arrive at 古韵台	—	10
34	Depart 古韵台	—	—
35	古韵台——古韵广场	60.5	1
36	Arrive at 古韵广场	—	10
37	Depart 古韵广场	—	—
38	古韵广场——花之径	238.7	4
39	Arrive at 花之径	—	15
40	Depart 花之径	—	—
41	花之径——时光隧道	67.7	1
42	Arrive at 时光隧道	—	10
43	Depart 时光隧道	—	—
44	时光隧道——湿地美食广场	622.6	4
45	Arrive at 湿地美食广场	—	40

序号	行走内容	路程(m)	行走时间/停留时间(min)
46	Depart 湿地美食广场	—	—
47	湿地美食广场——工艺展览与体验中心	160.3	3
48	Arrive at 工艺展览与体验中心	—	30
49	Depart 工艺展览与体验中心	—	—
50	工艺展览与体验中心——清风广场	222.5	4
51	Arrive at 清风广场	—	10
52	Depart 清风广场	—	—
53	清风广场——丛林烧烤	186.3	3
54	Arrive at 丛林烧烤	—	30
55	Depart 丛林烧烤	—	—
56	丛林烧烤——沁水台	383.0	3
57	Arrive at 沁水台	—	10
58	Depart 沁水台	—	—
59	沁水台——湿地探访	359.0	6
60	Arrive at 湿地探访	—	10
61	Depart 湿地探访	—	—
62	湿地探访——石桥倒影	551.3	4
63	Arrive at 石桥倒影	—	10
64	Depart 石桥倒影	—	—
65	石桥倒影——漪澜台	498.1	8
66	Arrive at 漪澜台	—	10
67	Depart 漪澜台	—	—
68	漪澜台——凌波微步	530.5	9
69	Arrive at 凌波微步	—	10
70	Depart 凌波微步	—	—
71	凌波微步——采摘园	203.2	3
72	Arrive at 采摘园	—	60
73	Depart 采摘园	—	—
74	采摘园——丛林树屋	429.7	7
75	Arrive at 丛林树屋	—	—
总计	—	11 958.8	538(8 h 58 min)

表 9-10 二日游第 2 天行程表

序号	行走内容	路程(m)	行走时间/停留时间(min)
1	丛林树屋——百花洲	1 770.5	15
2	Arrive at 百花洲	—	15
3	Depart 百花洲	—	—
4	百花洲——荷花涟	126.2	2
5	Arrive at 荷花涟	—	15
6	Depart 荷花涟	—	—
7	荷花涟——浮桥飘荡	301.7	5
8	Arrive at 浮桥飘荡	—	5
9	Depart 浮桥飘荡	—	—
10	浮桥飘荡——空中飞廊	283.9	5
11	Arrive at 空中飞廊	—	5
12	Depart 空中飞廊	—	—
13	空中飞廊——蟠龙远眺	155.9	3
14	Arrive at 蟠龙远眺	—	10
15	Depart 蟠龙远眺	—	—
16	蟠龙远眺——清风疏影	919.9	9
17	Arrive at 清风疏影	—	10
18	Depart 清风疏影	—	—
19	清风疏影——水林间	93.2	2
20	Arrive at 水林间	—	10
21	Depart 水林间	—	—
22	水林间——林间憩台1	259.2	3
23	Arrive at 林间憩台1	—	5
24	Depart 林间憩台1	—	—
25	林间憩台1——垂钓平台	221.0	4
26	Arrive at 垂钓平台	—	15
27	Depart 垂钓平台	—	—
28	垂钓平台——双龙栈桥	256.0	4
29	Arrive at 双龙栈桥	—	20
30	Depart 双龙栈桥	—	—
31	双龙栈桥——凌波观鸟	348.0	5

序号	行走内容	路程(m)	行走时间/停留时间(min)
32	Arrive at 凌波观鸟	—	15
33	Depart 凌波观鸟	—	—
34	凌波观鸟——临渊戏鱼	164.5	4
35	Arrive at 临渊戏鱼	—	15
36	Depart 临渊戏鱼	—	—
34	临渊戏鱼——休憩广场	97.6	2
35	Arrive at 休憩广场	—	10
36	Depart 休憩广场	—	—
37	休憩广场——芦苇荡	451.6	8
38	Arrive at 芦苇荡	—	10
39	Depart 芦苇荡	—	—
40	芦苇荡——生态停车场	955.6	16
41	Arrive at 生态停车场	—	10
42	Depart 生态停车场	—	—
总计	—	6 404.8	257(4 h 17 min)

（5）小结

目前大多数公园游览路线规划设计，在遵循场地肌理、满足功能分区和景点串联的基础上，规划简单的主题游览路线，忽略了景点的活动量与活动时间安排，从而导致游客无法方便快捷地选择一个或几个主题清晰、对游览活动安排有明显量化的路线。本章节就此问题，在总结游览路线规划内涵和原则的基础上，针对在 ArcGIS 这个技术平台上如何规划设计游览路线进行了详细分析与阐述。主要方法是由初步路线规划入手，然后进行数据处理、创建网络数据集、车辆路径派发（VRP）分析等步骤，最后生成 5 条一日游路线和 1 条两日游路线（表 9-11）。这种游览路线的规划方式在一定程度上避免了人为的主观性，增加了路线规划设计的弹性与科学性。

表 9-11　游览路线一览表

	游线路线编号	游线主题	总计时间	总计距离
一日游	游览路线 1	一条涵盖湿地体验、自然风光、历史人文类景点的经典路线	365 min (6 h 5 min)	4 916.0 m
	游览路线 2	一条以亲近自然、欣赏湿地自然风光为主题的静赏线路	309 min (5 h 9 min)	6 742.0 m
	游览路线 3	一条与历史对话，与蟠龙岛人文特色相交融的线路	361 min (6 h 1 min)	9 529.3 m

	游线路线编号	游线主题	总计时间	总计距离
一日游	游览路线 4	一条适合年轻人参与户外活动或者家庭周末出游的线路	353 min （5 h 53 min）	7 720.9 m
	游览路线 5	一条适合老年人休闲养生的游览线路	292 min （4 h 52 min）	4 544.5 m
二日游	游览路线 6	第 1 天:以观赏历史人文景点和农艺休闲活动为主,湿地观赏为辅 第 2 天:以亲近自然、欣赏湿地风情为主	第 1 天:538 min （8 h 58 min） 第 2 天:257 min （4 h 17 min）	11 958.8 m 6 404.8 m

10 云南嵩明丹凤湿地公园

10.1 项目背景

10.1.1 基地条件分析

（1）区位分析

丹凤湿地公园地处云南省嵩明县。嵩明县,位于云南中部,地处昆明市东北部,为昆明市辖近郊县,县城距昆明 43 km。嵩明县地处东经 102°41′～103°21′之间,北纬 25°05′～25°28′之间,东邻宜良,南靠昆明官渡,西南与富民相邻,西北及北面与寻甸接壤,东北与马龙相连。丹凤湿地公园位于嵩明县城老城区东北部,毗邻嵩明传统商业区,规划范围南至兰茂路,东靠普沙河,为西北至东南方向的带状用地,面积约 18.9 ha(图 10-1)。

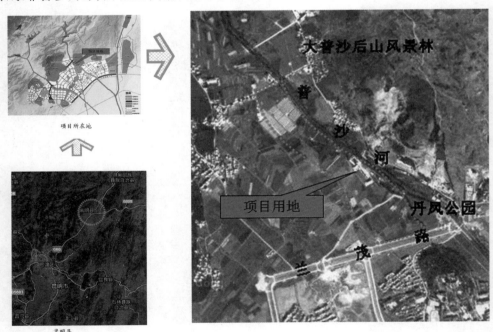

图 10-1　项目区位图

（2）周边条件

湿地公园周边集合了居住、文化娱乐、公共服务设施等各类用地。基地南侧现为黄龙山公园,东侧毗邻普沙河及大普沙后山风景林,基地西、北侧在城市总规中规划为文化娱乐、公共服务设施和居住用地,地理区位及景观资源非常优越。基地四周为城市道路,南临县城主干道兰茂路,东靠河滨路,交通十分便捷(图10-2)。

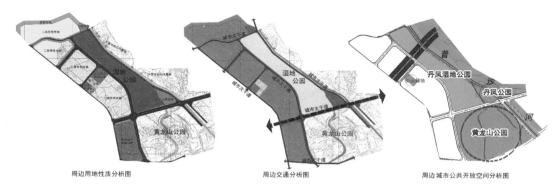

周边用地性质分析图　　　　　周边交通分析图　　　　　周边城市公共开放空间分析图

图10-2　周边条件分析

(3) 用地类型现状

现用地大部分为农田,除此之外还有一些少量的废旧厂区、农舍建筑、简易大棚、水塘等。另外,清水海引水工程输水管线穿过基地北侧(图10-3)。

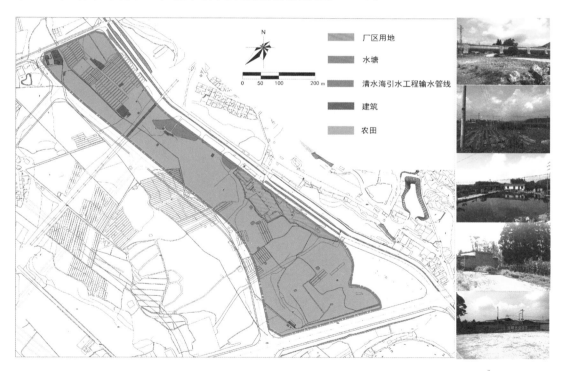

图10-3　用地类型现状

(4) 水系现状

基地中零星散布着一些水塘,面积较小。嵩明县重要的河流普沙河紧邻基地东北侧。普沙河水源来自上游的大石头水库,水质条件优越,未来可以考虑作为湿地公园水源(图10-4)。

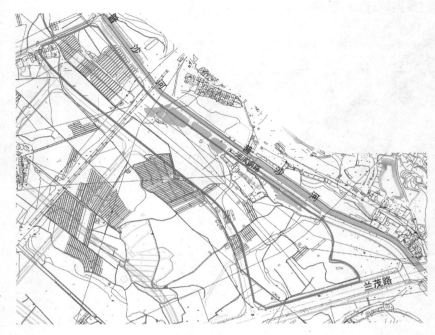

图 10-4 水系现状

（5）竖向现状

基地地形为较平缓的带状用地，整体呈西北略高、东南略低的走势，总高差约 8 m，总长度约为 1.1 km（图 10-5）。

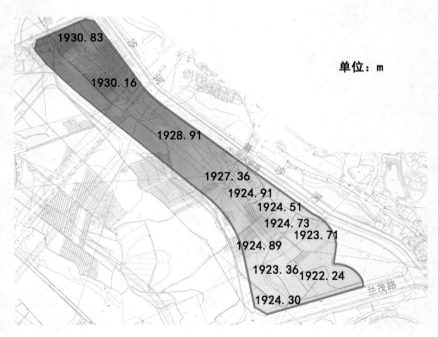

图 10-5 竖向现状

（6）植被现状

基地所在的嵩明县属北亚热带季风气候区，夏无酷暑，冬无严寒，四季如春，植物种类多样。公园现状多为农田、菜地及少量杂木林（图10-6）。

图10-6　植被现状

10.1.2　上位规划解读

嵩明县城市绿地系统规划以创建"健康宜居在嵩明，山水林城共相融"为总体目标，将嵩明县打造成昆明市的后花园。在绿地系统布局上，通过生态廊道连通城市各绿色斑块，从而形成"五廊、九道、九片、十三园"的城市绿地景观结构体系。丹凤湿地公园作为"十三园"中的一园，既是"五廊"中"中央湖泊公园—灵应山公园—黄龙山公园—丹凤湿地公园—大普沙后山风景林"生态廊道的组成部分，也是"九道"中所定义的"入城口—古盟台—黄龙山公园—丹凤湿地公园"老城主要景观轴线重要节点之一（图10-7）。在绿地系统规划中，丹凤湿地公园被定位为专类公园，其建设内容为"建成集湿地生态保护、生态观光休闲、生态科普教育、湿地研究等多种功能为一体的生态型主题公园"。

10.2　规划思路

10.2.1　任务解析

通过对上述城市绿地系统规划的解读以及与当地相关部门的交流，未来的丹凤湿地公园应完成4大功能任务。

① 作为"五廊"之一的组成部分，要充分发挥绿地系统中所要求的生态廊道功能；

② 作为城市湿地，要充分发挥绿地系统中所要求的湿地生态功能；

③ 作为"九道"之一的组成部分，要充分发挥绿地系统中所要求的老城主要景观轴线重要节点的特色形象功能；

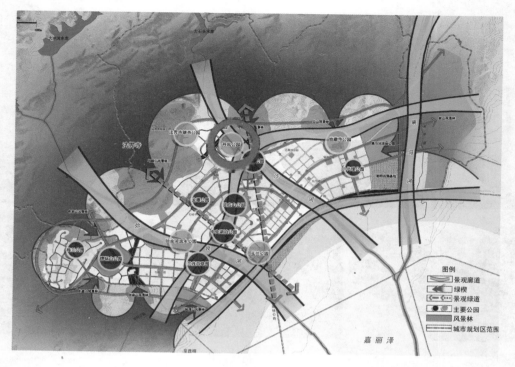

图 10-7　绿地系统结构图

（根据《嵩明县城市绿地系统规划（2013—2020）》绘制）

④ 作为专类公园,要充分发挥绿地系统中所要求的休闲娱乐、科普教育等,满足当地人们各种活动需求的功能。

10.2.2　规划目标

作为嵩明县第一个湿地公园,丹凤湿地公园的建设对保护城市生物多样性、提升城市景观质量、丰富市民休闲娱乐活动和提升基地周边的土地经济价值有重要意义。规划设计以强调湿地公园的生态功能为主,通过挖掘基地特有的文化属性,在保护湿地景观风貌的同时,突出城市湿地公园的游憩主题,形成具有地方特色的城市开放空间(图10-8、10-9)。

10.2.3　规划策略

对应上述任务解析以及规划目标,总结出以下 4 个方面的规划策略。

(1) 策略一:建设多功能的城市生态廊道

廊道是具有通道功能的景观要素,是联系景观斑块的重要纽带,通过廊道可把孤立的生境斑块连接在一起,从而使之成为一个整体,对生物多样性的保护具有重要作用。绿道不仅连接野生动物的生境,而且是城市慢行道的一部分,可以将人们休闲活动的区域连接在一起。因此无论是从自然要素还是人类活动角度来说,连通是廊道的关键词。本规划借鉴廊道理论,具体解决湿地公园在绿地系统中多方面的连通作用。

(2) 策略二:恢复与构建物种多样的湿地生态系统景观

一般来说,生物多样性越高,越有利于生态系统的稳定,湿地生态系统也是如此。构建

图 10-8　公园鸟瞰图

①	中心主广场	㉓	次入口
②	湿地展览中心	㉔	观鱼栈道
③	休闲茶室	㉕	小木亭
④	水滴	㉖	汀步
⑤	生物桥	㉗	生态岛
⑥	水生花卉园	㉘	园路
⑦	观景挑台	㉙	水榭
⑧	花架	㉚	临水挑台
⑨	台阶	㉛	沉淀池
⑩	次入口广场	㉜	景亭
⑪	生态厕所	㉝	凤凰岛
⑫	生态停车场	㉞	观景亭
⑬	观景亭	㉟	观鸟亭
⑭	桥世界	㊱	水闸
⑮	草坪	㊲	瀑布
⑯	瞭望塔	㊳	人行道
⑰	湿地氧吧	㊴	荷花池
⑱	饮水工程输水管线	㊵	三潭印月
⑲	人类饮水工程纪念廊		
⑳	观景木平台		
㉑	木挑台		
㉒	木栈道		

图 10-9　公园总平面图

生物多样性较高的湿地生态系统景观可以通过 2 个规划途径,即以景观空间格局为出发点的规划途径和以物种为出发点的规划途径。

（3）策略三:打造地方性特色城市形象节点

根据凯文·林奇的城市意向理论,节点在城市景观中起到了重要的形象作用。丹凤湿地公园位于"九道"之一的"入城口—古盟台—黄龙山公园—丹凤湿地公园"景观轴线之上,是这条轴线上的重要节点之一。通过对城市绿地系统规划的研究,笔者发现,这条"老城"景观轴线上的所有节点都具有特殊历史意义,承载了地域的文化属性。因此,体现地方特色与尊重历史文化是丹凤湿地公园形象设计的主要出发点。

（4）策略四：创造城市活力休闲空间

湿地具有自然观光、游憩、娱乐等方面的功能,蕴涵着丰富秀丽的自然风光,其特有的湿地景观风貌具有很强的景观美学价值和休闲娱乐价值,是人们观光休闲的好地方,这也是湿地建设成湿地公园的重要前提功能条件之一;对于湿地生态知识的科普教育以及湿地文化的展示等方面也具有一定的积极影响。丹凤湿地公园地处城市建设区内,周边多为文化娱乐和居住用地,故而在兼顾湿地公园生态效应的同时,湿地公园还应该成为一个具有活力的城市休闲空间,以满足人们室外游憩娱乐、文化教育等多方面的活动需求。

10.2.4 形象构思

（1）基于丹凤传说的湿地公园整体形象设计

城市湿地公园处于特定的地域环境,公园的设计思想以及元素选用应当源于本土,并很好地彰显地域文化。丹凤湿地公园基地附近有一座丹凤桥（图10-10）,相传元末年间,嵩明人在开挖河道时在此挖出一对凤凰,捉住了其中一只,故而在此修建一座"丹凤桥"以作纪念。在规划设计时,考虑丹凤湿地公园狭长的地形,故而设计依托"丹凤"的传说,以化身在此的凤凰为设计源泉,结合前期对湿地公园的功能布局的分

图 10-10 丹凤桥

析,衍生出公园凤凰形态的平面构图（图10-11）,与南侧黄龙山公园的"黄龙"遥相呼应,以形成"龙凤和鸣"之景象（图10-12）。公园中的茶室建筑方案也提取和抽象"凤"的造型,塑造出独特的凤凰建筑形式（图10-13）。

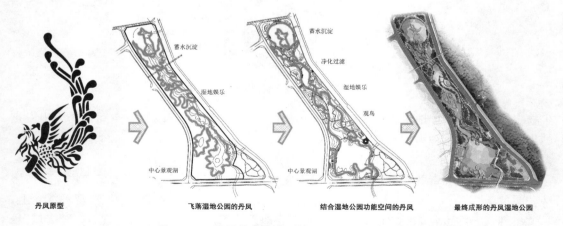

丹凤原型　　　　飞落湿地公园的丹凤　　　结合湿地公园功能空间的丹凤　　最终成形的丹凤湿地公园

图 10-11 凤凰的蜕变和重生——公园平面构思

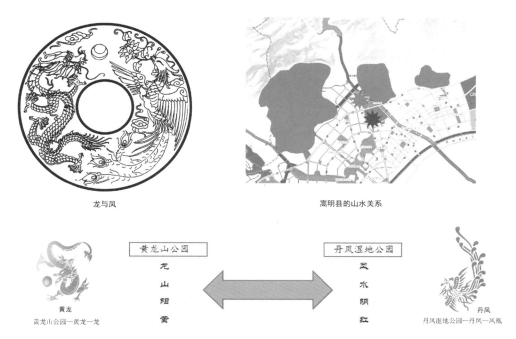

龙与凤

嵩明县的山水关系

黄龙山公园—黄龙—龙

黄龙

丹凤湿地公园—丹凤—凤凰

丹凤

图 10-12 黄龙山公园与丹凤湿地公园意向关系——"龙与凤"
"阴与阳""山与水""黄与红"之间的元素呼应

图 10-13 公园茶室建筑

（2）基于民族特色文化的湿地公园小品设计

嵩明素有"花灯之乡""龙狮之乡"的美誉。境内定居民族主要有彝族、回族、苗族、汉族，另外有白族、壮族等少数民族临时寄居。少数民族的聚集，碰撞出了多彩绚烂的民俗文化。丹凤湿地公园的规划设计汲取了优秀的民族文化，提取"花灯""龙舞""火把"等元素，转变为设计符号,并结合湿地景观节点,设计精巧的景观雕塑小品和导向系统(图 10-14)。

图 10-14　具有民族特色的景观小品

10.3　总体布局与分区规划

　　丹凤湿地公园基地较为狭长,按照基地西北高、东南低的走势,将空间由北向南依次划分为 5 个功能区:蓄水沉淀区、湿地净化展示区、湿地体验区、休闲娱乐区和观赏湖区(图 10-15)。整个公园越往南越接近市区,越往北越接近郊区,因此,5 个分区由南至北,人们的活动内容对湿地的干扰程度越来越低。公园水系从北至南贯穿全园,并形成不同大小的水面,构成了丰富的景观结构层次(图 10-16)。

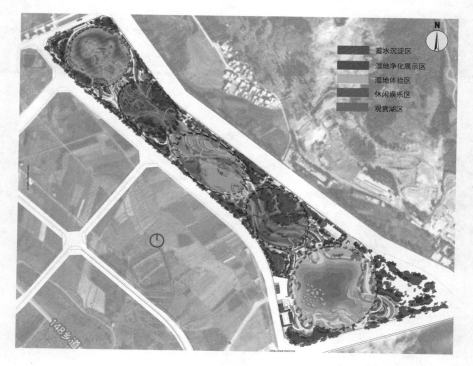

	蓄水沉淀区
	湿地净化展示区
	湿地体验区
	休闲娱乐区
	观赏湖区

图 10-15　公园功能分区总平面图

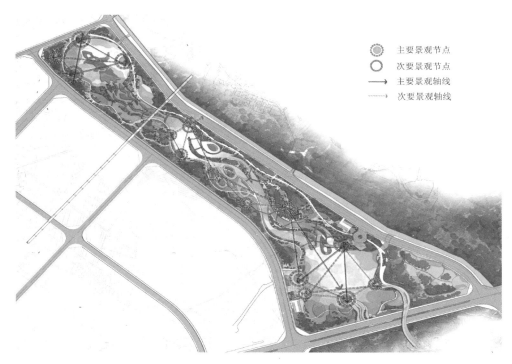

主要景观节点
次要景观节点
主要景观轴线
次要景观轴线

图 10-16 景观结构

（1）观赏湖区

观赏湖区水体开阔,环湖设计了多样的水上栈道及休憩小节点,如公园主入口休闲广场、水滴广场等;茶室和湿地展示中心建筑临水而建,在景观上相互因借。湖面的中心设置三座灯塔,模拟"三潭印月"的水上景观,形成主、次入口的视线焦点,主要景观内容如下(图10-17、10-18)。

图 10-17 观赏湖区鸟瞰图

图 10-18 观赏湖区平面图

1）中心主广场。主要以硬质铺装为主，一侧结合城市道路设计停车场，作为丹凤湿地公园的主入口，广场北侧以一片景墙、南侧以湿地展览及游客服务中心建筑限定广场空间，将人们的视线引向中心湖面的景观。沿河的亲水平台空间做下沉处理，满足人们亲水的需求（图 10-19）。

图 10-19 中心主广场

2）湿地展览及游客服务中心。建筑主体靠近城市道路和公园主入口，方便管理和维护。建筑室内外借鉴巴塞罗那国际博览会中德国馆的流动空间设计，采用简洁纯净的几何体块，通过墙体的穿插和空间虚实变化，打造极具现代气息的展览建筑，让室内外景观融为一体（图 10-20）。

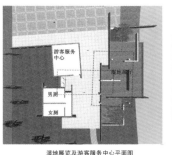

图 10-20 湿地展览及游客服务中心

3）餐饮娱乐建筑。建筑主体靠近城市道路和公园次入口，以方便管理和维护。同时建筑也紧邻中心湖面，以取得很好的观景效果。建筑造型采用多个体块组合，产生空间穿插与虚实的变化，形成丰富的空间效果（图 10-21、10-22）。

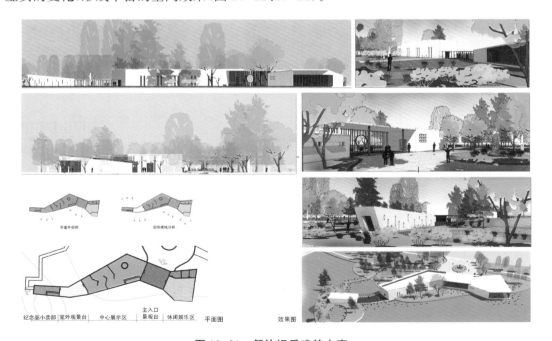

图 10-21 餐饮娱乐建筑方案一

4）"水滴"平台。将此处设计成圆环形亲水平台，游客可以在此欣赏右侧的生物桥、左侧的主入口以及水生花卉园景点（图 10-23）。

入口效果图

后场

小卖及服务　连廊　男女　简餐及茶吧　连廊　酒吧

阳台

餐饮娱乐建筑平面图

侧面效果图

餐饮娱乐建筑鸟瞰图

图 10-22　餐饮娱乐建筑方案二

方案一平面图

"水滴"效果图

方案二平面图

方案一A-A断面图

方案二A-A断面图

图 10-23　"水滴"平台

5）生物桥。规划中设置了一座跨过兰茂路的生物桥连通丹凤湿地和黄龙山，以形成两条通道——慢行观景道和生物通道。慢行道采用渗水铺装材料建造，满足自黄龙山腰到湿地公园观赏湖区的人行及自行车交通联系。生物通道则自黄龙山腰至丹凤湿地形成斜坡，桥体回填自然土并栽植适宜的乡土植物，以方便小动物的迁徙（图10-24）。

图 10-24　生物桥

6）水生花卉园。水生花卉园种植多彩多姿的湿地花卉植物，其地处中心湖面的南侧，同时也靠近城市主要道路兰茂路，在丰富湿地公园景观的同时，也丰富了兰茂路的街景。

7）观景挑台。观景挑台位于生物桥的末端，与主入口相对。可以从生物桥到达此处，木质的挑台高出水面，游客可以在此欣赏美景，登高远眺。

8）花架。爬满藤蔓类等植物的花架，兼具景观性和实用性，游客可在此休憩、聊天。

9）次入口广场。次入口广场位于湿地公园东侧，以硬质铺装为主，中心有一圆形绿岛。次入口广场的右侧是生态停车场，方便游客停车；穿过广场，游客到达餐饮娱乐建筑进行休闲游憩。

10）生态厕所。湿地生态厕所可以循环利用水资源，造型独特的生态厕所与周围的环境融为一体，保障了湿地的原生态美。

11）生态停车场。位于主入口以及次入口侧面，方便游客停车需要。

12）"三潭印月"。中心湖区中央处设置"三潭印月"景点，夜里可照明，以形成中心湖区的视线焦点。

（2）休闲娱乐区

休闲娱乐区的活动内容以"动"为主，游人量也较大。设计突出"水"的优势，以"桥世界"为主题，建设极具趣味性的水上乐园。桥世界中设置了各种各样新奇有趣的桥横跨在水上，比如好玩有趣的秋千桥、惊险刺激的独木桥、令人望而生畏的高架桥、需要齐心协力才能通过的同心桥等，这些设施增添了湿地公园的娱乐性，将会是市民休闲娱乐的好去处。

（3）湿地体验区

与休闲娱乐区相比较，此区的活动内容以"静"为主，游人量相对较小。该区主要模拟自然野趣的湿地景观风貌，以蜿蜒的水体、多变的水上栈道和湿地动植物为主要造景元素，供人们体验优美的湿地景观。该区主要景点有：①观鸟台及鸟类科普廊，以竹、木为材料而建的朴素自然廊架，里面放置关于湿地鸟类的科普图册等，同时也可供人休息停留；②瞭望塔，位于湿地视野开阔处，游客登高而望远，四周景色尽收眼底；③湿地氧吧，在自然湿地中，可呼吸新鲜空气，欣赏自然美景，使游客达到赏心、悦目、益智、怡情的情境；④木栈道，用木质材料做成简单亲水的木栈道，让游客可以亲近湿地水面与湿地植物，享受湿地的自然气息；⑤观鱼栈道：游客漫步其间，喂食鱼类，感受湿地渔乐风情。

（4）湿地净化展示区

该区主要为游客展示湿地净化水质的过程，利用生态岛将水体分隔成若干支流，通过植物以及微生物的作用进行水质过滤净化。局部设计简易的汀步，以满足游览需求。另外，该区还设置人类饮水工程纪念廊景点。昆明市清水海引水工程以清水海为中心水源，通过输水管道将水输送至昆明等地，从而解决目前昆明缺水的问题，该引水管线刚好横跨丹凤湿地公园的北部。在规划中，并没有采取遮蔽输水管线的方法，而是通过在输水管线一侧架构科普文化长廊，介绍人类引水工程的文化知识，以教育人们应该保护和珍惜日益紧张的水资源，该景点与湿地的"水"文化主题相契合。

（5）蓄水沉淀区

该区是整个公园水系的上游部分，主要作用是引入普沙河的河水和收集储备雨水，形成较为开阔的水面，并通过水生植物对水体进行初步的沉淀净化。该区水中堆岛，形成凤首的形态，水面的四周各设置水榭、景亭、平台等景观建筑形成点景。

10.4 专项规划

10.4.1 道路交通规划

道路系统主要由自行车道、人行园路、栈道组成（图10-25）。其中自行车道从南至北贯穿全园，南端通过生物桥直接连至黄龙山公园、北端连接公园北部的相邻绿地，是整个城市绿地系统中自行车绿道的一部分。人行园路连通了全园，其中靠近城市道路周边的人行园路与城市道路的人行道合并设计，使得城市道路的步行者也可以欣赏公园的美景。栈道主要架空于湿地水面之上，使得游人道路可以减少对湿地环境的干扰（图10-26）。

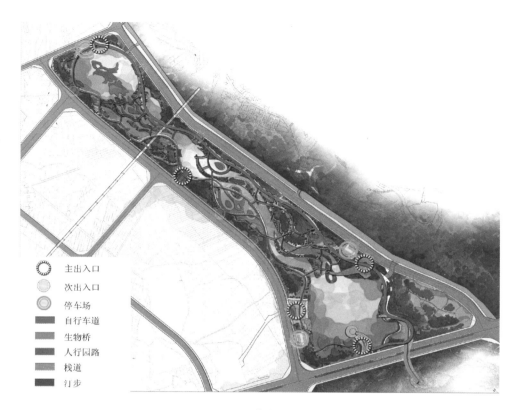

主出入口
次出入口
停车场
自行车道
生物桥
人行园路
栈道
汀步

图 10-25 道路交通规划

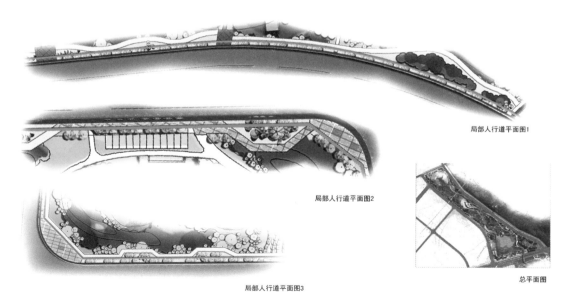

局部人行道平面图1

局部人行道平面图2

局部人行道平面图3

总平面图

图 10-26 局部人行道平面图

10.4.2　竖向规划

场地原地势西北到东南逐渐降低,规划保持原地形大体的标高不变,适当在接近道路周边区域堆起一些较高地形的土坡,并种植林带,构成城市与湿地的缓冲界限,以起到减少外部城市道路对内部湿地干扰的作用,同时也有利于湿地内外形成丰富的景观层次(图10-27)。

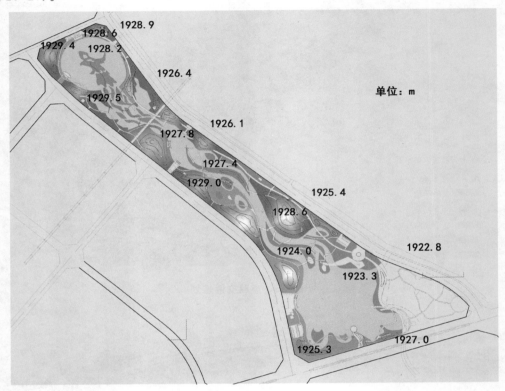

图 10-27　竖向规划

10.4.3　水系规划

考虑到公园水体没有现有水源,故在规划设计过程中,可引进普沙河水,在基地北侧设置一进水闸,南侧设置一溢水口。将普沙河水引入基地,与基地内未来的人工构造湿地水体连通,经过湿地的过滤、净化后,在南侧从溢水口流出(图10-28)。

水系的连通是水系规划的关键。丹凤湿地公园在"五廊"之一的"中央湖泊公园—灵应山公园—黄龙山公园—丹凤湿地公园—大普沙后山风景林"生态廊道中,发挥了极其重要的水系连通功能。引入的水通过湿地公园汇入该生态廊道下游,成为下游黄龙山公园、灵应山公园、中央湖泊公园、兰茂百草园等,各绿地景观水体的主要供水来源(图10-29)。湿地公园在这样的一个水系连通过程中,起到了水体调蓄及净化等的作用。

(1) 水体调蓄功能

水体调蓄是湿地的重要功能。丹凤湿地公园本身就是一个大的蓄水池,把引入普沙河

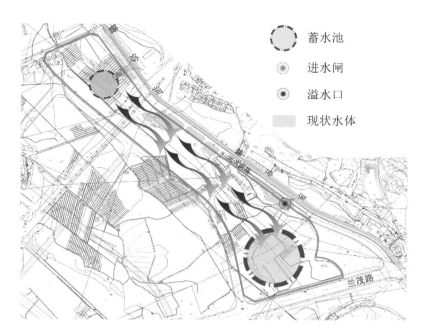

	蓄水池
	进水闸
	溢水口
	现状水体

图 10-28　水系结构示意

的水滞留起来,并根据需要对下游各公园绿地的水体进行调蓄。除此之外,由于嵩明县境地处低纬度高原,属北亚热带季风型气候,其受西南季风影响,全年降水量在时间分布上极其不均,明显地分为干、湿两季,每年 5—10 月份为雨季,降雨量约为全年降雨量的 89%,其他月份则干燥少雨。因此,丹凤湿地公园还可以在夏季雨水丰沛时尽可能多地收集雨水,以便于补充其他季节缺水时的景观用水。

　　(2) 水体净化功能

　　丹凤湿地公园本身就是一个水体净化器,引入的普沙河水在经过公园时可以进行水体净化。具体过程如下:引入的水首先进入湿地公园北侧蓄水沉淀区进行初步处理,在这里,较大的水中污染颗粒将沉淀下来;初步沉淀的水流至湿地净化展示区,此区主要是对水体进行过滤;经过过滤的水再流经湿地体验区与湿地休闲娱乐区,在这两个区,充分利用各种湿地植物群落来吸收水中过盛的营养成分,如氮、磷等,从而达到净化水体的目的。水中的污染物流经这个系统工程,通过吸附、过滤、氧化、还原及微生物分解作用,而逐步降解为可供植物群落生长繁殖的养分,将富含有机物的水体转变为洁净水,并通过小范围的挖方和填方营造各种类型的滩地,随水位的涨落,形成不同的景观变化效果,如此不仅丰富了城市自然景观,也为动植物提供了良好的栖息地(图 10-30)。

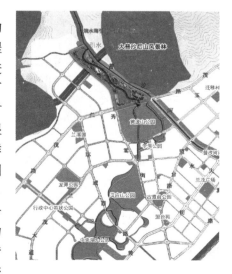

图 10-29　城市绿地景观水系的连通

图 10-30　湿地水体净化示意图

10.5　专题研究

10.5.1　生态廊道专题

根据策略一"建设多功能的城市生态廊道"要求,构建物种及城市慢行道的连通廊道,主要包括公园对外和公园内部 2 个体系的连通。

（1）公园对外的连通

虽然绿地系统规划中,确定了丹凤湿地公园为"中央湖泊公园—灵应山公园—黄龙山公园—丹凤湿地公园—大普沙后山风景林"生态廊道的一部分,具体连接了公园南侧黄龙山以及公园西北侧的大普沙后山风景林;但是从物种迁移与市民慢行交通的角度,公园四周都被城市道路所环绕,尤其是公园南侧的兰茂路宽度为 40 m,事实上阻隔了丹凤湿地和黄龙山的生态连接与慢行通道,绿道的连通功能很难发挥(图 10-31)。

因此,本规划中设置了一座跨过兰茂路的生物桥以沟通丹凤湿地和黄龙山山腰部,形成 2 条通道:慢行观景道和生物通道(图 10-32)。慢行道采用渗水铺装材料建造,满足了自黄龙山腰到湿地公园观赏湖区的人行及自行车交通联系。生物通道则自黄龙山腰至丹凤湿地形成斜坡,桥体回填自然土并栽植适宜的乡土植物,以方便小动物的迁徙。生物桥的建设既满足了城市绿地系统所要求的慢行道连通,又给物种提供了更多的栖息地和更大的生境面积,使物种在不同栖息地之间可以进行季节性觅食,增加物种基因交流,促使城市与自然之间生物的迁移、流动,丰富了城市生物的多样性。除了生物桥,湿地公园另一个对外连接物种通道设为穿越河滨路的地下涵洞。河滨路是湿地公园与大普沙后山风景林之间的城市支路,现有路宽为 9 m,湿地公园中的游人与自行车可以通过河滨路上的过街斑马线,到达大普沙后山风景林。

（2）公园内部的连通

由于公园本身就是城市生态绿道的一部分,因此公园中的湿地与绿地就构成了城市绿地系统物种通道的一部分。另外,在本规划中还设置了一条 4 m 宽的慢行道穿越整个公园,这条慢行道直接与生物桥及河滨路过街斑马线相接。它既是公园内部的主园路,又是整个绿地系统中城市慢行道的一部分,可以人行也可以骑自行车通过,为市民的游憩交通活动

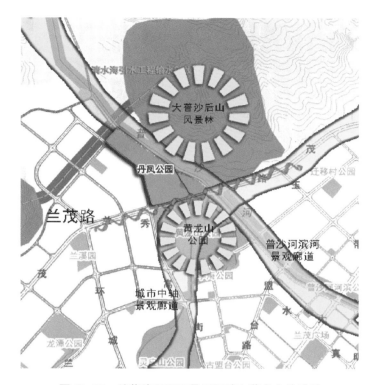

图 10-31   兰茂路阻隔了丹凤湿地和黄龙山的联系

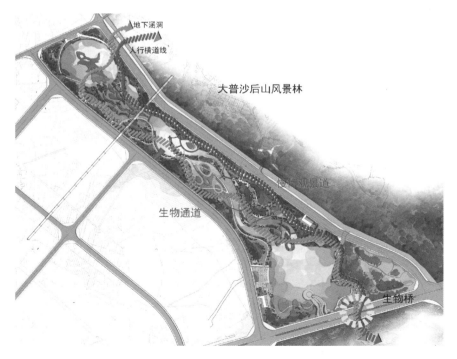

图 10-32   生物通道及城市慢行道的连通

提供了较大便利。

10.5.2　生物多样性专题

（1）景观空间格局途径

景观空间格局是指大小和形状各异的景观
要素在空间上的排列组合，它对区域内物种的
丰富度、分布，及种群的生存能力和抗干扰能力
有深刻的影响。丹凤湿地公园的景观空间格局
规划借鉴了自然保护区规划理论，划分为核心
区、缓冲区2个部分。核心区位于公园内部，主
要由形态及功能各异的湿地构成，主园路不进
入该区，区内设置的次园路均为架空栈道，以减
少游人对湿地生境的扰动。缓冲区位于公园外
围，人流量较多的主园路布置于该区，该区内沿
城市道路一侧用地，在原有地形的基础上营造

图 10-33　湿地公园景观空间格局

了高低起伏的缓坡，并种植大片密林以形成湿地公园核心区的保护屏障，减少城市道路上的
汽车尾气、噪音等对湿地生境的干扰，起到生态缓冲的作用（图10-33）。

（2）物种途径

物种途径主要包括植物与动物2个方面的内容。

1）乡土植物群落构建。乡土植被是当地气候条件长期自然选择的结果，在规划中充分
利用乡土植被材料，能够更好地保持地域性的生态平衡，并有益于生物多样性的形成和展示
原有自然风貌，突显地域景观特色。故而丹凤湿地公园依照城市绿地系统规划中树种规划
的要求，在树种选择上以乡土植物为主，从陆域到水域，运用水岸生态系统理论配置旱生植
物（如类芦、清香木、黄连木、云南樱花等）、中生植物（如香油果、滇合欢、红千层等）、湿生植
物（如池杉、水松、水杉、灯芯草、矮地榆等）、水生植物（如荷花、睡莲、鸢尾、菖蒲、纸莎草、泽
泻、水葱、田字萍、梭鱼草、旱伞草等）4种植物类型。在具体植物配置上，根据生态位及景观
美学相关原理，对这4种植物类型中的品种分别加以组合搭配，从而形成生态稳定、景观优
美的多种湿地植物群落。

2）湿地动物栖息地的营造。丹凤湿地公园在创造丰富植被景观的同时，兼顾湿地植物
的生态功能，模拟、还原水禽、鱼类、两栖类等多种湿地动物的栖息生境。例如，在水禽类湿
地生境的设计上，根据嵩明县水禽鸟类迁徙、繁衍、营巢、觅食等活动对自然条件的要求，沿
水岸建立人工裸滩并在湿地内投放合适的鱼类和水生昆虫。此外，在观鸟区设计若干独立
的水上岛屿，栽植乡土植物和结果树种，并营造草丛、灌木丛、树丛等各异的生境，以吸引鸟
类的觅食和栖息，从而最大限度地保护它们的自然生息繁衍。鸟类、鱼类等动物物种的引
入，有利于形成稳定的生态群落，这样不仅可以丰富湿地生境，而且能够创造具有地域特点
的景观风貌（汪辉等，2015）。

11 江苏洪泽尾水湿地园

11.1 项目背景

随着人口迅速增长、城市快速扩张以及社会经济的高速发展,相应的各种环境问题也日益严重,特别是水污染问题,例如愈来愈多的污水处理厂尾水排放所引发的环境问题日益凸显。采用生态-生物处理技术,通过人工构造湿地,对污水处理厂达标排放的尾水污染物进行收集、降解与重新利用,是一种较为生态且可持续的尾水处理方式(郝达平,2013)。

洪泽尾水湿地园位于洪泽县内宁连高速公路东侧,苏北灌溉总渠以南,宽约 400 m,长约 6 500 m,总占地面积约 264 ha。基地内以苗圃、农田以及零散分布的池塘为主。洪泽尾水湿地园通过对基地改造处理而构建人工湿地,并以此对洪泽污水处理厂尾水进行处理和再利用。项目的实施能够有效改善白马湖水生态环境,有利于保证"南水北调"东线工程调水的水质及淮安市区的饮用水安全。

洪泽尾水生态廊道南接洪泽县城的天楹污水处理厂,北连黄集镇的清涧污水处理厂,最后到苏北灌溉总渠汇合,是全国规模最大的尾水收集处理及利用工程项目。工程依托现场自然地形条件,对污水处理厂尾水进行收集,采用人工湿地,构建生态-生物处理系统,利用曝气富氧、厌氧分解、植物吸收、土壤吸附等途径,有效降解污水处理厂尾水中的污染物。针对尾水性质不同,项目分为南线工程和北线工程两种工艺进行处理。南线工程起始于宁连高速公路入口以北 1 200 m 处,采用曝气塘、兼性塘、表面流湿地与生态塘组合工艺,处理洪泽天楹污水处理公司尾水,处理规模为 4 万 m^3/d;北线工程起始于双喜河以南 850 m 处,采用曝气塘、表面流湿地、兼性塘、潜流人工湿地的串联组合工艺,处理清涧污水处理厂尾水,处理规模为 6 万 m^3/d。南、北线出水汇入生态塘净化处理后排出,南、北线合计处理规模为 10 万 m^3/d。处理后的尾水回用于农业、林业灌溉,城市绿化景观用水,河湖补水等,多余部分通过淮河入海(郝达平,2013)。尾水处理工艺流程及流线平面图见图 11-1、11-2。整个项目尾水湿地处理工艺由南京领先环保技术股份有限公司规划,由笔者完成园林绿化植物配置和园林景观、道路交通等方面的规划设计。

11.2 规划目标与总体规划

11.2.1 规划目标

项目着力尾水处理工艺设计的同时注重打造湿地景观,在满足尾水处理工艺流程的前提下,利用现状资源,规划观光通道、参观节点、樱花岛、绿化苗圃等,体现出自然、环保、原生

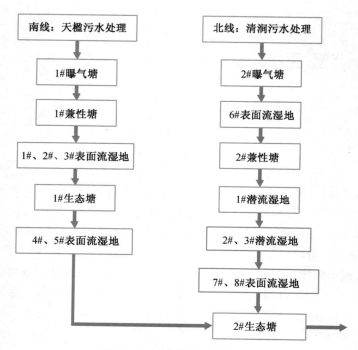

图 11-1　尾水处理工艺流程图

（资料来源：南京领先环保技术股份有限公司，《"南水北调"东线沿线城市洪泽县尾水收集处理及
利用工程二期设计文本》）

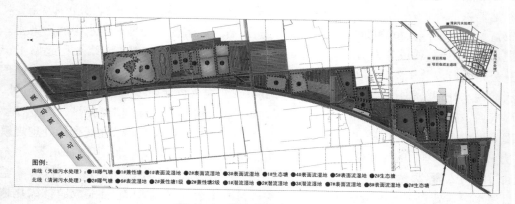

图 11-2　尾水处理流线平面图

（根据南京领先环保技术股份有限公司《"南水北调"东线沿线城市洪泽县尾水收集处理及利用工程
二期设计文本》改绘）

态的理念，满足不同人群、不同季节游客的观赏需要，将尾水收集处理再利用工程，建设成具
有生态、景观、文化和科教宣传功能的湿地园林（图 11-3）。

11.2.2　总体规划

（1）总体布局

根据尾水处理流线及各个功能湿地位置合理布置总平面，景观节点、绿化种植、地形水

图 11-3 项目鸟瞰图

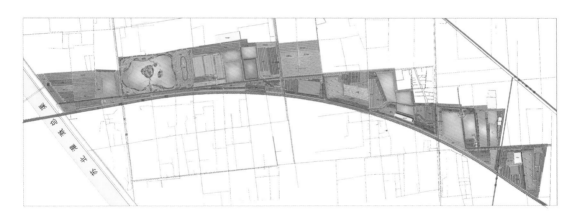

图 11-4 项目总平面图

系、道路交通、建筑小品等各景观元素的布局与安排如图 11-4。

（2）景观结构规划

通过与生态湿地园建设方的多次交流，结合尾水处理工艺设计的流程要求，合理安排参观通道，布置主要与次要景观节点，使得参观考察者通过该参观路线能够比较全面地了解到尾水湿地的整体现状，并体验到质朴、生态的湿地景观风貌（图 11-5）。

（3）道路交通规划

根据现有的道路建设以及规划的景观节点位置，结合参观动线的布置，规划新的一级园路、二级园路及景观步道，使得该交通路网在满足园区工作人员使用的同时，也能够满足参观者学习、考察、观赏、游憩的需要（图 11-6）。

园区主要道路　　主要景观节点　　次要景观节点

图 11-5　景观结构规划

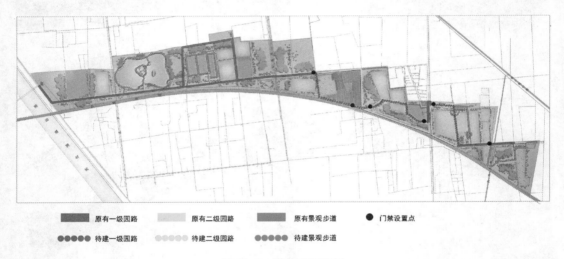

原有一级园路　　原有二级园路　　原有景观步道　　● 门禁设置点

待建一级园路　　待建二级园路　　待建景观步道

图 11-6　道路交通规划

11.3　各景观节点规划设计

（1）主入口景观

主入口紧邻城市交通主干道,是整个园区的标识,采用生态质朴的材料如木材、天然景石等营建,与整体园区原生态的环境相协调。喇叭形平面扩大了主入口空间,高大的景观构架和景墙呈轴对称设计,增加了庄重感,并且结合植物配置,突出了主入口的空间层次,简洁又不失大气(图11-7)。

（2）1♯曝气塘观测点景观

曝气塘是一种强化性稳定塘,在其中安装曝气机以提高水中溶解氧浓度,营造有利于好氧微生物生长和繁殖的好氧条件。曝气塘中设置生态浮床,应用物种间共生关系,充分利用水体空间生态位和营养生态位的机理,建立高效的人工生态系统,以削减水体中的污染负荷。浮床植物配置旱伞草、花菖蒲、黑麦草和水芹。考虑景观性及参观学习的需求,在曝气塘边设置景观平台、景观栈道、生态停车场。同时对常水位以上的边坡进行修整及景观绿化,营造出错落有致、赏心悦目的景观效果(图11-8)。

(3)1♯兼性塘观测点景观

兼性塘兼有厌氧塘和好氧塘的特点,对有机物和氮、磷等均有良好的去除效果。塘中安装曝气机,设置生态浮床。考虑景观性及参观学习的需求,在兼性塘设置景观木平台、生态停车场,同时对边坡进行修整及景观绿化(图11-9)。

(4)管理中心建筑环境景观

管理中心周边现状环境较好,利用现有水体及场地环境,设置景观亲水平台和景观亭等来营造良好的环境效果;主体管理建筑呈"L"型布局,与邻水的木栈道和景观亭之间交通流线顺畅;中央区域植被以阵列排布,邻水植被设计则较为灵活多变(图11-10)。

图 11-7 主入口景观

图 11-8 1♯曝气塘观测点景观规划

(5)2♯及3♯表面流湿地观测点景观

表面流湿地也称水面湿地系统。在表面流系统中,污水处理厂尾水在湿地表面流动,水位较浅,多在0.1~0.9 m。这种系统与自然湿地最为接近,污水中的大部分有机污染物的去除,依靠植物生长在水下部分茎干上的生物膜来完成。湿地中种植芦苇、茭草、香蒲、美人蕉、鸢尾、再力花等生物量大、根系发达的挺水植物,利用植物的根区效应和吸收能力净化污染物。该节点在园区景观游览主道路上,兼顾2♯及3♯表面流湿地观测点的参观及景观需

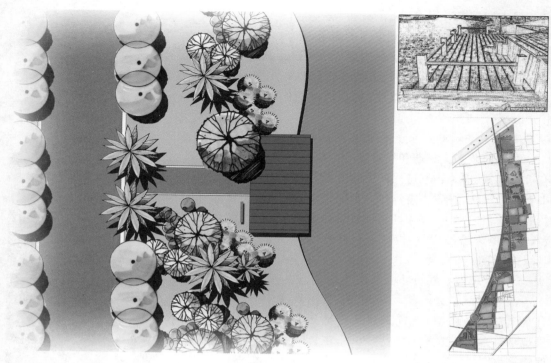

图 11-9　1♯兼性塘观测点景观规划

图 11-10　管理中心景观规划

要,设置弧形景观栈道,平面构图简洁美观,跨 2♯及 3♯表面流湿地,交通方便。节点中心设置富有趣味性和景观性的景墙(图 11-11)。

　　(6) 2♯曝气塘及 6♯表面流湿地观测点景观

　　该节点为参观游览主道路上的又一重要景观节点,依地形特点设计不规则观景平台,木

图 11-11　2♯及 3♯表面流湿地观测点景观规划

栈道蜿蜒曲折,接通 2♯曝气塘及 6♯表面流湿地,方便观景。在 6♯表面流湿地上设水榭,与观景平台相得益彰(图 11-12)。

图 11-12　2♯曝气塘及 6♯表面流湿地观测点景观规划

（7）潜流湿地观测点景观

潜流湿地中根据处理污染物的不同,填有不同介质、种植不同种类的净化植物。通过基质、植物和微生物的物理、化学和生物的作用,共同完成对水的系统净化。现有 1♯潜流湿地主要是由土壤、湿地植物和微生物组成的生态处理系统,环境较为自然。为提高景观质量以及交通可达性,增加了观景平台、道路、停车位、标志牌等必要的基础设施（图 11-13）。

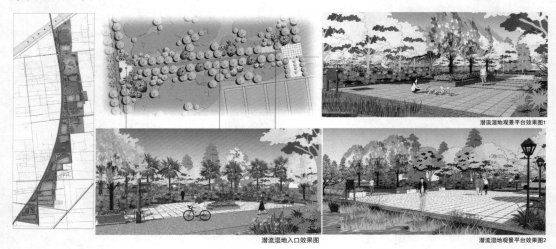

潜流湿地观景平台效果图1

潜流湿地入口效果图

潜流湿地观景平台效果图2

图 11-13　潜流湿地观测点景观规划

（8）7♯及 8♯表面流湿地观测点景观

尾水经过曝气塘、兼性塘、潜流湿地的一系列净化处理,至 7♯及 8♯表面流湿地,水质已经较好,有较好的景观可塑性。为打造特色景观,在 7♯及 8♯表面流湿地开挖堆岛,栽植大片樱花,形成樱花岛景观效果。岛上设置登山道、观景平台、景亭,打造特色旅游景观（图 11-14）。在 7♯及 8♯表面流湿地西南侧有一座泵站,对其进行景观高差处理,设置弧形溢流栈道,水由泵站流出,通过溢流口流出,形成跌水景观（图 11-15）。

（9）道路植物配置

从主入口到管理中心景观路段,绿化景观采用行道树列植的形式。上层保留现有喜树,中层增加紫薇、红叶石楠,下层片植三叶草等四季花卉（图 11-16）。

2♯与 3♯表面流湿地中间路段,道路绿化上层保留现有香樟树、高杆女贞,中层增加樱花、红叶石楠,下层地面铺三叶草或撒播其他四季草花（图 11-17）。

江苏洪泽尾水湿地园部分建成景观如图 11-18 至图 11-25。

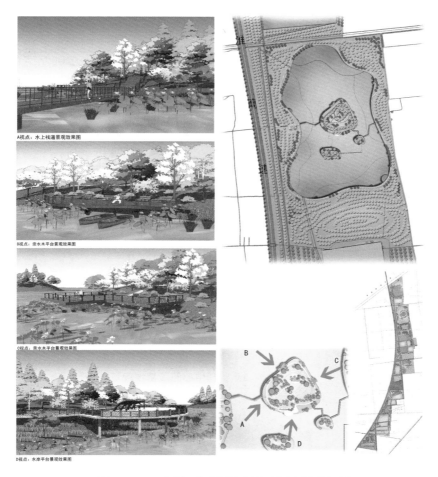

图 11-14 7♯及 8♯表面流湿地观测点景观规划

图 11-15 7♯及 8♯表面流湿地观测点跌水景观

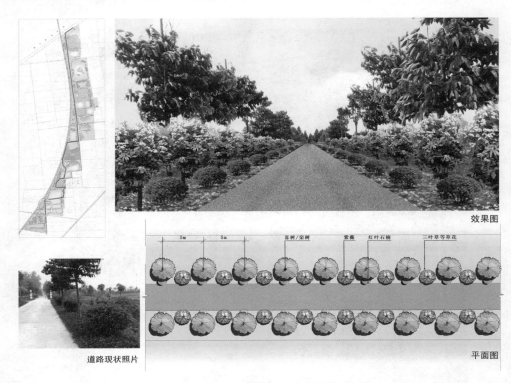

图 11-16　主入口到管理中心路段植物配置

图 11-17　2♯与3♯表面流中间路段植物配置

图 11-18　建成景观效果 1

图 11-19　建成景观效果 2

图 11-20　建成景观效果 3

图 11-21　建成景观效果 4

图 11-22　建成景观效果 5

图 11-23　建成景观效果 6

图 11-24　建成景观效果 7

图 11-25　"曝气塘"标示牌

12 江苏句容上清湖湿地公园

12.1 项目背景

上清湖湿地公园坐落于江苏省句容市东南方向的茅山镇内,毗邻素有道家"第一福地、第八洞天"之称的著名道教圣地——茅山(图12-1)。句容境内多丘陵山地,在地理上位于镇江西南部,西接南京,素有"南京新东郊、金陵御花园"的美誉,也拥有中国优秀旅游城市、国家级生态示范区等荣誉称号。

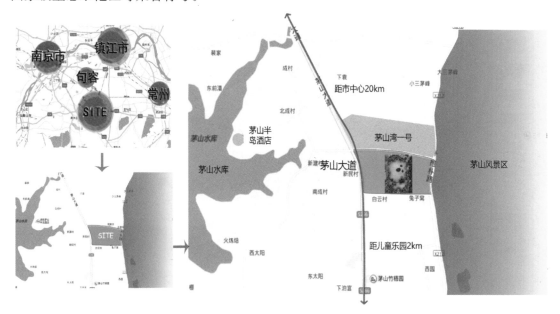

图 12-1 项目区位图

上清湖湿地公园场地原基址为农田林地,场地中心地带因地势低洼及降水等因素,天然形成具有一定面积的"一大两小"水域,具备了营建人工湿地公园的天然条件。场地基址东部即为茅山风景区,西部有茅山水库,具有丰富的自然山水景观资源,北侧为茅山湾一号居住区和茅山湾一号酒店,南侧为茅山农家乐观光园,未来其四周也将是居民较多的区块。上清湖湿地公园基址周边的上位规划主要为旅游度假片区,规划了度假酒店、高档住宅等以休闲旅游度假性质为主的业态功能,着力打造基础设施良好、旅游资源丰富的片区。也因相应的房地产项目开发,这一片原农田林地迎来了景观改造的契机,着力打造为服务周边、兼顾生态保育的人工湿地公园。

12.2 规划思路

（1）依山聚气

场地基址的重大特色就是东临道教圣地"茅山"，规划强化利用地块区位优势，梳理其环境空间，对外借景于茅山及引入道教文化象征。通过叠山理水，疏浚场地基址原有水域及低洼地带，利用土方在湿地公园东侧形成高地，借以在空间上联系茅山。一方面借景茅山使其成为上清湖湿地公园的景观元素，另一方面将茅山的道教文化融入上清湖湿地公园整体规划之中，形成湿地公园与茅山景观的有机联系，增强景观的整体联系性与观赏性（图12-2）。

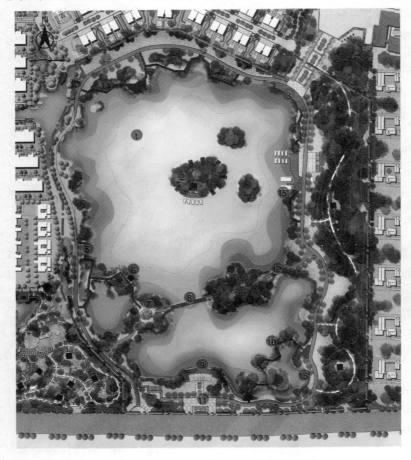

1. 上清湖
2. 昭真台（SPA）
3. 木平台
4. 木栈道
5. 折桥
6. 至乐亭
7. 许愿广场
8. 小虹桥
9. 延光台
10. 景观栈道
11. 上清湖入口广场
12. 渡香桥
13. 水杉林
14. 缘溪小径
15. 码头

图 12-2 项目平面图

（2）以水养性

上清湖湿地公园作为高端优质度假综合体项目的有机组成，应融入生态理念，尊重场地自然肌理，立足空间优势，融汇民众休闲游览需求，维系场地原有生态体系。

利用场地基址内低洼处的天然水体，借助地势地貌加以疏浚，利用场地水体的自然径流，因势利导，形成大水面湿地景观。借鉴中国传统造园手法，堆筑湖岛，形成"一池三山"的景观空间，并筑堤理水，辅以亭台楼榭，构建湿地公园的核心水体景观（图12-3）。

图 12-3 项目鸟瞰图

12.3 布局与分区

整个公园根据周边环境状况及业主使用要求,分为 7 个区,每个区突出各自植物主题与人文意境,以达到较好的景观效果(图 12-4)。

(1)十里风荷

该分区位于上清湖湿地公园北侧。十里风荷分区北部为别墅区,建筑风格为新中式,分区植物配置突出层次感、季相感,环境较为清幽。为还原古诗里"归途十里尽风荷"的意境,水域中大面积栽植荷花,在夏季形成十分优美的景观。驳岸采取自然草坪入水的配置形式,临近住宅区多种植樱花、海棠等观赏价值高的植物,并种植香樟等乔木点缀其间。游人临水眺望,视野开阔(图 12-5)。

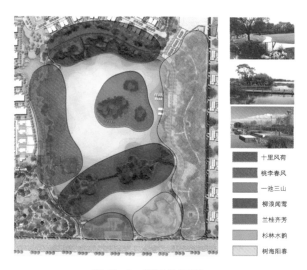

图 12-4 项目分区图

- ■ 十里风荷
- ■ 桃李春风
- ■ 一池三山
- ■ 柳浪闻莺
- ■ 兰桂齐芳
- ■ 杉林水韵
- □ 树海阳春

(2)桃李春风

该分区位于上清湖湿地公园西侧,毗邻住宅区及度假酒店,分区成南北走向狭长带状,一条主路贯穿其间。该分区由于住宅区的视野通透要求,规划使分区视野开阔,种植植被以桃、李等小乔木为主,布局疏朗(图 12-6)。

图 12-5　十里风荷

图 12-6　桃李春风

（3）一池三山

该分区是由上清湖湿地公园的三座主要湖岛构成，"一池三山"这样的水面空间布局可打破水面原本单调的景观视线，丰富湖面景观层次，是为历代古典山水园林所传用的造园手法。此外，"一池三山"的园林空间布局还呼应了茅山道教文化，即道家理论中所包含的有关神仙的内容：传说东海之东有"蓬莱、方丈、瀛洲"三座神山，仙人居之，有长生不老之药。考虑湖岛环水的特性和植物造景要求，多选用枫杨、朴树、苦楝等观赏价值高的耐水湿植物，打造群落稳定、层次洗练的植物景观（图 12-7）。

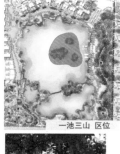

图 12-7 一池三山

（4）柳浪闻莺

该分区主要是由东西串联上清湖湿地公园的湖堤构成，其既能沟通湖区两岸交通连线，也起到分隔、打破水面空间的作用。湖堤上以垂柳植于岸边，衬托乌桕、枫杨及黄菖蒲、千屈菜等植物。游人临水眺望，视野开阔，空气清新，令人心旷神怡（图 12-8）。

（5）兰桂齐芳

该分区是上清湖湿地公园的南部入口空间，衔接外部道路，是上清湖湿地公园重要的外部游人来源方向。兰桂齐芳分区的亲水平台亦是上清湖湿地公园的重要观景点之一，是欣赏湖景的佳地。该分区以玉兰和桂花为代表性植物，观赏价值高，寓意美好；同时种植银杏

图 12-8　柳浪闻莺

树等树形优美、季相变化明显的乔木以突出该入口处植物景观特色(图 12-9)。

(6) 树海阳春

该分区是上清湖湿地公园东侧的高地,取名于李白诗句"海树成阳春,江沙浩明月"。分区场地利用理水工程的土方堆筑而成,临水一侧则是与湖区"若即若离"的主路,也是供游人观赏游湖的主要道路之一。在分区地形起伏变化的高地上,密植榉树、栾树、香樟等观赏价值高、季相变化丰富的林木作为湖区背景林,利用树海来表现灿烂的植物景观。林下有小路贯穿其间,打造丰富的林下活动空间(图 12-10)。

(7) 杉林水韵

该分区是上清湖湿地公园的浅水域,重点打造动植物生境。以芦苇、茭白等水生植物散置在水域中,水岸边种植池杉、水杉等耐水湿乔木。分区外围辅以人行木栈道、休憩亭等,增强游人的可达性与视觉观赏性(图 12-11)。

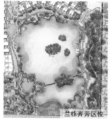

图 12-9 兰桂齐芳

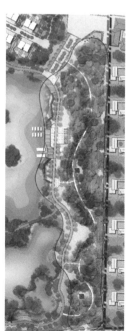

图 12-10 树海阳春

图 12-11 杉林水韵

12.4 专项规划

12.4.1 道路交通规划

在道路系统上,保持上清湖湿地公园与外部城市道路联系的畅达性,注意提升与对外交通系统的衔接度,公园道路采用丰富的断面设计,以满足湿地公园游憩的特征需求。着重利用自然地势肌理,减弱环形主路对湿地公园地貌的影响,同时注重道路线性的趣味性、视觉的舒适性和节点的景观性。在实现交通功能的同时,保障主路沿线景观品质。

湿地公园次路则保持线性蜿蜒曲折,强化景观塑造,形成有特色的湿地公园道路空间。遵循基地现状特点,选取条件良好的地基,根据湿地公园功能布局,构建以慢行游憩为导向的次级路网,并与主路有

图 12-12 道路交通规划

机衔接,共同构成园区结构合理、等级明确、尺度适宜的道路网络(图 12-12)。

12.4.2 竖向规划

上清湖湿地公园的竖向规划尊重场地基址地形的原标高状态,注重利用场地原有地势地貌。疏浚场地基址低洼地带及原有水域,在湿地公园内形成较为广阔而多变化的水域地带。理水产生的土方主要堆筑于湖面东侧,实现土方平衡;同时形成较高地形的土坡高地,使得湖岸东高西低。东侧坡地密植林带,构成上清湖湿地公园的缓冲边界(图 12-13)。

图 12-13 竖向规划设计

12.4.3 配套设施规划

1)依托周边。上清湖湿地公园的大型服务设施,如商业设施、娱乐设施等,可依托周边度假休闲区的配套设施,不必重复建设。

2)网络式布局。对于卫生间、垃圾桶、照明设施、标识牌等服务设施,按照使用者对不同类型服务设施的需求,分门别类地确定其服务半径,即在湿地公园内科学布点,形成网络。

3)融入环境。弱化人工配套服务设施对湿地公园环境的影响,尽量选用天然建材,少雕琢,一些小型配套设施则可直接点状分布、镶嵌于湿地公园的绿色肌理之中,成为整体环境的有机组成部分(图 12-14)。

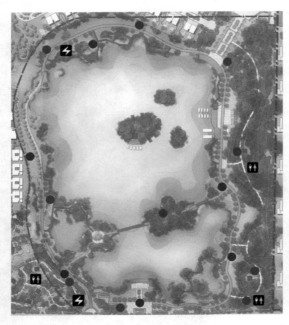

●　垃圾桶
●　指示牌
🚻　卫生间
⚡　配电房设施

图 12-14　配套设施规划

12.4.4　湿地生境规划

城市湿地公园同样具有重要的生态保护功能,可调节径流、减缓洪涝灾害,固定二氧化碳,调节局部小气候,净化环境……除此之外,湿地也可提供丰富多样的动植物栖息地,成为宝贵的基因库。在上清湖湿地公园规划中,强调生态保护与恢复,形成城市湿地公园与城市环境之间的良性互动,促进人与自然的和谐发展(张春来,2011)。上清湖湿地公园基址场地周边多为商业用地、居住用地等,尤其是四周城市交通干道的阻隔作用,使得湿地公园与外界生态系统缺乏有机联系,易形成孤立的斑块。这表明在上清湖湿地公园的营建中如若不考虑人工或天然的修复措施,该湿地公园易面临退化萎缩,无法形成湿地的自循环机能。湿地生境营造主要包含湿地植物生境和湿地动物生境 2 个部分。

(1) 湿地植物生境

上清湖湿地公园的植物配置,以"立足生态、道法自然,兼顾功能、统筹布局"为基本原则。做到"疏不失旷,密不嫌繁",种植层次简练,突出植物本身的韵味和特征。优选植物类型,考虑多样性的配置模式,对不同片区的园林空间进行针对性设计,形成自然美观、符合生态规律且经济适用的植物配置形式(张玮等,2015)。同时,考虑游人游赏意愿,贯穿山水、林岛,沿游线组织不同的植物景观,在山与水的相互交叉、林与岛的融合中,创造出"虽由人作,宛自天开"的自然植物空间形态。

按一般性的演替规律,湿地早期的演替特征属于典型的水生演替,即水域阶段→沉水植物阶段→湿生草本植物阶段→木本植物阶段,植物群落开始于水生环境,逐渐发展到陆生群落。考虑人工湿地公园的立地条件与自然环境,所选湿地植物主要为水生植物与湿生植物 2 个类型(江婷,2007)。

1）水生植物。

挺水型：再力花、梭鱼草、蒲苇、黄菖蒲、花叶芦竹、千屈菜、黄花蔺、泽泻、泽苔草、紫芋、旱伞草、纸莎草等；

浮叶型：睡莲、萍蓬草、田字苹、芡实、荇菜、水罂粟等；

飘浮型：菱、浮萍、凤眼莲、槐叶萍、大藻等；

沉水型：黑藻等。

2）湿生植物。红蓼、酸膜叶蓼、水蓼、空心莲子草、香菇草、柽柳、构树、垂柳、池杉等。

（2）湿地动物生境

湿地是介于水陆之间的过渡地带，是生物多样性较为丰富的地块，它的动物群落可包括软体动物、鱼类、两栖类、鸟类等。在自然湿地中湿地动物群落衔接成稳定完备的食物链，形成了一个整体性的水生生态系统。在上清湖湿地公园中，遵循生态学原理，从食物链底层进行营造，以建立较为完整而稳定的食物链生态系统，即生产者（浮游植物、水生植物、耐湿乔灌木等）→第一级消费者（浮游动物、底栖昆虫等）→第二级消费者（两栖类、鱼类等）→第三级消费者（爬行类等）→第四级消费者（鸟类等）（黄妍，2016）。根据俞孔坚等人的研究成果，生态营建可分为3个步骤（北京土人景观与建筑规划设计研究院，2009）。

第一步：培养第一级消费者。先投放适量浮游动物和底栖昆虫等，可从上清湖湿地公园相近的湖泊和河流浅水区中捞取，或适当放养一些人工养殖的软体动物。

第二步：培养第二级、第三级消费者。数月后，待投放浮游动物和底栖昆虫等适应了上清湖湿地公园环境，且水生植物等初步长成，此时再逐步适量地投放鱼类和两栖类（蛙、蟾蜍等），之后再投放爬行类等动物。

第三步：招引野生鸟类。①保护栖息地：湿地生境异质性强，可以为鸟类提供栖息地，同时又能为鸟类提供丰富食物来源。在设计中，要避免人类活动对鸟类的干扰。②人工鸟巢箱：可在上清湖湿地公园的林区悬挂人工鸟巢箱，吸引鸟类筑巢繁殖。亦可在湿地公园的鸟类觅食集中区适时投放食物，特别是在冬季食物短缺时，能起到较好的招引鸟类效果。③设置人工浮岛：在上清湖湿地公园内的水域上适当设置人工浮岛，为鸟类提供更多的栖息场所。

参考文献

［1］安树青. 湿地生态工程——湿地资源利用与保护的优化模式［M］. 北京：化学工业出版社，2003.

［2］北京土人景观与建筑规划设计研究院. 哈尔滨群力新区生态湿地公园景观方案设计［Z］. 2009.

［3］潮洛蒙，李小凌，俞孔坚. 城市湿地的生态功能［J］. 城市问题，2003(03)：9-12.

［4］陈克林. 湿地公园建设管理问题的探讨［J］. 湿地科学，2005，03(04)：298-301.

［5］陈思羽. 浅论 GIS 在山岳型风景名胜区游路系统规划中的应用［D］. 北京：北京林业大学，2011.

［6］陈莹，尹义星，陈爽. 典型流域土地利用/覆被变化预测及景观生态效应分析——以太湖上游西苕溪流域为例［J］. 长江流域资源与环境，2009，18(08)：765-700.

［7］陈钰. 基于 SWOT 分析的湿地生态旅游可持续发展策略研究——以张掖市国家湿地公园为例［J］. 中国农学通报，2011(04)：483-487.

［8］成玉宁，张祎，张亚伟，等. 湿地公园设计［M］. 北京：中国建筑工业出版社，2012.

［9］崔丽娟. 中国的湿地保护和湿地公园建设探索［A］.//湿地公园——湿地保护与可持续利用论坛交流文集［C］，2005.

［10］崔丽娟，王义飞，张曼胤，等. 国家湿地公园建设规范探讨［J］. 林业资源管理，2009(02)：17-20.

［11］但新球，骆林川，吴后建，等. 长江新济洲群湿地恢复技术与途径研究［J］. 湿地科学与管理，2006，02(02)：10-15.

［12］但新球，吴后建. 湿地公园建设理论与实践［M］. 北京：中国林业出版社，2009.

［13］付飞，董靓. 基于生态廊道原理的城市河流景观空间分析［J］. 中国园林，2012(09)：57-60.

［14］付晶，郑中霖，高峻. GIS 技术在旅游线路设计中的应用［J］. 上海师范大学学报(自然科学版)，2006(03)：92-97.

［15］国家林业局. 国家林业局关于做好湿地公园发展建设工作的通知(林护发〔2005〕118 号)［Z］，2005.

［16］国家林业局. 国家湿地公园管理办法［Z］，2017.

［17］郭敏. 城市湿地公园的规划与设计初探［D］. 长沙：湖南师范大学，2010.

［18］郭荣中，杨敏华. 基于信息熵的长株潭区域土地利用结构分析［J］. 农业现代化研究，2013，34(01)：74-78.

［19］郝达平. 南水北调东线工程沿线城市尾水处理方案比选［J］. 水资源保护，2013，29(06)：85-90.

［20］黄成才，杨芳. 湿地公园规划设计的探讨［J］. 中南林业调查规划，2004，23(03)：26-29.

［21］黄发祥. 中国城市湿地公园地域特色塑造［D］. 南京：南京林业大学，2007.

［22］黄明，张学霞，张建军，等. 基于 CLUE-S 模型的罗玉沟流域多尺度土地利用变化模拟［J］. 资源科学，2012，34(04)：769-776.

［23］黄妍. 基于可持续发展理念的湿地公园生态——以杭州大江东江海湿地概念性规划为例［J］. 中国园艺文摘，2016，32(08)：143-144.

［24］江国英. 基于人、鸟和谐的城市湿地公园规划及景观营建研究——以宁德东湖国家湿地公园大门山景区为例［D］. 福州：福建农林大学，2012.

［25］江婷. 南京城市湿地公园植物造景研究［D］. 南京：南京林业大学，2007.

［26］姜文来，袁军. 湿地［M］. 北京：气象出版社，2004.

［27］凯文·林奇. 城市意象［M］. 方益萍，何晓军，译. 北京：华夏出版社，2011.

［28］昆明市规划设计研究院.嵩明县城市绿地系统规划(2013—2020)[Z],2013.

［29］李爱贞.生态环境保护概论[M].北京:气象出版社,2005.

［30］李博.生态学[M].北京:高等教育出版社,2000.

［31］李春玲.城市郊区湿地公园规划理论与方法研究[D].武汉:华中科技大学,2004.

［32］李明阳,汪辉,张密芳,等.基于景观安全格局的湿地公园生态适应性分区优化研究[J].西南林业大
学学报(自然科学),2015,35(05):52-57.

［33］李平星,樊杰.区域尺度城镇扩张的情景模拟与生态效应——以广西西江经济带为例[J].生态学报,
2014,34(24):7366-7384.

［34］李小梅,张江山,王菲凤.生态旅游项目的环境影响评价方法(EIA)与实践——以武夷山大峡谷森林
生态旅游区为例[J].生态学杂志,2005,24(9):1110-1114.

［35］李学伟.城市湿地公园营造的理论初探[D].北京:北京林业大学,2004.

［36］李玉凤,刘红玉.湿地分类和湿地景观分类研究进展[J].湿地科学,2014(01):102-108.

［37］梁树柏.湿地文献学引论[M].北京:中国农业科学技术出版社,2003.

［38］雷昆.对我国湿地公园建设发展的思考[J].林业资源管理,2005(02):23-26.

［39］林鹰.城市观光游览车[J].交通与运输,2003(01):22-23.

［40］刘凤珍.赤山湖光展新颜[N].南京日报,2010-08-19(09).

［41］刘康.土地利用可持续性评价的系统概念模型[J].中国土地科学,2001,15(6):19-23.

［42］刘兰明,滕庆海,王镇容.赤山湖:退渔还湖还出"句容绿肾"[N].镇江日报,2013-05-20(02).

［43］刘卫国.古典园林空间营造手法的应用研究[J].南方园艺,2014,25(01):15-18.

［44］刘小凤.基于生态敏感性评价的湿地公园生态旅游项目布局——以赤山湖国家湿地公园为例[D].
南京:南京林业大学,2016.

［45］刘孝富,舒俭民,张林波.最小累积阻力模型在城市土地生态适宜性评价中的应用——以厦门为例
[J].生态学报,2010,30(02):0421-0428.

［46］刘芝芹,邓忻.湿地公园的设计与恢复探讨——以昆明市五甲塘湿地公园建设为例[J].安徽农业科
学,2010,38(02):974-975.

［47］陆汝成,黄贤金,左天惠,等.基于CLUE-S和Markov模型的土地利用情景模拟研究——以江苏省
环太湖地区为例[J].地理科学,2009(04):577-581.

［48］骆林川.城市湿地公园建设的研究[D].大连:大连理工大学,2009.

［49］吕晓倩.新济洲国家湿地公园生态系统服务功能的价值评价[J].资源节约与环保,2014(09):150.

［50］梅宏.滨海湿地保护法律问题研究[M].北京:中国法制出版社,2014.

［51］马广仁.国家湿地公园湿地修复技术指南[M].北京:中国环境出版社,2017.

［52］南京领先环保技术股份有限公司.南水北调东线沿线城市洪泽县尾水收集处理及利用工程二期设计
文本[Z],2014.

［53］潘云.句容市赤山湖湿地开发项目规划研究[D].镇江:江苏大学,2014.

［54］申亮,王葆华.景观生态格局分析在风景园林规划中的应用[J].安徽农业科学,2011,39(29):18036-
18037,18040.

［55］殳琴琴,李明阳,汪辉,等.赤山湖湿地公园的文化挖掘与文化旅游产品开发[J].林业调查规划,
2015,40(03):86-90.

［56］苏楠,陈利根,陈会广.基于信息熵理论的沭阳县土地利用结构分析[J].安徽农业科学,2012,40
(29):14524-14527.

［57］唐婧,罗言云.成都活水公园野生植物引种与生态景观多样性研究[J].四川大学学报(自然科学版),
2010,47(01):168-174.

［58］苏楠,陈利根,陈会广.基于信息熵理论的沭阳县土地利用结构分析[J].安徽农业科学,2012,40

（29）：14524-14527.

［59］涂芳. 城市湿地公园生态文化景观设计研究[D]. 武昌：湖北美术学院，2008.

［60］王保忠，计家荣，骆林川，等. 南京新济洲湿地生态恢复研究[J]. 湿地科学，2006（03）：210-218.

［61］王浩，汪辉，王胜勇，等. 城市湿地公园规划[M]. 南京：东南大学出版社，2008.

［62］王浩. 园林规划设计[M]. 南京：东南大学出版社，2009.

［63］王传胜，李建海，孙小伍. 长江干流九江—新济洲段岸线资源评价与开发利用[J]. 资源科学，2002（03）：71-78.

［64］汪辉，李卫正，孔令娜，等. 湿地公园生态敏感性评价研究——以盐城珍禽湿地公园为例[J]. 中国园林，2014，30（10）：112-115.

［65］汪辉，梁会民，徐银龙，等. 盐城珍禽湿地生态适宜性分析与功能区划[J]. 林业科技开发，2015，29（04）：145-149.

［66］汪辉，刘小凤，杨云峰. 基于生态敏感性评价的湿地公园旅游项目布局——以赤山湖国家湿地公园为例[J]. 生态经济，2016，32（11）：219-223.

［67］汪辉，欧阳秋. 中国湿地公园研究进展及实践现状[J]. 中国园林，2013，29（12）：112-116.

［68］汪辉，余超，李明阳，等. 基于CLUE-S模型的湿地公园情景规划——以南京长江新济洲国家湿地公园为例[J]. 长江流域资源与环境，2015，24（08）：1263-1269.

［69］汪辉，张艳. 基于城市绿地系统规划背景下的城市湿地公园规划设计——以云南嵩明丹凤湿地公园为例[J]. 现代城市研究，2015（12）：87-93.

［70］王火. 城市湿地公园规划与建设中的理论问题探究[D]. 南京：南京林业大学，2013.

［71］王丽华. 城市湿地公园的保护性规划研究[D]. 西安：长安大学，2011.

［72］王立龙，陆林. 湿地公园研究体系构建[J]. 生态学报，2011，31（17）：5081-5095.

［73］王立龙，陆林，唐勇，等. 中国国家级湿地公园运行现状、区域分布格局与类型划分[J]. 生态学报，2010，30（9）：2406-2415.

［74］王胜永，王晓艳，孙艳波. 对湿地公园分类的认识与探讨[J]. 山东林业科技，2007（4）：95-96，86.

［75］王正敏，庆海. 赤山湖风景区保护工程全面启动[N]. 镇江日报，2008-05-29（03）.

［76］王艳，印国成，孙茂圣. 最佳游览路线生成方案的设计与实现[J]. 物联网技术，2015（12）：87-89.

［77］魏民，陈战是，等. 风景名胜区规划原理[M]. 北京：中国建筑工业出版社，2008.

［78］吴必虎. 区域旅游规划原理[M]. 北京：科学出版社，2001.

［79］吴天君. 基于区域特征的城市住宅价格模型研究[D]. 郑州：解放军信息工程大学，2012.

［80］武文佳，孟翎冬. 国内外城市湿地公园规划浅析[J]. 中华建设，2012（09）：108-109.

［81］夏慧君. 基于GIS的历史文化遗址空间分布特征研究[D]. 西安：西安建筑科技大学，2010.

［82］燕艳. 中国湿地简述[J]. 生物学杂志，2002（06）：59-60.

［83］杨明瑞. 风景区游览路线组织的可定量因素[J]. 西安冶金建筑学院学报，1993，25（S1）：37-41.

［84］杨少俊，刘孝富，舒俭民. 城市土地生态适宜性评价理论与方法[J]. 生态环境学报，2009，18（01）：380-385.

［85］徐征，黄兆桐. 国家城市湿地公园：北京翠湖湿地[M]. 北京：中国林业出版社，2011.

［86］于程. 基于地域文化的城市湿地公园规划设计研究[D]. 哈尔滨：东北农业大学，2013.

［87］俞孔坚，李迪华，段铁武. 生物多样性保护的景观规划途径[J]. 生物多样性，1998（03）：205-211.

［88］俞孔坚，李迪华. 景观设计——专业学科与教育[M]. 北京：中国建筑工业出版社，2003.

［89］俞青青. 城市湿地公园植物景观营造研究——以西溪国家湿地公园为例[D]. 杭州：浙江大学，2006.

［90］张春来. 北戴河新区湿地生态景观规划策略[J]. 产业与科技论坛，2011，10（9）：44-45.

［91］张玮，苏静，王慧. 园林生态学原理在景观设计中的应用浅析[J]. 北京农业，2015（8）：87-88.

［92］张艳. 洲滩型湿地公园的生态规划设计研究——以南京长江新济洲国家湿地公园为例[D]. 南京：南

京林业大学,2015.

［93］张祎,成玉宁.湿地公园营建设计策略初探[J].建筑与文化,2010(12):108-109.

［94］张园媛.城市生态湿地公园景观设计研究[D].武汉:武汉理工大学,2010.

［95］张永民,赵士洞,Verburg P H.CLUE-S 模型及其在奈曼旗土地利用时空动态变化模拟中的应用[J].自然资源学报,2003,18(03):310-318.

［96］赵海超,王圣瑞,赵明,等.洱海水体溶解氧及其与环境因子的关系[J].环境科学,2011,32(07):1952-1959.

［97］赵明松,张甘霖,李德成,等.江苏省土壤有机质变异及其主要影响因素[J].生态学报,2013,33(16):5058-5066.

［98］赵思毅,侍菲菲.湿地概念与湿地公园设计[M].南京:东南大学出版社,2006.

［99］中国林业网.我国湿地资源状况[EB/OL].http://www.forestry.gov.cn/main/4046/20110805/637102.html,2011-08-05.

［100］中国林业网.我国湿地资源状况如何?［EB/OL］.http://www.forestry.gov.cn/main/4046/20150507/763730.html,2015-05-07.

［101］中国林业网.我国有多少湿地公园?［EB/OL］.http://www.forestry.gov.cn/main/4046/20150731/757033.html,2015-07-31.

［102］中华人民共和国住房和城乡建设部.GB 50298—1999 风景名胜区规划规范[S].北京:中国建筑工业出版社,2008.

［103］中华人民共和国住房和城乡建设部,国家质量监督检验检疫总局.GB 51192—2016 公园设计规范[S].北京:中国建筑工业出版社,2016.

［104］中华人民共和国住房和城乡建设部.国家城市湿地公园管理办法(试行)(建城〔2005〕16 号)［Z].2005.

［105］中华人民共和国住房和城乡建设部.城市湿地公园规划设计导则(试行)(建城〔2005〕97 号)［Z].2005.

［106］周春予,李明阳,汪辉,等.湖泊型湿地公园色彩景观规划方法探讨——以赤山湖湿地公园为例[J].林业资源管理,2015(03):156-161.

［107］周钧.赤山湖生态湿地修复与开发探析[J].江苏水利,2011(01):35-37.

［108］中华人民共和国住房和城乡建设部.城市湿地公园管理办法(建城〔2017〕222 号)[Z].2017.

［109］朱晓熠,刘咏梅.基于信息熵的南京市土地利用结构分析[J].安徽农学通报,2010,16(15):22-24.

［110］朱芳,白卓灵.旅游干扰对鄱阳湖国家湿地公园植被及土壤特性的影响[J].水土保持研究,2015,22(03):33-39.

［111］朱为模.步行与健康:过去,现在与未来[A].国家体育总局(General Administration of Sport of China),中国体育科学学会(China Sport Science Society).全民健身科学大会论文摘要集[C].国家体育总局,中国体育科学学会,2009.

［112］邹时林,阮见,刘波,等.最短路径算法在旅游线路规划中的应用——以庐山为例[J].测绘科学,2008(05):190-192.

［113］Allan C.Millennium wetland event program with abstracts[C].Quebec,Canada,MacKay,2000.

［114］Baschak L A,Brown R D. An ecological framework for the planning,design and management of urban river greenways[J]. Landscape and Urban Planning,1995(33): 211-225.

［115］Knaapen J P,Scheffer M,Harms B. Estimating habitat isolation in landscape planning [J]. Landscape and Urban Planning,1992 (23): 1-16.

［116］NAVIGANT CONSULTING, INC. Massachusetts energy renewable potential final report ［R］. Massachusetts Department of Energy Resources (MDER) and Massachusetts Technology Collaborative (MTC)，2008.

[117] Verburg P H，Overmars K P. Dynamic simulation of land use change trajectories with the CLUE-S model. In：Koomen [J]. The GeoJournal Library，2007，90 (5) ：321-337.

[118] http：//www. wetlands. cn/cons/conv/2081. html

[119] http：//www. chnsd. com/list. asp? unid＝1237

后　记

　　风景园林专业出身的我,在 20 世纪 90 年代初所接受的大学教育最重要的内容就是画图、做设计。参加工作之后,我的主要工作内容就是根据现场条件及业主要求,构想一个功能合理而美丽的空间,然后动手将这个空间画出来并向业主展示,使得业主接受,最后再营造出来,让使用者可以很好地使用这个空间。这个工作流程看似简单,但是要全过程顺利完成并达到较好效果其实并不容易。整个过程对于风景园林师来说充满了酸甜苦辣,然而这就是风景园林师的工作实质,我们享受其中的体验感与成就感大多都来源于此。在这个过程中,图纸是风景园林师的语言,其中方案图是我们与业主交流的语言,施工图是我们与现场施工人员交流的语言,我们手上的画笔或绘图笔是我们的“武器”。读书求学时,我记得成玉宁老师为了说明风景园林专业的特点,就曾经很形象地比喻过外科医生与风景园林师两个职业分工的不同,他说外科医生手术刀用得比风景园林师好,但是风景园林师“削铅笔”的水平却强于外科医生。(因为画图做方案需要经常削绘图铅笔,因此,成玉宁老师把风景园林师的设计过程比喻成“削铅笔”)。所以,从一开始我就形成了这样的思维,即画图、做设计是风景园林专业的基本功,也是学好风景园林专业的硬道理。尤其是在大学里从事风景园林规划设计教学的老师,首先自己要学好这个基本功,然后才能有资格培养学生今后从事风景园林师的工作。因此,在过去的年代,我在工作中特别注重设计思维的锻炼,而对于写文章,我对著名古建筑与风景园林专家潘谷西教授的话深有共鸣,在他主编的《南京的建筑》后记中第一句就写道:“建筑师习惯于用图纸来表达构思、完成设计,而把写文章视为苦事。”

　　然而,在当前科研任务繁重的时代,我深深地感受到只会“削铅笔”显然是不行的,还必须要把视为“苦事”的“做科研、写文章”捡起来。由于一个偶然的机会,我选择了湿地公园作为主要研究方向之一,并在该领域内开始不断地承担课题、发表论文。现在想来,湿地公园研究方向的选择对我来说既是“幸运”,也是“不幸运”。“幸运”的是在国家注重生态文明建设的大背景下,湿地公园的研究与实践是业界关注的热点与重点,研究湿地公园也算是与时俱进。“不幸运”的是湿地公园所涉及的领域众多,以我风景园林专业的知识背景无法独立承担,所以研究的过程非常吃力,并且需要不断地向其他专业人员学习并与其合作。在这样艰难的过程中我受益匪浅,所以从这个角度来说,这样的“不幸运”实际上就是一种幸运,上述所说的“不幸运”与“幸运”其实都是一种幸运。

　　本书中湿地公园生态适宜性研究思路受景观生态学思想的影响。我在十余年前访学美国密歇根州立大学期间,偶然接触到景观生态学先驱理查德·福曼(Richard Forman)参与写作的《风景园林和土地利用规划中的景观生态原理》(*Landscape Ecology Principles in Landscape Architecture and Land-Use Planning*)一书。这本书浅显易懂,很形象地解释了景观生态学的一些基本原理是如何应用于风景园林规划设计的,对我启发很大。之后,我又阅读了一些其他景观生态学文献并逐步形成了本书中的研究思路。然而,这样的研究思路如何实现，对我来说是巨大的挑战，尤其是当涉及数据处理与量化研究方面的内容时，好在本书中来自不同领域的作者非常给力，他们承担了有关这方面的大量工作，使得研究思路得以贯彻实施。

由于湿地公园的研究内容较为复杂并涉及多个领域，加之我们掌握的知识有限，因此本书在研究过程中尚存有一些局限性，就生态适宜性分析研究来说，主要有以下几个方面。

（1）湿地监测与数据获取。尽管本书生态适宜性分析选择的研究案例，都是挂牌国家级湿地公园或自然保护区，各方面的工作已经在国内达到较高水准，但研究区中需要长期积累的基础数据仍然大量缺乏，基础研究较为薄弱。例如赤山湖国家湿地公园由于成立较晚，在湿地的结构、功能、演替规律、效益评价等方面研究薄弱，湿地的资源调查、生物多样性监测体系不完善，缺乏主要动物保护对象的空间分布数据。在 GIS 分析中，通过遥感影像获取的数据资料不够详细，实地调研获取的数据可靠度有待提高。

（2）生态因子选择及评价模型。目前国内外对湿地公园生态适宜性影响因子耦合机制的研究尚属空白，如何从已有数据中找到因子间耦合的规律，建立合适的物质流与能量流模型，找出因子间的制约与促进关系，进而使得适宜性分析更为准确等，这些问题尚需进一步探讨。另外，分析过程中，叠加分析权重值的确定还需要进一步验证。在本研究中，湿地生态因子的选择及权重确定主要根据专家打分方式来判断，有一定的主观性，然而因子的选择及权重的确定对分析结果有直接影响，因此，未来必须对此进行更深入的探讨。

（3）水平方向上的景观安全格局。我国现有的景观安全格局研究，比如最小阻力模型，以国外案例介绍为主要内容的文献综述多，缺少针对某个物种尤其是湿地公园鸟类的景观安全格局实践研究。关键物种保护对象如何确定，保护对象源如何确定，源间连接、战略点如何构建，都缺乏可供借鉴的成熟方法。在本书南京长江新济洲国家湿地公园案例的研究中，最小累积阻力模型中各阻力因子权重的赋值对于研究结果具有较大影响，因子权重对于鸟类景观安全格局的敏感性分析，需要进一步深入研究。根据本书研究小组的野外观测，13个鸟类聚集区的物种，主要由雉科（Phasianidae）中的灰胸竹鸡（*Bambusicola thoracica*）、环颈雉（*Phasianus colchicus*）等留鸟构成。不同鸟类对生态环境因子的反应机制有所不同，加之样本数据有限，在一定程度上会影响研究结果的科学性。

本书湿地公园生态适宜性分析研究的结论与建议如下。

（1）结论。目前包括湿地公园在内的多数土地利用生态适宜性评价，均采用传统的垂直方向上的"千层饼"法，较少考虑到物种水平运动过程对适宜性评价的影响，本书通过景观"格局—过程"的分析，综合考虑垂直与水平两个方向的因素，弥补了传统"千层饼"法的不足。另外，本书引入了情景规划的方法，对湿地公园各种不确定性的未来发展进行预判，通过预判结果，选择湿地公园合适的发展方向，从而为湿地公园规划方案提供更为科学的决策依据。

（2）建议。尽管通过本书研究小组的努力，初步探索了更为科学的湿地公园生态适宜性评价方法，构建了评价标准体系，但是由于我国湿地公园类型多样、分布在各自不同的地域空间，本书所总结的生态适宜性分析研究成果适用范围还有其局限性，需要针对不同地区、不同类型湿地公园进一步构建细化的评价标准体系。湿地生态系统较为复杂，影响适宜性判断的各相关生态因子相互影响，制约机制等诸多机理仍然难以明确，未来还需与各相关领域专家,尤其是生态学家进一步相互合作,明确相关生态机理,逐步提高生态适宜性评价的科学性。长期以来,由于我国湿地研究基础数据工作较为薄弱,未来还要与相关协作单位加强数据监测方面的合作,以期提高数据来源的精确度与可靠性。

"路漫漫其修远兮,吾将上下而求索。"湿地公园的探索之路艰辛而漫长,永无止境,本书只是湿地公园规划设计与研究的阶段性成果,我们把这些成果整理出来,希望对同行们的相关研究与实践有所帮助。